OUVRAGE PUBLIÉ SOUS LES AUSPICES
DU MINISTÈRE DE L'INSTRUCTION PUBLIQUE
SOUS LA DIRECTION DE L. JOUBIN
PROFESSEUR AU MUSÉUM D'HISTOIRE NATURELLE

DEUXIÈME EXPÉDITION ANTARCTIQUE FRANÇAISE

(1908-1910)

COMMANDÉE PAR LE

D* JEAN CHARCOT

SCIENCES NATURELLES : DOCUMENTS SCIENTIFIQUES

ÉCHINODERMES

(ASTÉRIES, OPHIURES ET ÉCHINIDES)

PAR R. KŒHLER

Professeur à l'Université de Lyon

MASSON ET C*, ÉDITEURS
120, B* SAINT-GERMAIN, PARIS (VI*)
1912

COMMISSION CHARGÉE PAR L'ACADÉMIE DES SCIENCES

d'élaborer le programme scientifique de l'Expédition

MM. les Membres de l'Institut

BOUQUET DE LA GRYE,	GIARD,	DE LAPPARENT,	MÜNTZ,
BORNET,	GUYOU,	MANGIN,	ED. PERRIER,
BOUVIER,	LACROIX.	MASCART.	ROUX.
GAUDRY.			

COMMISSION NOMMÉE PAR LE MINISTÈRE DE L'INSTRUCTION PUBLIQUE

pour examiner les résultats scientifiques de l'Expédition

MM. ED. PERRIER,	Membre de l'Institut, Directeur du Muséum d'Histoire naturelle, Président.
VICE-Amiral FOURNIER,	Membre du Bureau des Longitudes, Vice-Président.
ANGOT,	Directeur du Bureau central météorologique.
BAYET,	Correspondant de l'Institut, Directeur de l'Enseignement supérieur.
BIGOURDAN,	Membre de l'Institut, Astronome à l'Observatoire de Paris.
Colonel BOURGEOIS,	Directeur du Service géographique de l'Armée.
BOUVIER,	Membre de l'Institut, Professeur au Muséum d'Histoire naturelle.
GRAVIER,	Assistant au Muséum d'Histoire naturelle.
Commandant GUYOU,	Membre de l'Institut, Membre du Bureau des Longitudes.
HANUSSE,	Directeur du Service hydrographique au Ministère de la Marine.
JOUBIN,	Professeur au Muséum d'Histoire naturelle et à l'Institut Océanographique.
LACROIX,	Membre de l'Institut, Professeur au Muséum d'Histoire naturelle.
LALLEMAND,	Membre de l'Institut, Membre du Bureau des Longitudes, Inspecteur général des mines.
LIPPMANN,	Membre de l'Institut, Professeur à la Faculté des Sciences de l'Université de Paris.
MÜNTZ,	Membre de l'Institut, Professeur à l'Institut agronomique.
RABOT,	Membre de la Commission des Voyages et Missions scientifiques et littéraires.
ROUX,	Membre de l'Institut, Directeur de l'Institut Pasteur.
VÉLAIN,	Professeur à la Faculté des Sciences de l'Université de Paris.

DEUXIÈME EXPÉDITION
ANTARCTIQUE FRANÇAISE

(1908-1910)

COMMANDÉE PAR LE

Dr JEAN CHARCOT

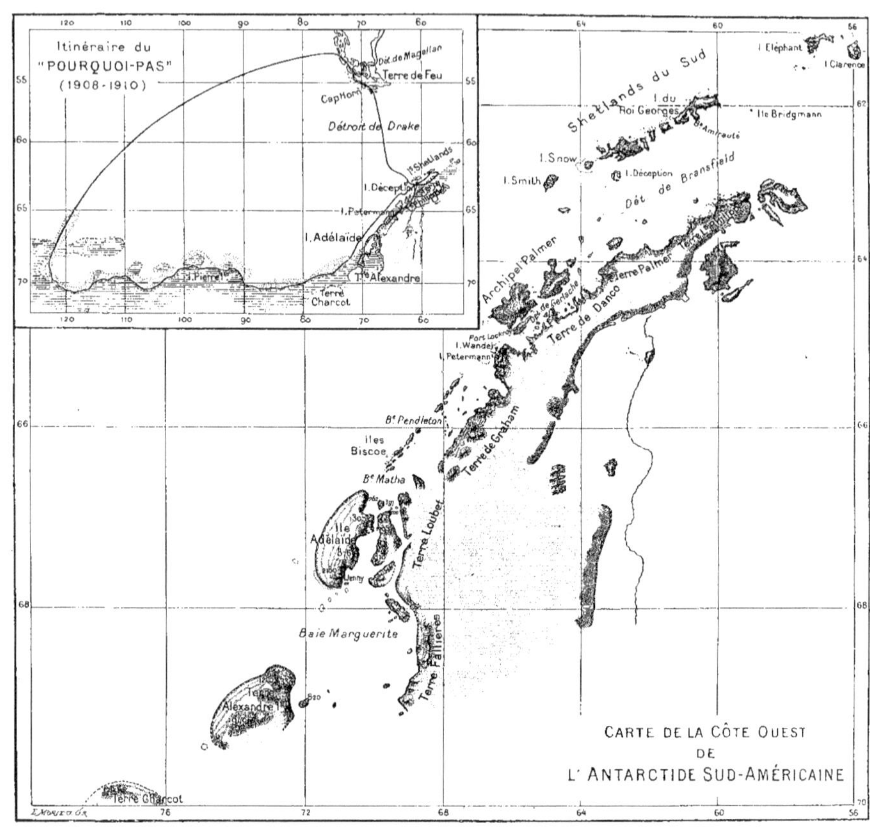

CARTE DES RÉGIONS PARCOURUES ET RELEVÉES PAR L'EXPÉDITION

MEMBRES DE L'ÉTAT MAJOR DU " POURQUOI-PAS? "

J.-B. CHARCOT

M. BONGRAIN. . . . . Hydrographie, Sismographie, Gravitation terrestre, Observations astronomiques.
L. GAIN. . . . . Zoologie *(Spongiaires, Échinodermes, Arthropodes, Oiseaux et leurs parasites)*, Plankton, Botanique.
R.-E. GODFROY . . . . . . Marées, Topographie côtière, Chimie de l'air.
E. GOURDON . . . . Géologie, Glaciologie.
J. LIOUVILLE . . . . Médecine, Zoologie *(Pinnipèdes Cétacés. Poissons. Mollusques. Cœlentérés Vermidiens, Vers et Protozoaires. Anatomie comparée. Parasitologie)*.
J. ROUCH. . . . . Météorologie, Océanographie physique, Électricité atmosphérique.
A. SENOUQUE. . . . . . . Magnétisme terrestre, Actinométrie, Photographie scientifique.

OUVRAGE PUBLIÉ SOUS LES AUSPICES DU MINISTÈRE DE L'INSTRUCTION PUBLIQUE

SOUS LA DIRECTION DE L. JOUBIN, Professeur au Muséum d'Histoire Naturelle.

DEUXIÈME EXPÉDITION ANTARCTIQUE FRANÇAISE

(1908-1910)

COMMANDÉE PAR LE

Dr JEAN CHARCOT

SCIENCES NATURELLES : DOCUMENTS SCIENTIFIQUES

ÉCHINODERMES

(ASTÉRIES, OPHIURES ET ÉCHINIDES)

PAR R. KŒHLER

Professeur à l'Université de Lyon.

MASSON ET Cᶦᵉ, ÉDITEURS
120, Bᵈ SAINT-GERMAIN, PARIS (VIᵉ)

LISTE DES COLLABORATEURS

MM. Trouessart.......... *Mammifères.*
    Anthony............. *Documents embryogéniques.*
    Liouville .... *Phoques, Cétacés (Anatomie, Biologie).*
    Gain .... *Oiseaux.*
    Roule .... *Poissons.*
    Sluiter .... *Tuniciers.*
    Joubin............. *Céphalopodes, Brachiopodes, Némertiens.*
    Lamy............... *Gastropodes et Pélécypodes.*
    Vayssière .... *Nudibranches.*
    Keilin.............. *Diptères.*
    Trouessart et Berlese. *Acariens.*
    Neumann .... *Pédiculines, Mallophages, Ixodides.*
    Bouvier .... *Pycnogonides.*
    Coutière .... *Crustacés Schizopodes et Décapodes.*
Mlle Richardson.......... *Isopodes.*
    Calman............. *Cumacés.*
    De Daday........... *Entomostracés.*
MM. Chevreux .... *Amphipodes.*
    Cépède............. *Copépodes.*
    Quidor............. *Copépodes parasites.*
    Calvet .... *Bryozoaires.*
    Gravier .... *Polychètes, Alcyonaires et Ptérobranches.*
    Hérubel............ *Géphyriens.*
    Germain............ *Chétognathes.*
    Railliet et Henry..... *Helminthes parasites.*
    Hallez............. *Polyclades et Triclades maricoles.*
    Kœhler .... *Stellérides, Ophiures et Échinides.*
    Vaney .... *Holothuries.*
    Pax .... *Actiniaires.*
    Billard .... *Hydroïdes.*
    Topsent .... *Spongiaires.*
    Pénard .... *Rhizopodes.*
    Fauré-Frémiet....... *Foraminifères*
    Cardot .... *Mousses.*
Mme Lemoine............. *Algues calcaires*
MM. Gain................ *Algues.*
    Mangin............. *Phytoplancton*
    Peragallo.... .... *Diatomées.*
    Hue .... *Lichens.*
    Metchnikoff .... *Bactériologie.*
    Gourdon............. *Géographie physique, Glaciologie, Pétrographie.*
    Bongrain............ *Hydrographie, Cartes, Chronométrie.*
    Godfroy .... *Marées.*
    Müntz .... *Recherches sur l'atmosphère.*
    Rouch .... *Météorologie, Océanographie physique.*
    Senouque .... *Magnétisme terrestre, Actinométrie.*
    J.-B. Charcot........ *Journal de l'Expédition.*

ÉCHINODERMES

(ASTÉRIES, OPHIURES ET ÉCHINIDES)

PAR R. KŒHLER

PROFESSEUR A L'UNIVERSITÉ DE LYON

La collection d'Échinodermes (Astéries, Ophiures et Échinides) recueillie par le Dr J. Charcot au cours de la campagne du « Pourquoi Pas »?
est certainement la plus riche qui ait été rapportée des mers Antarctiques.
Les spécimens sont beaucoup plus nombreux et plus variés que ceux qui
avaient été trouvés lors de l'Expédition du « Français ». J'ajouterai que
les échantillons sont dans un état de conservation tout à fait parfait; ils
ont été admirablement préparés, et l'on ne peut que féliciter M. Gain des
soins qu'il a donnés à cette belle collection. Les notes prises par ce naturaliste, qui m'ont été remises en même temps que la collection, mentionnent d'une manière très détaillée non seulement les circonstances qui
se rapportent à la capture des animaux, mais aussi les diverses particularités observées sur les individus vivants, et notamment leurs couleurs.
Ces documents sont extrêmement précieux et complètent les descriptions
que les naturalistes peuvent faire d'après les spécimens en alcool.

Je diviserai ce mémoire en deux parties : l'une, à beaucoup près la plus
longue, comprendra la description des exemplaires ; l'autre sera consacrée
à l'examen des questions relatives à la géographie zoologique, ainsi qu'à
l'étude comparée de la répartition des Échinodermes dans les régions
Antarctiques et dans les régions voisines de notre globe.

Avant de commencer l'étude des espèces, il me paraît utile de dire
quelques mots très brefs sur les résultats zoologiques de l'Expédition.

Quelques collections importantes proviennent d'abord de l'île Déception dans les Shetland du Sud, vers 62° 55′ S. et 62° 55′ W. De là, descendant vers le Sud, le « Pourquoi Pas? » recueillit de nombreux échantillons, d'abord dans le chenal Roosen et le chenal Peltier, vers 64°-65° S. et 65°-66° W., puis à l'île Adélaïde et devant la Terre Alexandre Iᵉʳ, entre 67°-68° S. et 69°-72° W., ainsi qu'à l'île Petermann (65° S., 66° W.). Quelques dragages furent également faits en bordure de la banquise, par 70° 10′ S. et 80° 50′ W., à une profondeur de 460 mètres.

Des régions voisines avaient déjà été explorées par différents bâtiments : la « Belgica », la « Scotia », le « Français ». Il fallait donc s'attendre à retrouver dans les collections du « Pourquoi Pas? » plusieurs espèces recueillies par les explorations antérieures : toutefois, en dehors d'Échinodermes déjà connus, mais toujours très intéressants, un grand nombre de formes nouvelles ont été découvertes au cours de la deuxième Expédition du Dʳ J. Charcot, et c'est pourquoi j'ai pu dire plus haut que la collection d'Échinodermes qu'il a faite, avec le concours de ses collaborateurs, est une des plus riches qui aient été rapportées des mers antarctiques.

Le total des espèces d'Astéries, d'Ophiures et d'Échinides que renferme cette collection est de cinquante-quatre, dont vingt-cinq sont nouvelles. J'en donne ici l'énumération, avec quelques remarques très courtes sur un certain nombre d'entre elles.

ASTÉRIES

Le nombre des espèces s'élève à vingt-huit. Ce sont :

Labidiaster radiosus Lütken.
Anasterias tenera Kœhler.
Asterias antarctica Lütken.
Diplasterias Brandti (J. Bell).
Diplasterias papillosa Kœhler.
Cosmasterias lurida (Philippi).
Coscinasterias Victoriæ Kœhler.
Notasterias armata Kœhler.
Antasterias Bongraini nov. sp.
Granaster biseriatus Kœhler.
Cryaster antarcticus Kœhler.
Cryaster Charcoti nov. sp.
Perknaster aurantiacus nov. sp.
Cribrella parva nov. sp.
Lophaster Gaini nov. sp.

Lophaster antarcticus nov. sp.
Solaster Godfroyi nov. sp.
Leucaster involutus nov. gen., nov. sp.
Remaster Gourdoni nov. sp.
Cycethra verrucosa (Philippi).
Porania antarctica Smith.
Odontaster validus Kœhler.
Odontaster elegans nov. sp.
Odontaster capitatus nov. sp.
Pseudontaster marginatus nov. gen., nov. sp.
Priamaster magnificus nov. gen., nov. sp.
Bathybiaster Liouvillei nov. sp.
Ripaster Charcoti Kœhler.

J'ajouterai, pour mémoire, un Solastéridé écrasé et indéterminable portant le n° 425, une *Asterias* très jeune et indéterminable (n° 473) et un très jeune individu portant le n° 721, qui appartient peut-être au genre *Asterina*.

Dans ce total de vingt-huit espèces, quatorze sont nouvelles, et trois appartiennent à autant de genres nouveaux. Parmi les quatorze déjà connues, six avaient été découvertes par la première Expédition Charcot; ce sont :

Anasterias tenera.	*Cryaster antarcticus.*
Diplasterias papillosa.	*Odontaster validus.*
Granaster biserialus.	*Ripaster Charcoti.*

Le « Pourquoi Pas » ? les a retrouvées dans des localités voisines de celles où le « Français » les avait rencontrées. A peu près en même temps, ces mêmes espèces, à l'exception de la *D. papillosa*, étaient observées dans d'autres régions antarctiques. Les *Anasterias papillosa, Granaster biseriatus, Odontaster validus* et *Ripaster Charcoti* étaient en effet recueillies par la « Scotia » aux Orcades du Sud ; d'autre part, Sir E. Shackleton, commandant le « Nimrod », capturait les *Odontaster validus* et *Cryaster antarcticus* au cap Royds, par 77° 32′ S. et 163° 52′ E. (1), à une énorme distance des parages explorés par le « Français ».

Les sept autres espèces sont :

Labidiaster radiosus.	*Coscinasterias Victoriæ.*
Asterias antarctica.	*Notasterias armata.*
Diplasterias Brandti.	*Cycethra verrucosa.*
Cosmasterias lurida.	*Porania antarctica.*

Plusieurs de ces espèces ne donnent pas lieu à des remarques particulières, et leur capture dans les localités où le « Pourquoi Pas ? » les a trouvées était, pour ainsi dire, prévue. Ainsi l'*Asterias antarctica*, espèce très polymorphe, qui a été rencontrée dans plusieurs localités au Sud du cap Horn, a été observée à la Terre Victoria du Sud. Les *Diplasterias Brandti*

(1) C'est le méridien de Paris qui a été pris pour point de départ des longitudes à bord du « Pourquoi Pas ». Toutes les autres explorations australes ont compté leurs longitudes à partir du méridien de Greenwich. Afin de rendre les comparaisons plus faciles et d'uniformiser la notation, je convertirai tous les degrés rapportés au méridien de Greenwich en chiffres rapportés au méridien de Paris.

et *Cycethra verrucosa*, qui sont également polymorphes, sont dans le même cas. La *Porania antarctica*, très variable également, est connue dans beaucoup de régions antarctiques ou subantarctiques. Je ne parle pas de la *Cosmasterias lurida*, trouvée à l'entrée du détroit de Magellan. La capture de la *Coscinasterias Victoriæ* et de la *Notasterias armata*, la première vers 60° S. et 65° W., et la seconde vers la Terre Alexandre Ier, est plus intéressante : ces deux espèces ont été découvertes récemment par l'Expédition Shackleton au cap Royds (77° 32′ S. et 163° 52 E.) : on voit quelle distance sépare ces localités. Quant au *Labidiaster radiosus*, qui était surtout connu dans les régions magellanes, l'Expédition Charcot l'a rencontré à 63° 48′ S. et 65° 61′ W. ; cette espèce est polymorphe, et l'on peut sans grande difficulté lui réunir la forme qui vit à Kerguelen : la localité nouvelle notée par le « Pourquoi Pas ? » prouve qu'elle possède une extension géographique beaucoup plus vaste qu'on ne l'avait soupçonnée.

OPHIURES

Les Ophiures sont au nombre de dix-sept ; en voici l'énumération :

Ophiopyren regulare Kœhler.
Ophioglypha gelida Kœhler.
Ophioglypha Rouchi nov. sp.
Ophiosteira Senouqui nov. sp.
Ophionotus Victoriæ J. Bell.
Ophioperla Ludwigi nov. gen., nov. sp.
Ophiocten dubium Kœhler.
Ophiocten megaloplax Kœhler.
Amphiura Joubini nov. sp.

Amphiura Mortenseni Kœhler.
Amphiura peregrinator nov. sp.
Ophiocamax gigas Kœhler.
Ophiacantha antarctica Kœhler.
Ophiacantha polaris Kœhler.
Ophiacantha vivipara (Ljungmann).
Ophiodiplax disjuncta Kœhler.
Astrochlamys bruneus nov. gen., nov. sp.

Six de ces espèces sont nouvelles et deux constituent autant de genres nouveaux. Parmi les onze déjà connues, une seule avait été rencontrée par le « Français » : c'est l'*Ophionotus Victoriæ*, découverte par la « Southern Cross » au cap Adare (Terre Victoria du Sud) et ayant ainsi une vaste extension dans les mers antarctiques.

Les sept espèces suivantes :

Ophiopyren regulare.
Ophioglypha gelida.
Ophiocten dubium.
Ophiocten megaloplax.

Ophiacantha antarctica.
Ophiacantha polaris.
Ophiocamax gigas.

avaient été découvertes par la « Belgica » dans des régions extrêmement voisines de celles où le « Pourquoi Pas? » les a retrouvées : il n'y a rien à en dire.

L'*Amphiura Mortenseni* a été observée par la « Scotia » aux Orcades du Sud; le « Pourquoi Pas? » l'a capturée vers 64°-65° S. et 66° W., assez loin par conséquent de la première localité. L'éloignement des stations est plus grand encore pour l'*Ophiodiplax disjuncta*, qui, de même que les *Notasterias armata* et *Coscinasterias Victoriæ*, a été découverte par le « Nimrod » au cap Royds, et que le « Pourquoi Pas? » a revue près de l'île Adélaïde, à plus de 125° de distance en longitude.

Quant à l'*Ophiacantha vivipara*, elle était surtout connue dans les parages de la Terre de Feu, et la « Scotia » l'a observée au banc de Burdwood (54° 25′ S., 59° 54′ W.). Le « Pourquoi Pas? » l'a rencontrée beaucoup plus loin, à l'île Adélaïde et à la Terre Alexandre 1ᵉʳ (67°-68° S., 68°-72° W.) ; mais ceci ne peut nous surprendre, puisque la « Discovery » en a rapporté un exemplaire de la Terre Victoria du Sud.

ÉCHINIDES

Les espèces d'Échinides sont au nombre de neuf, qui sont :

Eurocidaris Geliberti nov. sp.
Ctenocidaris Perrieri nov. sp.
Sterechinus antarcticus Kœhler.
Sterechinus Neumayeri (Meissner).
Loxechinus albus (Molina).

Abatus Shackletoni Kœhler.
Parapneustes cordatus nov. gen., nov. sp.
Parapneustes reductus nov. sp.
Amphipneustes Mortenseni nov. sp.

Cinq espèces sont nouvelles et deux d'entre elles doivent rentrer dans un genre nouveau. Parmi les espèces déjà connues, les *Loxechinus albus*, *Sterechinus antarcticus* et *St. Neumayeri* ne donnent lieu à aucune remarque spéciale, car elles ont été capturées dans des localités très voisines de celles où elles avaient déjà été rencontrées. Quant à l'*Abatus Shackletoni*, je puis répéter ce que je disais plus haut à propos des *Notasterias armata*, *Coscinasterias Victoriæ* et *Ophiodiplax disjuncta* : il a été découvert à peu près en même temps au cap Royds par le « Nimrod » et dans le chenal de Roosen (64° 49′ 35″ S., 65° 49′ 18″ W.) par le « Pourquoi Pas? »

Je tiens à adresser ici tous mes remercîments aux savants qui ont bien voulu m'aider dans ma tâche. M. le P' Joubin, avec son obligeance habituelle, m'a communiqué les échantillons du Jardin des Plantes dont j'avais besoin pour mes comparaisons. M. le P' Gilson, de Bruxelles, a également mis à ma disposition les exemplaires de la « Belgica » que je lui avais demandés. M. le P' Döderlein et M. le D' Mortensen, dont on connaît la haute compétence, ont bien voulu examiner, le premier une Euryalidée, et le second deux Cidaridés provenant de l'Expédition Charcot. Je prie ces excellents collègues d'accepter le témoignage de ma vive gratitude pour leur très grande amabilité.

PREMIÈRE PARTIE

DESCRIPTION DES ESPÈCES

ASTÉRIES

Labidiaster radiosus Lütken.

(Pl. I, fig. 1.)

Voir pour la bibliographie :
Labidiaster radiosus, Ludwig (**03**) (1), p. 58.
Labidiaster radiosus, Kœhler (**06**), p. 24.

N° 11. — Dragage III. — 26 décembre 1908. 64° 48′ S., 65° 51′ W.
Chenal de Roosen, au Nord de l'îlot Casabianca. Profondeur : 129 mètres.
Un échantillon.

Les bras sont au nombre de quarante-quatre : les plus grands mesurent
90 millimètres de longueur, et plusieurs d'entre eux sont en voie de
développement. Le disque n'est pas parfaitement arrondi. La couleur
notée chez l'animal vivant était rouge et jaune.

Cet échantillon présente à la fois des caractères de *L. radiosus* et de
L. annulatus Sladen. On sait que cet auteur a séparé cette dernière
forme du *L. radiosus* en se basant sur les trois dispositions suivantes :
d'abord les piquants de la face dorsale du disque sont petits et de même
taille que ceux qui se trouvent sur le commencement des bras ; ensuite
les pédicellaires forment sur les bras des anneaux plus épais et plus
complets que chez le *L. radiosus*; enfin les bras sont plus nombreux et
plus minces.

Dans l'exemplaire recueilli par le « Pourquoi Pas ? », la face dorsale du
disque est couverte de piquants nombreux, fins, courts et serrés, qui ne
sont pas plus grands que ceux de la base des bras, et cette armature
rappellerait ainsi ce que Sladen a signalé chez le *L. annulatus*. Toutefois,

(1) Les chiffres en caractères **gras** renvoient à l'index bibliographique à la fin du mémoire.

vers le bord du disque, les piquants deviennent un peu plus forts, et ils
sont alors sensiblement plus gros que ceux des bras. D'autre part, les
bras présentent, à une certaine distance de leur base, des anneaux de
pédicellaires dans lesquels ces organes sont plus nombreux et plus serrés
que d'habitude chez le *L. radiosus*.

La première Expédition Charcot avait trouvé un très bel exemplaire
de *Labidiaster*, que j'ai rapporté au *L. radiosus*, et l'individu capturé
en 1908 s'en rapproche beaucoup. Les anneaux formés par les pédicellaires
y sont particulièrement développés, et ils sont largement séparés les uns
des autres, tandis qu'ils sont plutôt confluents sur l'individu de la deuxième
Expédition. Ainsi que je l'ai dit (**06**, p. 24), le diamètre du disque dépasse
50 millimètres ; les bras sont au nombre de quarante-six, et les plus longs
atteignent une longueur de 16 centimètres ; ces bras sont relativement
étroits par rapport à leur longueur, et ils ne dépassent guère 7 millimètres
dans leur plus grande largeur. La face dorsale du disque porte des
piquants nombreux, assez serrés, et à peine plus gros que ceux du
commencement des bras.

D'autre part, j'ai eu tout récemment l'occasion d'étudier un *Labidiaster*
provenant de Kerguelen (**11** *bis*, p. 27), et chez lequel le diamètre du
disque est de 35 millimètres. J'ai constaté que l'armature du disque présentait des dispositions analogues à celles des deux exemplaires recueillis
par le Dr Charcot, c'est-à-dire qu'elle consistait en piquants assez fins
et nombreux, un peu plus forts et un peu moins nombreux cependant
que sur l'exemplaire recueilli en 1908, dont les dimensions sont voisines.
Les anneaux formés par les pédicellaires sont saillants et très distincts,
mais les pédicellaires y sont relativement peu nombreux, et ils ne forment
pas ces touffes épaisses que je remarque sur les deux exemplaires des
Expéditions Charcot.

J'ai pu comparer aux échantillons dont je viens de parler quelques
spécimens de *L. radiosus* provenant de l'Expédition du Cap Horn et qui se
trouvent au Jardin des Plantes. Dans deux exemplaires chez lesquels le
diamètre du disque atteint 40 millimètres, les piquants de la face dorsale
du disque sont assez peu nombreux et espacés ; ils sont uniformément
répartis sur cette face dorsale, aussi bien vers le centre qu'à la périphérie.

et ils sont plus développés que sur les bras; ceux-ci sont assez grêles, mais leur état de conservation laisse à désirer, et il est difficile d'apprécier la forme des anneaux constitués par les pédicellaires : ces anneaux sont très rapprochés, et, autant que je puis en juger, les pédicellaires sont moins abondants que sur les deux individus des Expéditions Charcot.

Dans un troisième exemplaire, chez lequel le diamètre du disque est le même, les bras mesurent 115 millimètres de longueur; le disque est en très grande partie couvert de piquants extrêmement fins et courts, assez serrés, dont la longueur ne dépasse guère celle des papules voisines, avec lesquelles on peut les confondre facilement ; ces piquants sont évidemment plus petits que ceux qu'on trouve à la base des bras ; mais, à la périphérie du disque, on remarque des piquants plus forts et qui sont plutôt un peu plus gros que ceux des bras : la différence n'est toutefois pas considérable.

La conclusion qui paraît se dégager de cette comparaison est que le *Labidiaster radiosus* peut présenter des variations importantes, qui portent sur le développement des piquants du disque, sur la longueur des bras et sur le développement des touffes de pédicellaires formant des anneaux sur ces derniers. Pour ces raisons, je crois que le *L. annulatus* de Sladen constitue à peine une variété du *L. radiosus*. Nous voyons en effet, dans les échantillons provenant de la Mission du Cap Horn, des variations qui portent sur le développement des piquants de la face dorsale du disque. D'autre part, on peut constater de grandes différences dans le développement des anneaux que forment les pédicellaires : ces anneaux peuvent être très épais ou très minces dans des spécimens qui, si l'on s'en tenait aux seuls caractères fournis par les piquants du disque, devraient être rapportés au *L. annulatus* ; à ce point de vue, les deux formes extrêmes sont représentées par l'exemplaire de Kerguelen et par l'exemplaire recueilli lors de la première Expédition Charcot, tandis que l'individu trouvé en 1908 constitue une forme intermédiaire. L'état de conservation des échantillons doit d'ailleurs jouer un rôle considérable dans la manière d'être des pédicellaires. Je crois donc qu'il est plus correct de donner purement et simplement le nom de *L. radiosus* à l'exemplaire recueilli par la deuxième Expédition Charcot, et je ne pense même pas

qu'il soit utile de conserver la variété *annulatus* que j'avais adoptée,
dans l'ouvrage cité plus haut, pour le *Labidiaster* de Kerguelen.

Le *L. radiosus* était surtout connu dans les parages du détroit de
Magellan. On voit, d'après ce que j'ai dit plus haut des caractères du
L. annulatus de Kerguelen, que celui-ci est une simple forme du *L. radiosus* et peut lui être réuni sans grand inconvénient. Or le « Challenger »
a capturé dans la mer d'Arafura (5° 41'S., 131° 44' E.), et à une profondeur de 1 464 mètres, un petit *Labidiaster* que Sladen n'a pas pu
séparer des *L. annulatus* provenant des îles Kerguelen et Heard ; l'espèce
est donc susceptible de descendre à une grande profondeur.

D'autre part, Meissner (**04**, p. 4) cite, d'après les exemplaires du Musée
de Hambourg, le *L. radiosus* dans des localités situées au Nord du détroit
de Magellan, au cap Blanco, dans la Patagonie Argentine (47° 45' S., 68° W.),
et même dans une station plus septentrionale encore, à 38° S. et 38° W. ;
cette dernière indication demanderait peut-être à être confirmée. Sur la
côte Pacifique du Chili, le Dr Plate l'a recueilli à Tabon, près de Calbuco,
vers 41° 45' S. Le *L. annulatus* s'étend donc assez loin le long des côtes
Atlantique et Pacifique de l'Amérique du Sud, à partir de la Terre de
Feu.

Enfin nous venons de voir que le « Pourquoi Pas ? » avait rencontré le
L. radiosus dans une station beaucoup plus méridionale que celles où on
l'observe d'habitude, par 64° 48' S. L'espèce a donc une aire de répartition
très vaste, et il n'est pas surprenant qu'elle subisse certaines variations.

Anasterias tenera Kœhler.

Anasterias tenera, Kœhler (**06**), p. 12.

N° 365. — 21 février 1909. Sur les rochers de l'île Petermann.
Profondeur : 1 mètre. Un échantillon.

N° 717. — Dragage XVII. — 26 décembre 1909. 62° 12' S., 60° 55' W.
Baie de l'Amirauté, île du Roi George (Shetland du Sud). Profondeur :
420 mètres. Vase et cailloux. Un échantillon.

Les valeurs respectives de *R* sont de 40 et 65 millimètres ; les échantillons sont bien conformes au type que j'ai décrit d'après les spécimens recueillis par la première Expédition Charcot.

A l'état vivant, l'exemplaire n° 717 avait la face dorsale d'un gris légèrement jaunâtre vers l'extrémité des bras, et la face ventrale jaune sale; l'autre individu était d'un jaune rosé très pâle.

L'*A. tenera* a été découverte par la première Expédition Charcot, à l'île Booth-Wandel (65° S. et 66° W.); la « Scotia » l'a retrouvée aux Orcades du Sud.

Asterias antarctica Lütken.

Voir pour la bibliographie :
Asterias rugispina, Leitpoldt (**95**), p. 100.
Asterias antarctica, J. Bell (**02**), p. 215.
Asterias antarctica, Ludwig (**03**), p. 30.
Asterias antarctica, Loriol (**04**), p. 36.
Asterias antarctica, Meissner (**04**), p. 10.
Asterias antarctica, Ludwig (**05**), p. 70.
Asterias antarctica, Kœhler (**08**), p. 48.

N° 9. — Dragage III. — 26 décembre 1908. 64°48′ S., 65°51′ W. Chenal de Roosen, au Nord de l'îlot Casabianca. Profondeur : 129 mètres. Cailloux, roche, vase et grès verdâtre. Six échantillons.

Tous ces individus sont très jeunes : dans le plus petit, R ne dépasse pas 4 millimètres, et il atteint 11 millimètres seulement dans le plus grand.

Les caractères répondent bien à ceux que Perrier a attribués à son *Anasterias minuta*, qui, on le sait, n'est que la forme jeune de l'*A. antarctica* : les plaques sont cependant un peu plus nombreuses sur le disque, et l'on distingue déjà deux ou trois plaques carinales sur les bras du plus grand exemplaire.

Chez les exemplaires vivants, le disque et les bras étaient d'un gris ardoisé avec le bord des bras blanc.

L'*A. antarctica* a déjà été décrite sous un grand nombre de noms, dont la synonymie a été indiquée par les auteurs cités plus haut notamment par Leitpoldt ; les variations que l'espèce présente ont surtout été signalées par Meissner.

Les auteurs s'accordent généralement pour réunir à l'*A. antarctica* Lütken, les *A. rugispina* Stimpson, *spirabilis* Bell et *varia* Perrier, ainsi que la forme à six bras *A. Cunninghami* Perrier. Leitpoldt et Ludwig ont également considéré comme synonymes de l'*A. antarctica* les *A. Verrilli* Bell, *Calvasterias antipodum* et *Calvasterias antarctica* Sladen. Leitpoldt (**95**, p. 569) propose aussi de lui réunir l'*A. Perrieri* de Kerguelen : or j'ai eu tout récemment l'occasion d'étudier cette dernière forme, et je la considère comme distincte de l'*A. antarctica* (**11** *bis*, p. 27). Quant à l'*A. rupicola* Verrill, qui est connue à Kerguelen et qui a été retrouvée sur les côtes du Chili, elle doit être considérée comme une simple variété de l'*A. antarctica*.

L'*A. antarctica* est très répandue dans les parages de la Terre de Feu et du détroit de Magellan, ainsi qu'aux îles Falkland. Elle remonte sur la côte Pacifique de l'Amérique du Sud jusqu'à Puerto Montt (41° 30′ S.) ; sur la côte Atlantique, on la connaît au port San Antonio (40° 45′ S.). Elle avait déjà été rencontrée dans une station antarctique, car la « Southern Cross » l'a rapportée du cap Adare (Terre Victoria du Sud) : cette station, qui se trouve située vers 71° 20′ S. et 68° E., est très éloignée du chenal de Roosen, où le « Pourquoi Pas ? » l'a observée. L'*A. antarctica* a donc une très grande extension géographique, et l'on sait d'ailleurs qu'elle offre des variations considérables. Elle se montre toujours dans des stations littorales.

REMARQUES SUR LES GENRES

Diplasterias PERRIER ET *Cosmasterias* SLADEN.

Les collections recueillies par le « Pourquoi Pas ? » renferment des Astéries appartenant aux deux genres *Diplasterias* et *Cosmasterias* : ce sont les *D. Brandti* (J. Bell), *D. papillosa* Kœhler et *C. lurida* (Philippi).

La validité de ces deux genres ayant été contestée récemment par W. K. Fisher (**08**, p. 89), il me paraît nécessaire, avant de parler des espèces, d'indiquer les raisons pour lesquelles je crois devoir maintenir ces genres.

Le genre *Diplasterias* a été établi par Perrier en 1891 dans son travail sur les Échinodermes de la Mission du Cap Horn (**91**, p. 77) ; ce savant oppose de la manière suivante le genre *Diplasterias* au genre *Asterias* :

Diplasterias nov. gen. —Deux rangées de piquants adambulacraires au moins.

Asterias. — Une seule rangée de piquants adambulacraires ou des piquants alternativement isolés et groupés par deux sur les plaques adambulacraires.

Les espèces du cap Horn rapportées par Perrier à ce nouveau genre *Diplasterias* étaient au nombre de quatre : ce sont les *D. sulcifera* Valenciennes (*A. lurida* Philippi), *Loveni* Perrier, *Lütkeni* Perrier et *spinosa* Perrier. La *D. sulcifera* est décrite en premier lieu, sans doute parce qu'elle était déjà connue, mais elle n'est nullement donnée par Perrier comme le type de son nouveau genre *Diplasterias* : bien mieux, dans l'appendice D qui termine son mémoire sur les Échinodermes de la mission du Cap Horn, Perrier reconnaît déjà la nécessité de placer dans un genre à part les Astéries possédant plusieurs rangées de plaques latéro-ventrales, et, appliquant à la *D. sulcifera* le nom générique proposé par Sladen, il l'appelle *Cosmasterias sulcifera.*

En 1894, dans son grand mémoire sur les Astéries des Expéditions du « Travailleur » et du « Talisman », Perrier discute longuement les caractères des genres de la famille des Astéridées. Il conserve (**94**, p. 107) la distinction qu'il avait établie en 1888 entre les genres *Asterias* et *Diplasterias* et maintient l'*Asterias sulcifera* dans le genre *Cosmasterias* de Sladen. Les caractères du genre *Diplasterias* ressortent nettement du tableau synoptique donné page 108 et peuvent être résumés ainsi :

Plaques ventro-latérales rudimentaires ; marginales ventrales autrement armées que les autres plaques ; squelette dorsal irrégulièrement réticulé ; plaques portant une ou plusieurs épines ; bras au nombre de cinq ou de six ; papilles respiratoires réunies par groupes, au moins dans la région dorsale des bras ; pédicellaires croisés disposés en cercle autour des piquants ; deux rangées de piquants adambulacraires.

Dans son mémoire sur les Stellérides de l' « Hirondelle » publié en 1896, Perrier revient à nouveau sur la classification des Astéridées (**96**, p. 32 à 35), mais il n'est plus question de distinction entre les genres *Asterias* et *Diplasterias* ; le genre *Asterias* seul est conservé avec cette mention : « Plaques adambulacraires pouvant porter un ou deux piquants », et Perrier ajoute en note (p. 38) : « ..... parfois sur le même individu, comme c'est fréquemment le cas pour l'*Asterias rubens* ; il est impossible de scinder, comme je l'ai fait encore en 1894, les Étoiles de mer du groupe de l'*Asterias rubens* en deux genres, l'un monacanthide (*Asterias*), l'autre diplacanthide. »

Je ferai remarquer à ce sujet que, tout en contestant la valeur du nombre des rangées de piquants adambulacraires pour diviser les espèces de l'ancien genre *Asterias*, Perrier utilise néanmoins ce caractère pour établir une division dans le genre *Stolasterias* ; il réserve ce nom aux formes monacanthides, tandis qu'il établit le nouveau genre *Distolasterias* pour les formes diplacanthides ; j'ai déjà eu occasion de donner mon opinion à ce sujet (**11**, p. 31).

Malgré l'abandon fait par Perrier du genre *Diplasterias*, ce terme continua néanmoins à être employé par les auteurs. En 1903, Ludwig, dans son travail sur les Astéries de la « Belgica », se sert du terme *Diplasterias*, et il cite la *D. Lütkeni* (**03**, p. 41) ; il paraît donner au genre *Diplasterias* les limites que Perrier lui avait attribuées en 1894 ; le même auteur cite également la *Cosmasterias lurida* (Philippi) (= *sulcifera* Valenciennes). En 1904, Ludwig mentionne encore le genre *Diplasterias* (**04**, p. 698). La même année, Meissner emploie aussi le terme *Diplasterias*, mais en lui donnant une acception plus vaste que Perrier, puisqu'il attribue au genre *Diplasterias* onze espèces, parmi lesquelles se trouve la *D. lurida* (Philippi) (**04**, p. 5 à 9).

J'ai moi-même conservé le genre *Diplasterias*, que j'ai trouvé et continue encore à trouver fort commode et suffisamment justifié (**06**, p. 19 à 23, et **08**, p. 44 à 47) ; mais l'emploi que j'en ai fait a été critiqué par W. K. Fisher. Dans sa brochure de 1908, où il montre que certains changements sont devenus nécessaires dans la nomenclature des Stellérides, le savant naturaliste américain affirme que, depuis que Perrier a répudié le genre *Diplasterias*, ce terme est tombé en désuétude, et il me reproche de l'avoir ressuscité (*resurrected*) (**08**, p. 89).

Or on peut voir, par le court historique que je viens de donner, combien cette assertion est inexacte, puisque, après 1896, époque à laquelle Perrier avait renoncé au genre *Diplasterias*, des auteurs comme Ludwig et Meissner ont cru devoir utiliser ce genre. A défaut d'autre argument, je pourrais donc répondre à W. K. Fisher que ce sont ces naturalistes, et non pas moi, qui ont ressuscité le genre *Diplasterias*, et m'abriter derrière l'autorité de savants aussi compétents qu'eux, et surtout que Ludwig, pour justifier l'usage que j'ai fait de cette dénomination. Mais la question mérite un examen approfondi.

Je ne crois pas que jamais personne ait contesté l'utilité des coupures qui ont été faites dans l'ancien genre *Asterias* ; mais, d'autre part, il est hors de conteste que les genres ou sous-genres qui ont été établis à la suite de ce démembrement sont d'une valeur très inégale et que quelques-uns d'entre eux sont réellement fondés sur des caractères d'assez mince valeur. Il me paraît que le nombre des piquants adambulacraires constitue une disposition ayant une assez grande importance pour qu'il puisse servir à établir une coupure dans le genre *Asterias*. Qu'on donne d'ailleurs au genre *Diplasterias* la valeur d'un genre ou d'un sous-genre, cela n'a, à mon avis, aucune importance. Mais, si l'on jette les yeux sur la face ventrale du corps, d'une part chez des formes monacanthides, et d'autre part chez des formes diplacanthides, on ne peut qu'être frappé par les différences que l'on observe et qui sautent aux yeux. Or les caractères que l'on peut invoquer pour établir des divisions parmi les innombrables espèces de l'ancien genre *Asterias* ne sont pas tellement nombreux pour que l'on néglige celui-là.

Il est entendu que, chez quelques formes, d'ailleurs fort rares, la disposition des piquants adambulacraires n'offre pas une régularité parfaite, mais cette irrégularité ne va cependant pas jusqu'à masquer complètement l'arrangement des piquants. Déjà, avant Perrier, J. Bell, dans son mémoire bien connu sur les espèces du genre *Asterias* (**81**, p. 500), avait noté les irrégularités qu'offrent les piquants adambulacraires chez les *Asterias rubens* et *panopla* ; il place cette dernière espèce dans une section à part, celle des polyacanthides, et il maintient l'*A. rubens* dans les diplacanthides.

En employant le genre *Diplasterias*, je lui ai donné la même acception que Perrier dans son mémoire de 1894 ; pour moi, ce genre comprend les formes diplacanthides, dont les plaques latéro-dorsales sont disposées en réseau et dont les plaques latéro-ventrales ne forment qu'une seule rangée, d'ailleurs souvent peu développée. Mais, en ce qui concerne les limites de ce genre, je dois faire quelques réserves au sujet d'espèces que Perrier lui a enlevées pour en faire le genre *Podasterias*, et dont le type, au moins, doit revenir au genre *Diplasterias*. Ce genre *Podasterias* a, lui aussi, été contesté pas Fisher dans la note citée plus haut (**08**, p. 89) ; mais je ne me base pas pour le critiquer sur les mêmes raisons que l'auteur américain, d'après lequel le terme *Podasterias* doit être rejeté parce qu'il est synonyme du genre *Pisaster*. Je vais revenir un peu plus loin sur ce dernier genre.

Perrier a placé le genre *Podasterias*, avec les genres *Cosmasterias* et *Uniophora*, dans une section d'Astéridées caractérisée par l'existence de plaques latéro-ventrales formant des rangées régulières dans le sens longitudinal et dans le sens transversal (Voir **94**, p. 108, et **96**, p. 35), et il caractérise plus particulièrement le genre *Podasterias* par ses plaques latéro-dorsales irrégulièrement disposées. Le type que Perrier choisit pour ce genre est la *Podasterias Lütkeni*, espèce du cap Horn, antérieurement décrite par lui sous le nom de *Diplasterias Lütkeni*.

Or, si l'on examine la face ventrale d'une *Diplasterias Lütkeni*, comme j'ai pu le faire sur les exemplaires de Perrier, on constate la présence, entre les plaques adambulacraires et les marginales ventrales, d'une rangée unique de plaques qui ne s'étendent même pas sur toute la longueur des bras, et dont chacune porte tantôt un seul piquant, tantôt deux piquants divergents. Cette disposition est exactement la même que celle que j'ai observée chez la *D. Loveni*, dont la face ventrale est représentée Pl. I, fig. 3 ; mais elle est complètement différente de celle que l'on connaît chez la *Cosmasterias lurida*, où les plaques forment, comme le dit fort bien Perrier, plusieurs rangées régulières, longitudinales et transversales. Je ne vois donc pas de raisons suffisantes pour séparer du genre *Diplasterias* la *D. Lütkeni*, comme aussi la *D. Loveni*, qui, pour moi, ne peut pas être distinguée spécifiquement de cette dernière ; j'estime d'ailleurs que ces deux formes doivent être réunies à la *D. Brandti* : c'est un point sur lequel je reviendrai un peu plus loin en étudiant cette dernière espèce.

Quant à l'Astérie, provenant également du Cap Horn, à laquelle Perrier a donné le nom de *Diplasterias spinosa* et dont il a publié une très bonne description (**91**, p. 82), j'avoue qu'elle m'embarrasse quelque peu. Ainsi que je l'ai déjà fait remarquer (**08**, p. 45), elle offre un facies tout autre que celui de la *D. Brandti* et des deux autres formes du Cap Horn distinguées par Perrier sous les noms de *D. Loveni* et *Lütkeni*. On peut se rendre compte de ces différences en examinant les deux photographies que je donne ici de l'exemplaire unique recueilli par la mission du Cap Horn et qui n'a jamais été représenté (Pl. I, fig. 2 et 9) (les épreuves ne sont pas très bonnes en raison des différences de coloration que présente l'individu, surtout sur la face dorsale : en effet, le disque, qui est en partie dépouillé de ses piquants, est blanc, tandis que les bras ont conservé une couleur brune très foncée ; néanmoins les photographies montrent bien les caractères les plus importants de l'espèce).

J'ai encore examiné avec le plus grand soin cet échantillon, qui, malheureusement, se trouve dans un état de conservation laissant quelque peu à désirer ; il est devenu très friable, et il se prête assez difficilement à l'étude. La conclusion de mes recherches est que cette Astérie représente décidément une forme bien différente des précédentes. Les piquants de la face dorsale s'éloignent incontestablement par leur disposition et leurs caractères de ce qui existe chez la *D. Brandti* ; mais c'est surtout la face ventrale qui offre des différences importantes. Il existe en effet, entre les piquants adambulacraires et les piquants marginaux, un certain nombre de rangées de piquants ventraux, généralement au nombre de trois, et qui ont d'ailleurs été indiquées par

Perrier. Or ces piquants n'existent ni chez les *Diplasterias*, ni chez les *Asterias*, et ils rappellent au contraire les dispositions connues dans le genre *Cosmasterias*. En somme, cette forme diplacanthide me paraît parfaitement trouver sa place dans le genre *Podasterias* de Perrier, que je propose de conserver pour cette espèce qui en constituerait dès lors le type ; il est très regrettable qu'elle soit représentée par un exemplaire unique qui n'en permet pas une étude bien approfondie. J'ajouterai que, pour le moment, je ne vois pas d'autre espèce d'*Asterias* à rapporter au genre *Podasterias*.

Le genre *Podasterias* se distingue, comme Perrier l'a indiqué, du genre *Cosmasterias*, par la disposition irrégulière des plaques latéro-dorsales. La séparation de ces deux genres me paraît parfaitement justifiée. Je n'admets pas du tout la manière de voir de Fisher, qui estime que le genre *Podasterias* ne diffère pas du genre *Pisaster*, lequel est, pour l'auteur américain, synonyme de *Cosmasterias*. Fisher fait en effet remarquer que le terme *Pisaster*, introduit en 1840 par Müller et Troschel, fait double emploi avec le terme *Cosmasterias* créé par Sladen en 1889. La réunion de ces deux genres serait justifiée si on ne les caractérisait l'un et l'autre que par la présence de plusieurs rangées de plaques latéro-ventrales, par la disposition des plaques latéro-dorsales et par l'existence de grands pédicellaires droits : et c'est parce qu'il admet cette diagnose que Fisher a pu dire que la *Cosmasterias sulcifera* devait rentrer dans le genre *Pisaster*. Mais je crois que la question doit être serrée de plus près, et l'étude des caractères de ces deux genres montre qu'ils doivent être conservés l'un et l'autre. Le genre *Pisaster* a pour type l'*Asterias ochracea* Brandt, espèce monacanthide ; actuellement on connaît plusieurs autres espèces de *Pisaster*, telles que les *P. brevispinus*, *capitatus*, *confertus*, *fissispinus* et *Lütkeni* (1), créés par Stimpson, auxquelles il faut ajouter le *P. papulosus* (Verrill). Toutes ces espèces sont monacanthides, et elles ont cinq bras ; il est vraisemblable qu'on

(1) On ne confondra pas le *Pisaster Lütkeni* Stimpson avec la *Diplasterias Lütkeni* Perrier ; cette confusion, qui serait possible si l'on maintenait ces deux espèces essentiellement différentes dans l'ancien genre *Asterias*, disparaît par l'emploi des dénominations *Diplasterias* et *Pisaster*. Je ne pense pas que c'est parce qu'il a commis cette erreur que Fisher considère les genres *Diplasterias* et *Pisaster* comme synonymes, opinion qu'il exprime à nouveau dans son récent et remarquable mémoire sur les Astéries du Pacifique boréal (11, p. 9).

peut ajouter à cette liste le *P. giganteus* (Stimpson), qui a six bras et qui est également monacanthide. Remarquons que ces espèces présentent une localisation géographique remarquable, car elles proviennent toutes de la côte occidentale de l'Amérique du Nord.

La *Cosmasterias lurida* est, au contraire, une espèce diplacanthide, caractère qu'elle partage avec une Astéridée décrite par Sladen sous le nom de *Cosmasterias tomidata*, mais qui est certainement identique à l'*Asteracanthium Germaini* Philippi. Chose curieuse, ces espèces proviennent toutes deux des mers australes.

Je propose donc de préciser la diagnose du genre *Pisaster* donnée par Müller et Troschel, en ajoutant que les piquants adambulacraires sont disposés sur un seul rang, tandis qu'ils forment deux rangées dans le genre *Cosmasterias*, et de conserver ces deux genres, qui diffèrent ainsi non seulement par les caractères particuliers de leurs espèces respectives ainsi que par l'armature adambulacraire, mais aussi par leur répartition géographique.

Diplasterias Brandti (J. Bell,)
(Pl. I, fig. 3, 5 et 6).

Voir pour la bibliographie :
Diplasterias Brandti, Kœhler (08), p. 44.
Asterias Brandti, J. Bell (08), p. 7.

N°s 297 et 298. — Dragage X. 22 janvier 1909. 68° 35′ S. ; 72° 40′ W. Près de la Terre Alexandre Ier. Profondeur : 297 mètres. Roche et vase bleue. Deux jeunes échantillons.

N° 576. — Dragage XIII *c.* Chenal Lemaire, côte N. E. de l'île Petermann. Profondeur : 50 à 80 mètres. Roche et cailloux. Un très petit échantillon.

Dans le plus grand individu, $R = 28$ millimètres, $r = 4^{mm},5$ L'exemplaire n'est pas en excellent état et il a été comprimé. Le n° 298 est plus petit : $R = 22$ millimètres, $r = 3$ millimètres. Dans le dernier enfin, R ne dépasse pas 10 millimètres.

Malgré leurs dimensions réduites, ces individus montrent bien tous les caractères de la *D. Brandti*, et je crois être parfaitement en droit de les rapporter à cette espèce.

Les couleurs notées à l'état vivant étaient : gris pour le n° 297 et orangé pâle pour le n° 298.

J'ai déjà eu occasion de parler de la synonymie de cette espèce, et, dans mon mémoire sur les Échinodermes de la « Scotia » (08, p. 44), je faisais remarquer qu'au moins deux espèces de *Diplasterias* provenant de la mission du Cap Horn et décrites par Perrier, devaient être rapportées à la *D. Brandti* : ce sont les *D. Loveni* et *Lütkeni* (Pl. I, fig. 3, 5 et 6). J'avais pu alors étudier la *D. Loveni* sur les exemplaires conservés au Muséum ; mais il avait été impossible de retrouver la *D. Lütkeni* dans les collections de cet établissement. Or, en faisant de nouvelles recherches en 1911 au Jardin des Plantes, j'ai trouvé toute une collection de bocaux étiquetés *Diplasterias Hyadesi*, qui renfermaient des Astéries correspondant exactement, comme caractères, comme nombre et comme provenances, aux *D. Lütkeni* mentionnées dans le travail de Perrier, et l'étude de ces échantillons m'a montré qu'ils répondaient bien à cette espèce dont le nom avait été changé. La *D. Lütkeni*, que Perrier considère lui-même comme très voisine de la *D. Loveni*, ne peut, pas plus que cette dernière, être séparée spécifiquement de la *D. Brandti*, et elle représente une simple forme de cette espèce polymorphe. Les échantillons conservés au Jardin des Plantes ayant un intérêt historique, il m'a paru utile de représenter ici deux exemplaires bien typiques rapportés par Perrier respectivement à la *D. Loveni* et à la *D. Lütkeni* (Pl. I, fig. 3, 5 et 6).

J'ai indiqué plus haut ma manière de voir relativement à la *D. spinosa* Perrier, et je n'ai plus à y revenir. Je rappellerai seulement que l'échantillon unique qui existe de cette espèce a été capturé, par la mission du Cap Horn, par 47° 29′ S. et 66° 45′ W. (la profondeur est inconnue), c'est-à-dire dans une tout autre localité que celles où les exemplaires de *D. Brandti* avaient été recueillis. Quant à la *D. Steineni* Studer, c'est encore une forme diplacanthide, mais elle est tout à fait distincte de la *D. Brandti*, et elle représente une espèce bien indépendante. Comme les figures données par Studer ne montrent pas d'une manière très claire les caractères de l'espèce, je donne ici trois photographies de l'individu conservé au Jardin des Plantes et qui provient de la mission du Cap Horn (Pl. I, fig. 4, 7 et 10).

Il y a lieu de réunir à la *D. Brandti*, non seulement les *Diplasterias Loveni* et *Lütkeni*, mais aussi les *Asterias alba* Bell, *Belli* Studer et *glomerata* Sladen ; Meissner (**04**, p. 8) est même d'avis de lui réunir également la forme à six bras que Perrier a appelée *A. meridionalis* : cette dernière est connue à la Géorgie du Sud et à Kerguelen. La *D. Brandti* a déjà été signalée dans la région antarctique. La « Southern Cross » l'a rencontrée au cap Adare (71° S., 168° E.) à des profondeurs de 18 à 237 mètres; la « Discovery » l'a trouvée en différentes stations de la Terre Victoria du Sud, entre 73° et 77° S. à des profondeurs variant entre 7 et 237 mètres. Enfin la « Belgica » l'a capturée à 450 mètres, par 70° S. et 84° W., dans une station peu éloignée de celles où l'Expédition Charcot l'a retrouvée.

En dehors de ces localités, la *D. Brandti* est surtout connue dans les régions subantarctiques de l'extrémité de l'Amérique du Sud; on l'a observée aux îles Falkland et au banc de Burdwood. Elle remonte assez haut vers le Nord : d'après les exemplaires du Musée de Berlin, Meissner l'indique à 44° 14′ S. et 53° 43′ W., à une profondeur de 110 mètres.

Diplasterias papillosa Kœhler.

Diplasterias papillosa, Kœhler (**06**), p. 21.

N° 366. — 21 février 1909. Rochers de l'île Petermann, au niveau de la basse mer. Deux échantillons.

N° 428. — 3 octobre 1909. Rochers de Port Circoncision, île Petermann. Un très jeune échantillon.

N° 476. — 10 octobre 1909. Port Circoncision, île Petermann, parmi les touffes d'Algues. Profondeur : 6 mètres. Trois échantillons.

Les cinq individus portant les n°⁸ 366 et 476 sont beaucoup plus grands que le type, et *R* varie entre 50 et 62 millimètres, tandis que dans le type, *R* ne dépasse pas 30 millimètres. L'individu portant le n° 428 est au

contraire beaucoup plus petit, et $R = 18$ millimètres seulement : les
piquants ont une large enveloppe membraneuse, comme dans les plus
grands exemplaires.

La couleur notée chez les animaux vivants variait du brun au brun
jaunâtre ou au marron clair; les spécimens en alcool ne paraissent pas
avoir subi de changement de coloration.

La *D. papillosa* a été découverte par la première Expédition Charcot :
l'un des exemplaires provenait de l'île Moureau, les autres ne portaient
pas d'indication d'origine. L'espèce n'avait pas été signalée de nouveau.

Cosmasterias lurida (Philippi).

(Pl. II, fig. 1 à 7 ; Pl. V, fig. 8.)

Voir pour la bibliographie :
Asterias sulcifera, Leitpoldt (**95**), p. 553.
Cosmasterias lurida, Ludwig (**03**), p. 40.
Cosmasterias lurida, Loriol (**04**), p. 39.

N° 780. — 2 février 1910. Tuesday Bay, Terre Désolation (détroit de
Magellan). Profondeur : 8 mètres. Trois échantillons.

N° 781. — 3 février 1910. Tuesday Bay. Un échantillon.

Ce dernier exemplaire est admirablement conservé : $R = 140$ millimètres, $r = 29$ millimètres; dans les trois autres exemplaires, R mesure
respectivement 114, 116 et 175 millimètres.

Les couleurs notées chez les animaux vivants étaient les suivantes :

N° 780. — Disque et bras d'un brun violacé ou d'un bleu violacé grisâtre.

N° 781. — Couleur brune piquée de petites taches violet foncé.

Dans l'alcool, les spécimens sont devenus brun jaunâtre.

L'espèce est souvent appelée *Asterias* ou *Cosmasterias sulcifera*, du nom
que Valenciennes avait appliqué le premier; mais, comme ce nom n'est
connu que par une simple étiquette manuscrite, il est préférable, ainsi
que l'ont fait déjà remarquer Leitpold et Loriol, d'appliquer à cette
Astérie le nom de Philippi, qui en a, le premier, publié une description.

Les grands pédicellaires droits que possède la *C. lurida* ont été indiqués
par les auteurs. Comme l'a déjà fait observer Leitpoldt (*loc. cit.*), ces pédi-

cellaires rappellent ceux que Sladen a signalés chez les *Stichaster felipes* et *polygrammus*, et dont il a comparé la forme à celle d'une patte de chat. Des pédicellaires analogues ont été décrits et figurés par Ludwig chez l'*Anasterias chirophora*, et ce savant les a désignés sous le nom de « *Tatzenpedicellarien.* » Chez la *C. lurida*, ces pédicellaires atteignent environ 1^{mm}, 5 de longueur; les digitations qui terminent les valves sont toujours moins nombreuses, moins régulières et moins développées que chez les espèces que je viens de citer. Sur les échantillons que j'ai pu étudier, il est rare que le nombre de ces digitations dépasse le chiffre trois (Pl. II, fig. 5, 6 et 7) ; dans une forme assez fréquente, la valve se termine par un lobe médian élargi, allongé et recourbé, de chaque côté duquel se trouve un lobe beaucoup plus petit : la valve affecte ainsi une forme symétrique; ailleurs les trois digitations sont inégales et disposées d'une manière irrégulière; mais le plus souvent encore, on observe que l'une d'elles est plus grande que les deux autres. Il en résulte que, lorsque l'on étudie ces pédicellaires entiers (Pl. V, fig. 8), on remarque surtout, à l'extrémité de chaque valve, la denticulation principale qui apparaît sous forme d'un crochet recourbé se croisant avec son congénère. L'aspect est donc différent de celui que Ludwig a représenté chez l'*Anasterias chirophora*, mais la structure fondamentale reste la même. La pièce basilaire est un peu plus étroite et plus allongée que dans cette dernière espèce, et les deux fossettes sont à peu près aussi longues que larges (Pl. II, fig. 4).

Lès photographies publiées par Loriol ne montrent pas d'une manière bien nette les caractères essentiels de la *C. lurida*. Je donne ici deux photographies représentant les faces dorsale et ventrale d'un exemplaire sec que je possède dans ma collection et qui est très bien conservé (Pl. II, fig. 2 et 3). L'échantillon portant le n° 781 est parfaitement étalé, et il mériterait d'être reproduit, mais ses dimensions trop considérables m'empêchent de le faire.

La *C. lurida* est connue dans les parages de la Terre de Feu, et elle a été signalée à la Géorgie du Sud, mais elle peut remonter assez haut le long des côtes du Chili et de la Patagonie argentine : elle a été rencontrée à San Antonio sur la côte Atlantique (40° 45′ S.), et à Calbuco sur la côte Pacifique (41° 45′ S.). C'est une espèce essentiellement littorale. Cependant le « Challenger » l'a draguée à 630 mètres de profondeur, entre l'île Wellington et la côte du Chili (48° 27′ S.).

Coscinasterias Victoriæ Kœhler.

Coscinasterias Victoriæ, Kœhler (**11**), p. 32.

N° 622. — Dragage XV, 26 novembre 1909. 64° 49′ 35″ S., 65° 49′ 18″ W. Chenal de Roosen, devant Port Lockroy. Profondeur : 70 mètres. Vase et cailloux. Un échantillon.

Les dimensions prises sur le vivant étaient les suivantes : $R = 126$ millimètres, $r = 23$ millimètres ; largeur des bras à la base, 25 millimètres ; longueur des bras, 110 millimètres. La couleur était d'un brun jaunâtre.

Je crois pouvoir rapporter cet individu à l'espèce que j'ai décrite d'après les exemplaires recueillis par l'Expédition Shackleton au Cap Royds (77° 32′ S., 163° 52′ E.) ; malheureusement le mauvais état de l'exemplaire ne permet pas une détermination absolument certaine. La face dorsale a été fortement endommagée ; les piquants du disque et d'une partie des bras ont été arrachés, et toutes les formations tégumentaires sont enlevées. La deuxième moitié des bras est en assez bon état, mais les caractères que l'on peut observer dans cette région n'ont plus une très grande valeur. Dans les endroits intacts ou moins altérés, j'observe, entre les piquants de la rangée carinale et ceux de la rangée marginale dorsale, plusieurs autres séries qui prennent parfois une disposition en rangées longitudinales régulières et rappellent ainsi ce qui existe chez la *C. Victoriæ* ; par les autres caractères, d'ailleurs, l'exemplaire se rapporte bien à cette espèce.

L'animal est fixé dans l'attitude incubatrice, mais de plus il a été comprimé et aplati : il a trois bras en avant, et les deux autres, placés en arrière, arrivent presque à toucher les premiers par leur face ventrale ; ces bras sont un peu inégaux.

Lorsque l'Astérie a été capturée, elle portait des jeunes rassemblés sous la face ventrale du disque ; ceux-ci formaient, dit la notice qui m'a

été remise, une pelote compacte, qui non seulement recouvrait cette face
entière, y compris la bouche, mais même débordait sur les côtés et enva-
hissait les sillons ambulacraires ; cette couvée s'est en partie dissociée,
et il n'en reste plus qu'une fraction en place. Ces jeunes sont agglutinés
ensemble par un peu de mucus, et ils sont serrés les uns contre les autres,
mais ils ne sont pas rattachés à la mère par un cordon analogue à celui
que l'on observe chez l'*Anasterias tenera*, ou chez l'*Asterias antarctica*.
Ces jeunes mesurent en moyenne 7 millimètres de diamètre : ils sont au
même stade que les jeunes *Asterias antarctica* provenant de la Mission du
Cap Horn et qui ont été étudiés par Perrier.

Deux autres exemplaires très petits et portant le n° 656 appartiennent
très vraisemblablement aussi à la même espèce : ils proviennent d'ailleurs
du même dragage ; $R = 14$ millimètres.

Un autre exemplaire portant le n° 173 et provenant du dragage VII
(68° 34′ S., 72° 05′ W. ; profondeur 250 mètres) appartient aussi au genre
Coscinasterias : il est de très petite taille, et R atteint 16 millimètres
seulement. Cet individu diffère des deux précédents par la présence d'un
certain nombre de piquants entre les rangées marginales dorsales et carinales ; de plus, les piquants marginaux sont un peu plus développés.
L'exemplaire n'appartient peut-être pas à la même espèce, mais il est
impossible de faire une détermination sur un individu aussi jeune.

La *C. Victoriæ* n'était encore connue jusqu'à maintenant qu'au cap
Royds, dans une région très éloignée par conséquent de celle où le « Pourquoi Pas ? » l'a retrouvée. Cette espèce est très voisine de la *C. Brucei*
observée par la « Scotia » aux Orcades du Sud : il est possible que des
découvertes ultérieures amènent à réunir les deux formes en une seule
espèce polymorphe.

Notasterias armata Kœhler.

(Pl. I, fig. 8.)

Notasterias armata, Kœhler (11), p. 30.

N° 301. — Dragage X. — 22 janvier 1909. 68 35′ S., 72° 40′ W. Près de
la Terre Alexandre Iᵉʳ. Profondeur : 297 mètres. Roche et vase bleue.
Un échantillon

J'ai décrit cette espèce et établi le genre nouveau dans lequel je l'ai rangée d'après deux individus recueillis au Cap Royds par l'Expédition Shackleton ; l'individu unique capturé par le « Pourquoi Pas ? » a des dimensions voisines de celles de ces derniers : $R = 20$ à 25 millimètres, $r = 4^{mm},5$; l'un des bras est cassé près de la base.

J'ai déjà parlé de cet individu dans ma description originale, et j'ai fait remarquer que les pédicellaires macrocéphales étaient très abondants sur la face dorsale. On les distingue très bien sur la photographie que je donne ici (Pl. I, fig. 8).

La couleur notée chez l'animal vivant était orangée.

Le type de la *N. armata* a été, comme celui de l'espèce précédente, rencontré par le « Nimrod » au Cap Royds (77° 32′ S., 163° 52′ E.). La région dans laquelle l'Expédition française a retrouvé cette intéressante espèce en est donc fort éloignée, et celle-ci doit avoir une vaste extension géographique ; il est vraisemblable qu'on la retrouvera dans les localités situées entre ces deux points.

Autasterias Bongraini nov. sp.

(Pl. II, fig. 10 et 11.)

N° 719. — Dragage XVII. — 26 décembre 1909. 62° 12′ S., 60° 55′ W. Baie de l'Amirauté, île du Roi George (Shetland du Sud). Profondeur : 420 mètres. Vase et cailloux. Deux échantillons.

Les deux exemplaires ne sont pas en parfait état de conservation ; ils ont subi des frottements qui ont fait tomber beaucoup de piquants et de pédicellaires ; ils semblent, en outre, avoir été comprimés et être plus ou moins aplatis. Néanmoins ils sont dans un état de conservation suffisant pour être décrits, et même le petit individu m'a fourni deux photographies très passables qui sont reproduites ici.

Dans le plus grand exemplaire, $R = 31$, $r = 6$ millimètres ; les bras ont 7 millimètres de largeur à la base, et leur longueur est de 26 millimètres. Dans le plus petit individu, $R = 22$ millimètres, $r = 5$ milli-

mètres; les bras ont 5^{mm},5 de largeur à la base, et leur longueur est de
19 millimètres.

La face dorsale du disque et des bras est très peu convexe ; les faces
latérales des bras sont étroites et verticales.

La face dorsale du disque offre une grande plaque centrale donnant
naissance à cinq prolongements ou lobes arrondis ; en dehors, se trouvent un cercle de cinq plaques radiales et un cercle intercalaire de cinq
plaques interradiales un peu plus petites. Chacune de ces plaques fournit
aussi des lobes arrondis par lesquels elle se réunit aux voisines ; mais
l'union des plaques radiales et de la plaque centrale est réalisée par de
petits ossicules intermédiaires distincts. Ainsi se trouvent limités sur le
grand individu cinq grands espaces triangulaires, uniquement occupés
par le tégument ; la disposition est moins régulière sur le petit individu.

La plaque madréporique est petite, arrondie, située un peu plus près
du bord que du centre ; les sillons sont nombreux et peu profonds.

La ligne carinale des bras, peu saillante, est occupée par une rangée de
plaques qui fait suite à la plaque radiale primaire. Chacune d'elles donne
naissance à quatre prolongements arrondis ; les deux prolongements latéraux et le prolongement proximal sont bien développés et de mêmes dimensions, mais le prolongement distal est plus court, et, sur chaque
plaque, il est recouvert par le prolongement proximal de la plaque qui
suit. La rangée de plaques marginales dorsales présente une structure
analogue. Les plaques carinales et marginales dorsales ne sont pas en
contact immédiat par leurs prolongements latéraux ; elles sont séparées
par de petits ossicules intercalaires de forme irrégulièrement arrondie,
qui constituent ainsi des petits ponts transversaux de forme variable : ces
ossicules représentent le rudiment d'une rangée latéro-dorsale. Toutes
ces plaques limitent de grandes mailles inégales et de forme très irrégulière.

Les plaques du disque, ainsi que celles des rangées carinales et marginales dorsales, offrent chacune en leur centre un tubercule arrondi sur
lequel s'articule un piquant assez fort et conique, à extrémité émoussée.
La surface de ces piquants est rugueuse, et leur extrémité présente quelques aspérités plus fortes, ou même de petites denticulations ; les plaques

radiales primaires possèdent parfois deux tubercules analogues. Quelques-unes des petites plaques latérales dorsales de la base des bras portent également un piquant articulé sur un tubercule, et ces piquants forment eux-mêmes un commencement de rangée latéro-dorsale, qui est surtout visible sur le grand échantillon, où d'ailleurs la plupart des piquants ont été arrachés. On rencontre en outre, çà et là, sur la face dorsale du disque et des bras, de grands pédicellaires macrocéphales qui sont très peu nombreux sur le grand échantillon, mais je suppose que plusieurs de ces pédicellaires ont été arrachés ; ils sont plus abondants sur le petit individu, et ils se montrent surtout sur les plaques carinales et sur les plaques latéro-dorsales, tandis qu'ils sont très rares sur les marginales dorsales. Ces pédicellaires n'atteignent pas de grandes dimensions, et leur longueur ne dépasse guère 1 millimètre.

Les plaques marginales dorsales portent aussi chacune un piquant bien développé; celui-ci présente, vers sa base ou à une petite distance de celle-ci, une touffe de pédicellaires forcipiformes disposés en demi-cercle sur le côté dorsal du piquant; chaque touffe renferme de six à dix pédicellaires sur le petit échantillon ; la longueur de ces pédicellaires varie entre $0^{mm},3$ à $0^{mm},4$. Sur le grand échantillon, ils manquent le plus souvent.

Une bande verticale nue, offrant de larges espaces membraneux et dépourvus de pédicellaires, s'étend entre les plaques marginales dorsales et ventrales, et ces espaces laissent sortir de très grosses papules. Les plaques marginales ventrales correspondent aux dorsales, et les deux plaques qui se font face sont généralement reliées directement l'une à l'autre par leurs prolongements latéraux, qui sont plus allongés que sur la face dorsale du corps. Les plaques marginales ventrales ont la même structure que les marginales dorsales, et chacune d'elles porte vers sa base une touffe de pédicellaires forcipiformes disposés en demi-cercle sur le côté dorsal du piquant. Les marginales ventrales sont assez rapprochées des adambulacraires ; cependant, à la base des bras, il existe une petite rangée de plaques latéro-ventrales qui s'étend jusque vers le milieu du bras et qui est naturellement mieux indiquée sur le grand individu que sur le petit.

Les plaques adambulacraires sont courtes, et trois d'entre elles correspondent à une marginale ventrale. Les piquants, disposés en une seule série, sont allongés et cylindriques ; leur surface est rugueuse, et l'extrémité, arrondie, présente de petites spinules. On rencontre le long du sillon quelques pédicellaires droits dont la longueur est de $0^{mm},6$.

Les dents, petites, offrent à leur extrémité un grand piquant identique aux piquants adambulacraires voisins, et, sur leur face ventrale, un peu en arrière du précédent, se montre un piquant analogue.

RAPPORTS ET DIFFÉRENCES. — Cette Astérie doit être rangée dans le genre *Autasterias*, dont j'ai donné les caractères en 1911 (**11**, p. 38) et que j'ai créé pour l'*Autasterias pedicellaris*, découverte par la « Scotia », à une profondeur de 2 990 mètres, par 71°22′ S. et 18°54′ W. La nouvelle espèce se distingue de la précédente par ses plaques dorsales beaucoup plus grandes et plus fortes, formant un réseau plus épais et limitant des mailles beaucoup plus petites que chez l'*A. pedicellaris* ; dans les deux exemplaires recueillis par le « Pourquoi Pas ? », les pédicellaires macrocéphales sont aussi plus petits que chez l'*A. pedicellaris*, mais cette différence ne constitue pas un caractère spécifique.

Je dédie cette espèce à M. Bongrain, membre de l'Expédition Charcot.

Granaster biseriatus Kœhler.

(Pl. III, fig. 2 ; Pl. VI, fig. 1.)

Granaster biseriatus, Kœhler (**06**), p. 11.
Granaster biseriatus, Kœhler (**08**), p. 37.

N° 363. — 21 février 1909. Rochers de l'île Petermann. Trois échantillons.

Nᵒˢ 426 et 427. — 2 et 3 octobre 1909. Port Circoncision, île Petermann. Une quinzaine d'échantillons.

N° 504. — 16 octobre 1909. Plage de l'île Petermann, entre les galets. Deux échantillons.

N° 511. — 30 octobre 1909. Plage de l'île Petermann, dans les fentes de rochers et sous les cailloux, à la marée basse. Quatorze échantillons.

Nᵒˢ 539 et 568. — 1ᵉʳ novembre 1909. Plage de l'île Petermann. Neuf échantillons très jeunes.

La couleur notée à l'état vivant chez tous ces échantillons était l'orangé ; dans l'alcool, ils ont passé au jaunâtre ou au gris jaunâtre.

Dans tous ces exemplaires, R dépasse rarement 15 à 16 millimètres, et il est souvent plus petit. Seuls les deux spécimens portant le n° 504 sont plus grands que les autres : les bras sont très allongés, et le disque est relevé dans l'attitude incubatrice, position que je n'observe chez aucun des autres individus qui sont tous étalés, mais il n'y a pas trace de ponte. Dans ces deux échantillons, R varie entre 20 et 23 millimètres, r entre 8 et 9 millimètres : ces chiffres ne sont qu'approximatifs en raison de la forme élevée du disque. Les piquants adambulacraires sont au nombre de trois sur presque toute la longueur des bras ; les sillons ambulacraires sont étroits et les tubes très régulièrement disposés en deux séries. Sur les côtés des bras, les granules tendent à former quelques rangées transversales plus ou moins régulières. J'ai représenté l'un de ces exemplaires vu de côté et par la face ventrale (Pl. III, fig. 2, et Pl. VI, fig. 1).

Le *G. biserialus* a été découvert par la première Expédition Charcot, qui l'a rencontré en diverses localités : île Howgard, île Booth-Wandel, etc. ; la « Scotia » l'a retrouvé aux Orcades du Sud. L'espèce paraît très abondante dans tous ces parages, ainsi qu'à l'île Petermann, où le « Pourquoi Pas ? » en a recueilli de nombreux exemplaires.

Cryaster antarcticus Kœhler.
(Pl. III, fig. 6 et 7.)

Cryaster antarcticus, Kœhler (**06**), p. 24.
Cryaster antarcticus, Kœhler (**11**), p. 28.

N°s 63, 66 et 67. — Dragage V. — 29 décembre 1908, Chenal Peltier, entre l'îlot Gœtschy et l'île Doumer. Profondeur : 92 mètres. Vase grise et gravier. Trois échantillons.

N°s 623, 624 et 625. — Dragage XV. — 26 novembre 1909. 64° 49′ 35″ S., 65° 49′ 18″ W. Chenal Roosen, devant Port Lockroy. Profondeur : 70 mètres. Vase et cailloux. Trois échantillons.

Voici les principales dimensions que je relève sur ces exemplaires :

NUMÉROS.	R	r	DIAMÈTRE du DISQUE.	LARGEUR des BRAS A LA BASE.	ÉPAISSEUR du DISQUE.
	Millim.	Millim.	Millim.	Millim.	Millim.
66	70	18	35	26	20
625	84	24	45	29	23
67	110	40	73	44	25
624	112	40	75	48	36
63	125	41	74	46	43
623	127	45	77	40-45	27

Tous les individus ont cinq bras, sauf le n° 66, qui n'en a que quatre.

Dans la description originale que j'ai publiée en 1906, d'après les exemplaires recueillis par la première Expédition Charcot, je disais que la face dorsale du *C. antarcticus* offrait de petits piquants courts et obtus, assez serrés, implantés dans le tégument et ne faisant à la surface qu'une saillie légère qui ne dépassait guère $0^{mm},5$. Or, en même temps que les échantillons provenant de la deuxième Expédition Charcot, je recevais la collection des Échinodermes recueillis par Sir E. Shackleton à la Terre Victoria du Sud. Cette collection renfermait, entre autres formes intéressantes, un spécimen de *C. antarcticus* qui présentait cette particularité d'être à peu près complètement dépourvu de piquants dans les téguments, aussi bien sur la face dorsale que sur la face ventrale : on n'observait plus que des papilles dans l'intérieur desquelles l'axe calcaire du piquant avait complètement disparu, et l'échantillon offrait ainsi un aspect assez différent de celui que j'avais indiqué dans le type. En signalant cette particularité, je mentionnais que la collection recueillie par le « Pourquoi Pas ? » renfermait des *C. antarcticus* chez lesquels les piquants, tout en étant présents, étaient beaucoup moins développés que chez le type et restaient cachés dans leur enveloppe tégumentaire, de telle sorte que l'individu de l'Expédition antarctique anglaise apparaissait comme le dernier terme d'une série dont je possédais les principaux stades (11, p. 28).

Dans tous les exemplaires recueillis par la deuxième Expédition Charcot, les piquants de la face dorsale du corps restent toujours beaucoup moins développés que dans les individus de la première

Expédition, et ce n'est guère que dans le plus petit spécimen du dragage V qu'on a la sensation de velours rude en touchant du doigt les téguments; deux autres individus, numérotés 624 et 625, donnent encore cette sensation, mais à un degré bien moindre.

Chez tous les individus, on aperçoit à la loupe de nombreuses petites éminences ou papilles coniques, très rapprochées et très fines, dans chacune desquelles l'examen microscopique fait découvrir un petit piquant; entre ces petites papilles, on observe des papules plus ou moins abondantes et plus ou moins apparentes : elles sont particulièrement nombreuses dans l'échantillon portant le n° 623, et, en certains points, elles cachent complètement les papilles voisines. Les piquants de la face ventrale sont toujours très apparents, et ils sont très serrés; parfois ils sont placés irrégulièrement, comme on le voit sur l'échantillon portant le n° 625, mais ordinairement ils se disposent en petites rangées transversales, qui sont déjà assez nettes sur l'échantillon dont la photographie est reproduite Pl. III, fig. 6, et qui sont encore plus marquées sur d'autres. En outre, on reconnaît le plus souvent sur la face ventrale une rangée assez distincte comprenant des petits groupes de piquants placés à une faible distance les uns des autres, et courant parallèlement au bord des arcs interbrachiaux, à quelques millimètres en dedans de ce bord : cette rangée se continue le long de chaque bras, ainsi que je l'ai signalé en 1906; elle était très nette sur la face ventrale de l'exemplaire à six bras que j'ai représenté dans mon premier mémoire (**06**, Pl. II, fig. 10).

L'anus est toujours très apparent. En général, les sillons ambulacraires sont assez largement ouverts, au moins dans la moitié proximale des bras, et les tubes sont disposés irrégulièrement sur trois ou quatre rangées. Dans l'exemplaire dont la photographie est reproduite Pl. III, fig. 6, ces sillons sont moins ouverts, et les tubes tendent à prendre une disposition bisériée.

Voici les notes de couleur prises sur les échantillons vivants :

N° 63. — Rouge vif avec taches plus foncées.

N°ˢ 66 et 67. — Blanc jaunâtre avec grandes taches laque carminé rose.

N° 623. — Couleur générale du disque rouge brique avec des taches plus carminées.

N° 624. — Couleur générale blanc jaunâtre avec de nombreuses taches et zébrures rouge écarlate ; la face dorsale du disque présente en son centre une circonférence jaune bien nette de 35 millimètres de diamètre, avec quelques rares taches rouge écarlate.

N° 625. — Couleur générale du disque jaune légèrement orangé, avec, de place en place, des taches et des raies d'un rouge écarlate, en moins grand nombre que chez le n° 624 : le centre du disque est dépourvu de taches.

Les exemplaires en alcool sont d'un gris jaunâtre plus clair sur les n°⁸ 63, 66 et 67, plus foncé sur les trois autres.

Le *C. antarcticus* a été découvert par la première Expédition Charcot, mais les localités exactes n'étaient pas indiquées sur les exemplaires que j'ai étudiés. Ils provenaient incontestablement de régions très voisines de celles où le « Pourquoi Pas? » a retrouvé l'espèce. Ces parages sont très éloignés de la Terre Victoria du Sud, où l'Expédition Shackleton a recueilli un exemplaire de *C. antarcticus*. L'espèce doit donc avoir une aire de distribution géographique assez vaste dans les mers antarctiques, et peut-être est-elle circumpolaire ; on a vu qu'elle était susceptible de subir quelques variations.

Cryaster Charcoti nov. sp.
(Pl. II, fig. 8 et 9 ; Pl. III, fig. 8.)

N° 545. — 1ᵉʳ novembre 1909. Plage de l'île Petermann, sous un galet.

Les bras, au nombre de cinq, sont inégaux : deux d'entre eux sont très courts, et ils ont certainement été brisés ; les valeurs de *R*, mesurées sur les trois autres, sont respectivement de 107, 96 et 80 millimètres ; *r* = 27 à 32 millimètres. Le disque est assez large, et son diamètre est de 55 millimètres. Les bras sont très larges et renflés à la base : ils mesurent 32 à 35 millimètres à l'endroit où ils se détachent du disque ; ils se rétrécissent très rapidement dans leur première moitié, de manière à atteindre une largeur moitié moindre, puis ils diminuent beaucoup plus lentement jusqu'à l'extrémité, qui est en pointe émoussée. La face dorsale du disque et du commencement des bras est aplatie, mais elle a dû être

comprimée accidentellement, et elle devait être convexe chez l'animal
vivant; les côtés des bras sont arrondis.

La face dorsale du disque et des bras est complètement recouverte de
très nombreuses expansions plissées et de petites dimensions, qui sont
très rapprochées les unes des autres et même contiguës; chacune de ces
expansions ou papilles représente une collerette entourant un piquant
qui est, en général, complètement recouvert par le tégument, au moins
dans la partie centrale du disque et sur le milieu des bras. Ces formations
sont de même nature que les papilles que nous avons eu l'occasion de
rencontrer chez le *C. antarcticus*. Lorsque l'on touche une de ces papilles
avec une aiguille, on sent parfaitement le petit piquant qu'elle renferme
et qui soulève le tégument, sans toutefois le percer ; l'examen microscopique confirme d'ailleurs l'existence de ces petits piquants. Beaucoup
de ces expansions offrent deux ou trois proéminences distinctes, dont
chacune renferme un petit piquant. L'arrangement de ces éléments
est tout à fait irrégulier sur le disque et sur le milieu des bras, mais, vers
les côtés de ceux-ci, les papilles se disposent plus régulièrement, et elles
forment alors des rangées transversales bien régulières, en même temps
que le piquant unique ou double que chacune d'elles renferme détermine
une proéminence plus forte ; il en résulte qu'on distingue parfaitement
sur le bord des bras de petits piquants courts et coniques, élargis à la base,
à sommet obtus et recouverts par un mince tégument.

Entre ces petites éminences se montrent de nombreuses papules très
courtes, qui ne dépassent pas la hauteur de ces dernières. La plaque
madréporique est plus petite que chez le *C. antarcticus* : elle est allongée
dans le sens interradial et plus large en dedans qu'en dehors; elle a la
forme d'un triangle à sommet arrondi, dont la base est plus rapprochée
du centre que du bord du disque, et elle mesure environ 6 millimètres
sur 4^{mm},5. Elle est divisée dans sa partie proximale par une fissure
interradiale incomplète, et, perpendiculairement à cette fissure, on en
reconnaît une deuxième plus fine. Les sillons, assez sinueux et nombreux,
vont en divergeant depuis le centre de la plaque.

Les aires interradiales ventrales offrent de nombreux plis disposés
parallèlement les uns aux autres et allant des plaques adambulacraires

aux côtés du disque et des bras ; ces plis sont séparés par des sillons très
fins, et ils se continuent sur les côtés des bras avec les rangées de petits
piquants que j'ai signalées plus haut. Çà et là, sur les plis, apparaissent
des piquants qui se réunissent par petits groupes et qui sont plus saillants
et plus forts que sur la face dorsale, mais ils restent toujours enveloppés
par une couche tégumentaire. Les piquants sont plus nombreux et plus
rapprochés dans la moitié proximale des aires ventrales, et ils se montrent
également nombreux et bien développés le long des bras. Ces petits
groupes, qui se suivent assez régulièrement, forment parfois des rangées
plus ou moins apparentes parallèles aux sillons ambulacraires. Parmi les
groupes de piquants de la face ventrale, on en remarque qui sont un peu
plus gros les uns que les autres et qui renferment chacun quatre à six
piquants ; ces groupes forment une rangée plus ou moins distincte, qui se
trouve placée vers le milieu des espaces interradiaux et qui suit le contour
des arcs interbrachiaux, à une distance de 10 millimètres environ du bord
du disque, puis passe sur les bras en se rapprochant des piquants adambulacraires. Cette rangée est analogue à celle que j'ai signalée chez le *C.
antarcticus* et que je viens de rappeler page 32 ; mais, dans l'unique exemplaire de *C. Charcoti* recueilli, la disposition est beaucoup moins nette.

Les sillons ambulacraires sont étroits, à peine entr'ouverts, et les tubes
sont disposés sur deux rangs. Les plaques adambulacraires sont courtes
et assez larges : elles portent chacune deux piquants situés obliquement
l'un par rapport à l'autre ; le piquant distal et interne est le plus fort,
tandis que le piquant proximal et externe est plus petit. Ces deux piquants
sont fortement aplatis transversalement, et ils s'élargissent considérablement à leur extrémité libre, de telle sorte qu'ils ressemblent à un éventail
très allongé ; de plus, ils sont enveloppés par une large gaine tégumentaire
qui se développe de part et d'autre du piquant en une grande expansion
aplatie : aussi ces piquants forment-ils une bande assez large de chaque
côté du sillon ambulacraire. Lorsqu'on les traite par la potasse, on aperçoit,
au milieu des tissus mous, le piquant calcaire qui est très élargi à l'extrémité et affecte la forme d'un triangle allongé, constitué par des trabécules
qui se dirigent en divergeant de la base à l'extrémité (Pl. III, fig. 8). Un
ou deux petits piquants très courts et coniques se montrent en dehors

des précédents et font le passage aux piquants de la face ventrale.

Les dents sont relativement petites. Elles portent chacune sur leur bord libre quatre piquants qui continuent les piquants adambulacraires et qui sont moins élargis que ces derniers ; ils sont plus épais, tout en restant cependant encore aplatis, et leur longueur est la même que celle des piquants voisins.

La couleur notée chez l'échantillon vivant était brune, avec des taches rouge brique de place en place ; dans l'alcool, l'individu est devenu gris foncé légèrement brunâtre.

RAPPORTS ET DIFFÉRENCES. — La seule espèce connue du genre *Cryaster* était le *C. antarcticus*, qui a été trouvé, comme on le sait, par la première Expédition Charcot, et la découverte d'une deuxième espèce de ce genre est très intéressante. L'espèce nouvelle diffère de la première par le développement plus accentué que prennent les piquants de la face dorsale du corps : ces piquants sont très apparents à l'œil nu, et, au toucher, la sensation est plus rude que chez le *C. antarcticus*, où les piquants ne sont visibles qu'à la loupe ; sur la face ventrale, ils sont aussi beaucoup plus développés que chez le *C. antarcticus*. Mais c'est principalement la forme des piquants adambulacraires qui est très différente et qui donne à la face ventrale du *C. Charcoti* un caractère très particulier : c'est surtout ce caractère qui permettra de distinguer les deux espèces. Les sillons ambulacraires sont étroits, et les tubes sont disposés sur deux rangées seulement, tandis qu'ils sont généralement très larges chez le *C. antarcticus* avec plusieurs rangées de tubes : mais ceci peut tenir à l'état de contraction des échantillons en alcool.

Je dédie cette espèce à M. le Dr Jean Charcot, auquel la science est redevable de tant de découvertes dans les régions Antarctiques.

Perknaster aurantiacus nov. sp.

(Pl. III, fig. 9 ; Pl. IV, fig. 1.)

N° 65. — Dragage V. — 29 décembre 1908. Chenal Peltier, entre l'îlot Gœtschy et l'île Doumer. Profondeur : 92 mètres. Vase grise et gravier. Un échantillon.

N° 127. — Dragage VI. — 15 janvier 1909. 67°43′ S., 70° 45′ 42″ W.
Entrée de la baie Marguerite, entre l'île Jenny et l'île Adélaïde. Profondeur : 254 mètres. Roche et gravier. Un échantillon.

N° 174. — Dragage VII. — 16 janvier 1909. 68°34′ S., 72°05′ W. Près de
la Terre Alexandre Ier. Profondeur : 250 mètres. Roche. Deux échantillons.

N° 276. — Dragage IX. — 21 janvier 1909. 68° 00′5″ S., 70° 02′ W. Au
Sud de l'île Jenny. Profondeur : 250 mètres. Sable vert et roche. Un très
petit échantillon.

L'exemplaire du dragage V est le plus grand : $R' = 25$ millimètres,
$r = 6$ millimètres ; les quatre autres individus sont plus petits, et leurs
dimensions respectives sont les suivantes : $R = 15, 10, 7$ et 6 millimètres,
$r = 5, 3$ et $2^{mm},5$. Je décrirai l'espèce d'après l'individu provenant du
dragage V.

Le diamètre du disque, mesuré entre les fonds de deux arcs interbrachiaux non consécutifs, est de 12 millimètres. Le disque est épais et
renflé ; les bras sont également épais, et leur face dorsale est fortement
convexe ; ils sont larges à la base, où ils mesurent 7 millimètres en
moyenne, et ils s'amincissent très rapidement dans la première moitié, en
même temps que leur hauteur diminue : ils deviennent alors minces et
cylindriques et s'amincissent lentement jusqu'à l'extrémité.

Les contours des plaques qui recouvrent le disque et les bras sont
indistincts, même après la dessiccation que j'ai dû faire subir à l'exemplaire pour pouvoir l'étudier d'une manière plus complète. On n'aperçoit
qu'un recouvrement de petits piquants serrés, très courts, cylindriques,
très légèrement renflés à l'extrémité, qui prend la forme d'une petite tête
arrondie, et pas beaucoup plus longs que hauts ; ce sont plutôt des
granules allongés que des piquants. Vue au microscope, la tête se
montre rugueuse et munie de très fines aspérités, mais le reste du piquant
est tout à fait lisse, et il est recouvert d'une mince couche tégumentaire.
On ne reconnaît aucun groupement parmi ces piquants, qui restent parfaitement isolés les uns des autres, très rapprochés mais non contigus.
En certains points, on arrive à distinguer de petites élévations dont chacune correspond sans doute à une plaque et porte un ou deux piquants.

Au milieu des piquants, se montrent de nombreux orifices papulaires très gros et arrondis ; ces orifices, très apparents sur l'exemplaire desséché, sont remarquables par leurs dimensions relativement grandes : leur diamètre est en effet au moins trois fois plus grand que la largeur des piquants. Ces orifices se montrent aussi bien sur le disque que sur les bras ; ils sont disposés d'une manière irrégulière sur le disque, où ils sont d'ailleurs un peu plus petits, mais sur les bras ils ont une tendance très manifeste à former des files longitudinales, sans qu'on puisse toutefois reconnaître de véritables rangées.

Les orifices papulaires sont exactement limités à la face dorsale des bras, et ils s'arrêtent assez brusquement sur les côtés de ceux-ci sans que leurs dimensions aient diminué sensiblement ; il n'en existe plus de trace ni sur les faces latérales ni sur la face ventrale.

La plaque madréporique, de dimensions moyennes, est arrondie, et son diamètre est égal à 1^{mm},5. Elle est légèrement enfoncée et elle offre de gros sillons divergents ; les piquants qui l'entourent ne présentent aucun caractère particulier. Cette plaque est située plus près du bord que du centre.

Les piquants des faces latérales des bras sont un peu allongés, et leur tête est un peu plus distincte que sur la face dorsale ; ils prennent ici la forme de petits bâtonnets capités. Sur la face ventrale, les piquants deviennent de nouveau plus courts, et, en certains endroits où ils sont moins serrés, on distingue les plaques qui sont très petites, et dont chacune constitue une saillie arrondie portant un et plus rarement deux piquants. Ces plaques sont très serrées, et elles ne semblent pas former de rangées longitudinales ; je reconnais seulement quelques alignements obliques allant du sillon aux côtés des bras.

Les sillons ambulacraires sont étroits. Chaque plaque adambulacraire porte deux piquants inégaux et disposés un peu obliquement l'un par rapport à l'autre. L'un de ces piquants est situé vers l'angle interne et distal de la plaque : il est grand, cylindrique, avec l'extrémité tronquée ; l'autre piquant, plus court et plus petit, est situé en dehors du précédent vers le bord oral de la plaque. Deux autres piquants beaucoup plus petits se montrent en dehors des précédents.

Les dents portent sur leur bord libre chacune une demi-douzaine de piquants, dont les deux derniers sont beaucoup plus forts que les précédents.

La couleur notée sur l'exemplaire vivant portant le n° 65 était laque écarlate, avec taches plus foncées orangé rouge ; l'échantillon en alcool est d'un brun assez foncé. Les autres individus étaient jaunâtres.

RAPPORT ET DIFFÉRENCES. — Cette Astérie me paraît bien devoir rentrer dans le genre *Perknaster*, tel qu'il a été défini par Sladen, et il se distingue facilement des deux espèces décrites par cet auteur, qui proviennent l'une des îles Kerguelen et l'autre des îles Heard. L'espèce nouvelle en diffère par les caractères des piquants adambulacraires, par les bras relativement allongés et plus minces et par les piquants non réunis en petits groupes.

Le genre *Perknaster* est évidemment voisin du genre *Cribraster* établi par Perrier pour une Astérie du Cap Horn. J'ai revu l'unique exemplaire de *Cribaster Sladeni*, qui se trouve au Jardin des Plantes ; comme l'a dit Perrier, il est un peu altéré et surtout macéré, et la face ventrale notamment est en assez mauvais état. Les piquants de la face dorsale sont disposés comme dans les *Perknaster fuscus* et *densus*, et les plus grandes différences portent sur la disposition des piquants adambulacraires.

Comme les figures données par Perrier du *Cribraster Sladeni* ne sont pas très démonstratives, j'ai cru devoir reproduire ici deux photographies du type qui pourront servir pour les comparaisons avec le genre voisin (Pl. II, fig. 12, et Pl. VI, fig. 6).

J'ai eu l'occasion d'indiquer les affinités du genre *Perknaster* avec une Astérie arctique, découverte par la « Princesse-Alice », et dont j'ai fait le genre *Magdalenaster* (09, p. 104) ; j'ai montré que ces deux genres se rapprochaient des *Cryaster*, et j'ai proposé de les placer dans la famille des Cryastéridées. L'étude que j'ai pu faire d'un *Perknaster* me confirme encore dans cette manière de voir. En ce qui concerne le *Cribraster Sladeni*, l'exemplaire unique qu'on en connaît n'est pas assez bien conservé pour qu'on puisse en étudier utilement le squelette et fixer ainsi ses affinités.

Cribrella parva nov. sp.
(Pl. IV, fig. 3 et 8.)

N° 718. — Dragage XVII. — 26 décembre 1909. 62° 12′ S., 60° 55′ W. Baie de l'Amirauté, île du Roi George (Shetland du Sud). Profondeur : 420 mètres. Vase et cailloux. Un échantillon.

Je désigne sous ce nom nouveau une *Cribrella* de petite taille dont il n'existe qu'un seul exemplaire dans la collection, et qui, sans doute, n'a pas encore acquis ses caractères définitifs. Il est vraisemblable que l'étude d'exemplaires plus développés permettrait de modifier et de compléter sur divers points la description qui suit : elle permettrait peut-être même de rapprocher cette *Cribrella* d'une autre forme ; mais, comme je ne vois pas d'espèce connue à laquelle celle-ci puisse être rapportée, il m'a paru nécessaire de lui appliquer un nom spécifique et de décrire l'échantillon dans l'état où il est.

$R = 22$ à 23 millimètres, $r = 6$ millimètres ; diamètre du disque, $10^{mm}5$; largeur des bras à la base, 6 millimètres. Les bras sont un peu inégaux : la longueur est de 19 millimètres sur le plus grand et de 13 seulement sur le plus petit.

Le disque est petit ; les bras sont bien distincts, allongés et arrondis. La face dorsale du disque et des bras est convexe ; ceux-ci vont en s'amincissant graduellement jusqu'à l'extrémité, qui est assez pointue.

Les ossicules de la face dorsale du disque et des bras forment un réseau serré : ils portent des petits groupes de piquants disposés irrégulièrement et dont le chiffre varie de quatre à six ou huit par groupe. Ces piquants sont cylindriques, courts et ovoïdes à l'extrémité, qui est souvent quelque peu élargie ; leur surface est rugueuse, et leur extrémité offre un certain nombre de petites dents ou spinules plus ou moins nombreuses, mais toujours très apparentes. Entre les ossicules apparaissent de nombreux orifices papulaires fins et arrondis, qui, sur la face dorsale des bras, tendent à former des séries longitudinales plus ou moins apparentes ; ces orifices se continuent sur les côtés des bras, mais ils ne passent pas à la face ventrale.

La plaque madréporique, petite et arrondie, est située plus près du centre que du bord du disque ; elle ne possède qu'un petit nombre de sillons très larges et divergents.

Les piquants de la face ventrale présentent la même disposition que sur la face dorsale ; les groupes qu'ils forment sont disposés d'une manière tout à fait irrégulière, et il n'y a pas la moindre indication de rangées longitudinales ou transversales.

Les plaques adambulacraires portent d'abord dans le sillon un petit piquant aplati, légèrement recourbé sur lui-même, et dont l'extrémité est arrondie. A la suite, vient une série transversale de quatre à cinq piquants égaux, plus gros et plus longs que le précédent ; la surface de ces piquants présente des rugosités et même de petites dents qui se montrent également sur leur extrémité arrondie, mais ces denticulations sont comparativement moins développées que sur les piquants des faces dorsale et ventrale.

Les dents sont petites ; les piquants adambulacraires se continuent au nombre de trois sur le bord libre de chacune d'elles, et le piquant proximal devient un peu plus grand.

La couleur chez l'animal vivant était d'un blanc sale ; dans l'alcool, l'échantillon est d'un gris jaunâtre clair.

J'ai déjà eu l'occasion (**08**, p. 556) de parler de la question des *Cribrella* de l'extrémité de l'Amérique du Sud, et, conformément à la manière de voir de Meissner et de Leitpoldt, j'ai réuni à la *C. Pagenstecheri* les *C. Hyadesi*, *Studeri* et *obesa*, qui sont toutes trois connues dans la région magellane ; j'ai laissé à part les *C. præstans* et *simplex* de Kerguelen, que Ludwig (**05**, p. 68) préfère également conserver comme espèces distinctes.

D'autre part, en étudiant, dans le même mémoire, la *C. ornata* que la « Scotia » avait recueillie au Cap, je faisais remarquer combien cette Astérie était voisine de la forme des îles Falkland, que Sladen a appelée *C. obesa*. Or, parmi les Astéries rapportées par la « Discovery » de la Terre Victoria du Sud, il existe une Cribrelle que Bell a déterminée comme *C. ornata*, en ajoutant que la *C. simplex* était un synonyme. Il est donc possible, ainsi que je l'écrivais en 1908 (**08**, p. 630), que la même *Cribrella* s'étende du cap de Bonne-Espérance aux régions antarctiques; toutefois la question ne peut pas être considérée comme résolue, et elle ne pourra l'être que par l'étude comparative de nombreux individus et surtout des exemplaires originaux.

Dans l'énumération des espèces antarctiques et subantarctiques que je donnerai dans la deuxième partie de ce travail, j'aurai soin, tout en ne conservant que le nom spécifique unique de *C. Pagenstecheri*, d'indiquer les formes distinguées par les auteurs lorsque l'occasion s'en présentera.

Il pourra paraître singulier qu'après avoir exprimé mes préférences pour la réunion des différentes *Cribrella* magellanes dont je viens de citer les noms je considère néanmoins comme nouvelle l'unique *Cribrella* trouvée par l'Expédition Charcot. Je ferai remarquer que cette Cribrelle ne peut se rapporter à aucune espèce connue, et elle se caractérise surtout par la disposition des piquants adambulacraires, qui sont très grands; elle se rapprocherait de la forme *Hyadesi* de Perrier, mais elle s'en écarte immédiatement par la disposition irrégulière des plaques latéro-ventrales, qui ne forment jamais de rangées longitudinales; cette différence ne peut évidemment pas tenir au jeune âge de l'individu. J'ai comparé mon échantillon au type provenant de l'Expédition du Cap Horn, et j'ai constaté que les différences relatives à la disposition des plaques ventrales étaient très nettes. J'estime donc que, malgré les variations que peuvent présenter les *Cribrella* australes, l'individu recueilli par le « Pourquoi Pas? » doit, momentanément du moins, et avec les réserves que j'ai faites plus haut, être considéré comme se rapportant à une espèce nouvelle.

Lophaster Gaini nov. sp.

(Pl. IV, fig. 4, 5, 12 et 13.)

N° 716. — Dragage XVII. — 26 décembre 1909. 62°12′S., 60°55′ W. Baie de l'Amirauté, île du Roi George (Shetland du Sud). Profondeur : 420 mètres. Vase et cailloux. Un seul échantillon.

L'exemplaire est très robuste et de grande taille. Les bras sont inégaux : sur le plus grand, $R = 116$ millimètres et sur le plus petit

96 millimètres; $r = 25$ à 26 millimètres. Le diamètre du disque varie
entre 44 et 47 millimètres; la longueur des bras, à partir de leur insertion
sur le disque, est de 95 millimètres ; distance entre les sommets de deux
bras non consécutifs, 185 millimètres.

Le disque est de dimensions moyennes. Les bras sont longs et bien
distincts du disque à la base ; ils s'amincissent très progressivement
jusqu'à l'extrémité, qui forme une pointe obtuse. La face dorsale du disque
est très convexe, et la face dorsale des bras est légèrement arrondie. Les
deux rangées marginales de paxilles dorsales et ventrales sont assez
écartées l'une de l'autre, et elles limitent de petites faces latérales.

La face dorsale du disque est uniformément couverte de paxilles plutôt
petites et assez serrées, disposées sans ordre. Chaque paxille est constituée
par un pédoncule cylindrique, court et épais, plus large que haut : il se
termine par une extrémité arrondie, qui porte des piquants nombreux et
serrés, de moyenne longueur (Pl. IV, fig. 12). Ces piquants sont robustes,
épais à la base, de forme conique, et pointus à l'extrémité. Ils présentent,
sur plus de la moitié de leur longueur, un tissu calcaire aréolé, très serré
et opaque, et ils se terminent par une longue pointe transparente et
hyaline ; quelques dents, peu nombreuses, se montrent sur la partie
opaque. Sur les plus grands piquants, la longueur de cette dernière
augmente, et les denticulations sont plus nombreuses, tandis que la pointe
hyaline terminale devient comparativement plus courte et plus épaisse.
Entre les paxilles, apparaissent des papules grosses et épaisses, réunies
en petits groupes peu nombreux. Dans les espaces interbrachiaux, vers
le fond des arcs, les paxilles deviennent plus petites, et elles tendent à se
disposer en rangées obliques plus ou moins régulières.

Les paxilles se continuent sur les bras en formant une bande longitudinale médiane, dans laquelle elles sont placées sans ordre ; de chaque
côté de cette bande, les paxilles deviennent plus petites, et elles forment
de petites rangées transversales qui ne sont d'ailleurs pas toujours apparentes.

La plaque madréporique, de dimensions moyennes, est arrondie, fortement convexe, et elle présente des sillons rayonnants, nombreux et très
fins ; elle est située à peu près à égale distance du centre et des bords.

Les aires interradiales ventrales sont très réduites et très courtes en raison de l'empiètement sur ces aires des deux premières paxilles margi-, nales ventrales de chaque côté. Chaque aire ne renferme qu'un nombre restreint de paxilles : on n'en observe en général que quatre, comprenant deux paxilles successives de chaque côté de la ligne interradiale médiane ; ces paxilles sont d'ailleurs très petites, et chacune d'elles est réduite à deux ou trois piquants seulement.

Les paxilles marginales dorsales sont très grandes, beaucoup plus grosses que les paxilles dorsales voisines ; mais elles sont cependant un peu moins développées que les paxilles marginales ventrales. J'en compte vingt-six en tout sur le bras le plus long. Les premières paxilles de chaque série sont plus petites, et les dimensions augmentent progressivement de la première à la quatrième ou à la cinquième. A partir de ce point, elles acquièrent toute leur taille pour diminuer dans le dernier tiers du bras et devenir très petites vers l'extrémité. Tandis que, sur la plus grande partie de la longueur des bras, ces paxilles sont disposées le long des bords latéraux et occupent effectivement une position dorsale, les deux ou trois premières paxilles situées au fond des arcs interbrachiaux sont rapprochées du côté ventral, et elles sont même placées sur le bord ventral du corps. Les paxilles marginales dorsales (Pl. IV, fig. 13) renferment deux sortes de piquants. Les uns, qui continuent la direction du pédoncule, sont très développés et au nombre de trois à six seulement par paxille : ces piquants sont forts, épais, légèrement coniques et pointus ; ils sont garnis dans leur deuxième moitié de fines aspérités, et leur tissu est absolument opaque ; ils peuvent atteindre une longueur de 3 millimètres. Ces grands piquants forment un faisceau plus ou moins divergent. A la base du faisceau ainsi constitué, se trouve une couronne de dix à quinze petits piquants placés perpendiculairement à la direction du pédoncule ou un peu obliquement. Les grands piquants sont formés par un tissu calcaire dont les mailles sont très serrées, de manière à former un ensemble compact qui conserve la même structure jusqu'à l'extrémité, laquelle est dépourvue de pointe hyaline ; des denticulations assez fortes se suivent régulièrement sur presque toute la longueur du piquant, depuis le voisinage de la base jusqu'à l'extrémité. Les petits piquants ont la même structure que ceux des paxilles dorsales : ils sont cependant plus forts et plus longs ; leurs denticulations sont plus épaisses, et leur pointe terminale hyaline est plus courte et plus forte que sur la plupart de ces derniers piquants.

Une bande assez large et absolument nue, représentant la face latérale du bras, sépare les paxilles marginales dorsales des paxilles marginales ventrales. Ces dernières sont en même nombre que les paxilles dorsales, et elles leur correspondent en général. Cependant, vers la moitié ou la fin du premier tiers du bras, on remarque parfois une certaine alternance, et les paxilles marginales dorsales sont un peu en avance sur les ventrales ; puis l'ordre se rétablit plus loin. Les trois premières paxilles marginales ventrales ne sont pas placées sur le bord ventral du bras, mais elles se trouvent situées sur la face ventrale elle-même, puis elles gagnent progressivement le bord du bras : c'est pour cette raison que les aires interradiales ventrales ont si peu de hauteur. Les paxilles marginales dorsales suivent le même mouvement, et les premières occupent le bord ventral du corps. La première paxille marginale ventrale est extrêmement petite ; la deuxième est plus grande, et la taille définitive est acquise vers la quatrième.

J'ai dit plus haut que ces paxilles étaient un peu plus grandes et plus fortes que les paxilles dorsales correspondantes ; elles offrent d'ailleurs la même structure que ces dernières, et elles comprennent un faisceau principal de trois à cinq grands piquants dressés, dont la base est entourée par un cercle irrégulier de piquants beaucoup plus petits et dirigés horizontalement ou obliquement.

Les paxilles marginales ventrales sont très rapprochées des plaques adambulacraires, et il n'y a pas la moindre trace de plaques latéro-ventrales le long des bras.

Les sillons ambulacraires sont très larges, et ils renferment une double série très régulière de tubes ambulacraires. Les plaques adambulacraires portent, sur leur bord interne, un peigne de quatre piquants assez larges, aplatis et réunis par une membrane qui s'étend presque jusqu'à leur extrémité ; les deux piquants médians sont subégaux et un peu plus grands que les deux autres : ces piquants sont dressés verticalement. La face ventrale des plaques adambulacraires se soulève en une arête dirigée à peu près perpendiculairement aux sillons et qui porte trois gros piquants épais, allongés, coniques, terminés par une pointe émoussée ; ces piquants sont disposés en divergeant, et ils ne sont pas réunis par une membrane ; le piquant médian est un peu plus grand que les deux autres. Deux plaques adambulacraires correspondent à une marginale ventrale.

Les piquants adambulacraires internes se continuent, au nombre de huit, sur le bord libre de chaque dent, en augmentant progressivement leurs dimensions, mais sans jamais acquérir un grand développement. Sur la face ventrale de la dent, on trouve généralement trois piquants plus petits que les précédents et s'étendant en dehors de la suture.

Chez l'animal vivant, la face dorsale était d'un rouge légèrement violacé et la face ventrale d'un jaune rosé très pâle. Dans l'alcool, l'échantillon a passé au gris sale.

RAPPORTS ET DIFFÉRENCES. — Le *L. Gaini* se distingue par ses grandes dimensions de tous les *Lophaster* antarctiques connus, dont la taille est notablement plus petite. La structure des paxilles marginales dorsales et ventrales, l'empiètement des premières paxilles de chaque série sur la face ventrale, l'état rudimentaire des plaques latéro-ventrales réduites à deux paires seulement dans chaque aire interradiale, constituent les principaux caractères de ce nouveau *Lophaster*.

Je suis heureux de dédier cette espèce à M. Louis Gain, membre de l'Expédition Charcot, qui a préparé avec le plus grand talent les échantillons d'Échinodermes qui m'ont été remis.

Lophaster antarcticus nov. sp.
(Pl. III, fig. 4 et 5.)

Nos 124 et 127. — Dragage VI. — 15 janvier 1909. 67° 43'S., 70° 45' 42" W. Entrée de la baie Marguerite, entre l'île Jenny et l'île Adélaïde. Profondeur : 254 mètres. Roches et graviers. Deux échantillons : dans l'un, $R = 28$ millimètres et $r = 7^{mm},5$ à 9 millimètres ; l'autre est beaucoup plus petit et R ne dépasse pas 10 millimètres.

N° 175. — Dragage VII. 16 janvier 1909. — 68° 34' S., 72° 05' W. Près de

la Terre Alexandre Ier. Profondeur : 250 mètres. Roche. Un échantillon :
$R = 25$ millimètres, $r = 5^{mm},5$.

N° 300. — Dragage X. — 22 janvier 1909. 68° 35′S., 72°40′ W. Près de
la Terre Alexandre Ier. Profondeur : 297 mètres. Roche et vase bleue.
Un échantillon : $R = 20$ à 22 millimètres, $r = 6$ millimètres.

Je décrirai l'espèce d'après l'exemplaire portant le n° 124, qui est en
excellent état de conservation.

Le disque est petit. La face dorsale du disque et des bras est très fortement convexe ; le diamètre du disque mesure 15 millimètres, et la distance
entre les sommets de deux bras non consécutifs est de 49 à 50 millimètres.
Les bras sont minces et très allongés, et ils mesurent environ 20 millimètres de longueur depuis le fond de l'arc interbrachial jusqu'à leur
sommet ; leur largeur à la base est de 6 millimètres, et ils s'amincissent
progressivement jusqu'à l'extrémité, qui est pointue.

Le réseau squelettique de la face dorsale du disque et des bras est fin
et serré ; les ossicules sont très petits et rapprochés les uns des autres.
Sur le disque, ces ossicules sont disposés sans ordre, et il en est de même
sur la ligne médiane des bras, où ils forment une bande longitudinale ;
mais, sur les côtés des bras, ils se disposent régulièrement en rangées
transversales un peu obliques, qui atteignent les plaques marginales. A la
base des bras, on peut compter huit à neuf ossicules dans chacune de
ces rangées latérales. Entre les ossicules, se montrent de nombreux
orifices papulaires.

Les paxilles que portent les ossicules sont formées par un pédoncule
court et mince, terminé par une touffe de spinules fines et allongées dont
le nombre varie de vingt à quarante par paxille. Ces spinules offrent une
structure presque identique à celle que Ludwig a décrite et figurée chez
le *Lophaster stellans* (03, p. 27, Pl. III, fig. 23 et 24) ; la pointe hyaline qui
termine chaque piquant est cependant plus forte et comparativement plus
longue que dans cette dernière espèce.

La plaque madréporique est très petite, arrondie et cachée par les
paxilles voisines ; elle est située un peu plus près du bord que du
centre.

Les côtés des bras sont occupés par une rangée de paxilles marginales
dorsales, qui sont petites et peu développées par rapport aux paxilles
marginales ventrales : ces paxilles ne dépassent pas, en effet, les dimensions des plus grandes paxilles du disque. J'en compte vingt-cinq à vingt-
six de chaque côté des bras. Les trois ou quatre premières paxilles
sont d'abord placées exactement au-dessus des paxilles ventrales correspondantes ; mais, ensuite, elles se placent un peu en dedans de ces
dernières, et elles occupent toujours une situation plus proximale, sans
cependant jamais se trouver au milieu de l'intervalle qui sépare deux
paxilles ventrales successives.

Les paxilles marginales ventrales sont, contrairement aux paxilles
dorsales, extrêmement développées ; leur pédoncule, épais et large à la
base, porte un faisceau de nombreuses spinules. Ces paxilles forment une
rangée qui s'étend le long du bord ventral des bras et frappe immédiatement la vue quand on examine l'animal, aussi bien par sa face dorsale
que par sa face ventrale.

Les plaques latéro-ventrales sont assez développées. On remarque
d'abord, immédiatement en dehors des adambulacraires, une rangée de
plaques qui se continuent sur toute la longueur des bras et qui portent
chacune une paxille. Quant aux aires interradiales ventrales, elles sont
occupées chacune par une dizaine de petites plaques qui n'ont pas
d'arrangement bien défini, bien que trois d'entre elles aient une tendance
à former une petite rangée transversale de chaque côté de la ligne interradiale médiane. Dans l'intérieur de ces aires ventrales, les plaques de la
première rangée correspondent exactement aux adambulacraires en
dehors desquelles elles se trouvent, et ces plaques sont au nombre d'une
demi-douzaine environ ; mais, lorsque les aires interradiales ventrales
cessent, c'est-à-dire lorsque les marginales se rapprochent des adambulacraires, les plaques latéro-ventrales deviennent plus petites, et elles se
disposent alors très régulièrement deux par deux à la base de chaque
plaque marginale : on peut voir en effet, tout le long du bras, en avant et
en arrière de chaque paxille marginale ventrale, une paxille beaucoup
plus petite qui correspond à une plaque latéro-ventrale. Le nombre de ces
paxilles latéro-ventrales est donc double de celui des paxilles marginales

ventrales et aussi des plaques adambulacraires qui correspondent exactement à ces dernières.

Les plaques adambulacraires portent, sur leur bord interne, chacune quatre piquants dirigés obliquement vers le sillon. Ces piquants sont allongés, cylindriques et fins, et leur extrémité est obtuse ; ils sont réunis, à leur base, par une mince palmure ; les deux piquants médians de chaque groupe sont notablement plus longs que les deux piquants externes, et, parmi ceux-ci, le piquant distal est le plus petit. Vus au microscope, ces piquants présentent dans leur partie terminale des denticulations et des aspérités. Ces quatre piquants se continuent sur presque toute la longueur des bras, et ce n'est qu'au delà de la première moitié que leur nombre tombe à trois, puis à deux. Sur leur face ventrale, les plaques adambulacraires portent quatre piquants, qui forment une rangée transversale, dans laquelle la longueur diminue légèrement du piquant interne au piquant externe ; ces piquants sont un peu plus forts que les précédents, et ils sont garnis, dans leur partie terminale, d'aspérités plus développées.

Les dents sont munies sur leur bord libre de sept piquants, dont la longueur augmente progressivement jusqu'au plus interne ; cependant les cinq piquants externes sont plutôt courts, tandis que les deux autres sont très allongés ; ces piquants sont cylindriques, et ils sont garnis, comme les piquants adambulacraires, de fines aspérités dans leur partie terminale. Sur la face ventrale, et en dehors de la suture, chaque dent porte un groupe comprenant une demi-douzaine de piquants dressés verticalement, dont la longueur augmente aussi du plus externe au plus interne, et qui sont disposés suivant un petit arc dont la suture dentaire représente la corde.

Voici les notes de couleur prises sur les échantillons vivants :

N° 124. — Disque gris. bras blancs.

N° 127. — Blanc.

N° 175. — Blanc sale.

N° 300. — Disque gris et bras jaune pâle.

Les spécimens en alcool sont jaunâtres ou d'un jaune brunâtre clair.

RAPPORTS ET DIFFÉRENCES. — Le *L. antarcticus* est extrêmement voisin du *L. stellans* Sladen, et j'avais même pensé pouvoir le réunir à cette dernière espèce, mais la comparaison avec des exemplaires de *L. stellans* montre bien que les deux formes sont différentes. J'ai pu étudier, à ce point de vue, d'une part le type du *L. pentactes* Perrier provenant de l'Expédition du Cap Horn et que Ludwig a considéré comme synonyme du *L. stellans*, et, d'autre part, trois exemplaires de cette dernière espèce recueillis par la « Belgica ». Je confirmerai d'abord la synonymie indiquée par Ludwig du *L. pentactes* et du *L. stellans*. La différence la plus importante entre le *L. antarcticus* et le *L. stellans* porte sur le développement des plaques latéro-ventrales. En effet, tandis que celles-ci sont fort peu nombreuses dans les aires interradiales ventrales et font complètement défaut le long des bras chez le *L. stellans*, nous avons vu au contraire que, dans l'espèce nouvelle, il existe à la base de chaque paxille marginale ventrale deux petites paxilles qui se continuent sur toute la longueur des bras et qui correspondent à une rangée très régulière de plaques latéro-ventrales ; ces paxilles se montrent d'une manière très constante sur tous mes exemplaires. Je n'en trouve pas la moindre trace dans les quatre *L. stellans* que j'ai pu étudier, et Sladen ne les a pas rencontrées davantage : cependant il reste toujours un intervalle suffisant entre les plaques adambulacraires et les marginales ventrales pour admettre une série de plaques latéro-ventrales.

J'ajoute, en outre, que les marginales dorsales du *L. antarcticus* sont extrêmement petites par rapport aux marginales ventrales, tandis que la différence est moins marquée chez le *L. stellans*. Enfin les piquants adambulacraires internes sont plus inégaux dans la nouvelle espèce, et ils restent au nombre de quatre par plaque sur la plus grande partie de la longueur des bras.

Solaster Godfroyi nov. sp.
(Pl. IV, fig. 2, 6, 7, 9, 10 et 11.)

N° 175. — Dragage VII. — 16 janvier 1909. 68°34′S., 72°05′ W. Près de la Terre Alexandre Ier. Profondeur : 250 mètres. Roche. Deux petits échantillons.

N° 771. — Dragage XX. — 12 janvier 1910. 70°10′S., 80°50′ W. En bordure de la banquise. Profondeur : 400 mètres. Vase sableuse avec nombreux cailloux. Un échantillon.

Dans le grand individu, $R = 37$ millimètres et $r = 11$ millimètres ; les deux autres sont beaucoup plus petits, et leurs dimensions respectives sont, pour R, 14 et 4 millimètres, et pour r, 6 et $2^{mm},5$.

Le grand individu qui doit servir de type a malheureusement été écrasé dans le chalut, de telle sorte que tout l'animal a été aplati, et les bras sont plus larges qu'à l'état vivant ; néanmoins il est assez bien conservé pour être décrit et même photographié (Pl. IV, fig. 2 et 7).

Les bras sont au nombre de cinq et un peu inégaux, la valeur de R variant entre 32 et 37 millimètres ; l'un des bras est brisé vers le milieu.

La face dorsale du disque et des bras est peu convexe en raison de l'écrasement subi par l'animal, et les bords des bras sont fortement amincis. Le disque est assez grand, et son diamètre mesure de 21 à 22 millimètres. Les bras sont assez allongés, triangulaires, pointus et plus longs que le diamètre du disque ; la distance entre les sommets de deux bras non consécutifs est égale à 66 millimètres.

Les ossicules, très distincts, forment sur la face dorsale du disque et des bras un réseau très apparent et même assez saillant. Ces ossicules présentent une forme en croix, et leurs prolongements se réunissent aux prolongements des ossicules voisins pour limiter des mailles assez grandes, de forme irrégulière, mais qui ne renferment jamais qu'un très petit nombre d'orifices papulaires. Sur chaque ossicule s'élève une paxille comprenant un pédoncule cylindrique, élargi à l'extrémité, et portant des spinules fines et très allongées : la plupart de ces paxilles sont en mauvais état ou ont été arrachées, mais, vers le fond des arcs interbrachiaux, elles sont un peu mieux conservées. Les spinules des paxilles forment une touffe serrée, et leur nombre peut s'élever jusqu'à quarante ou cinquante sur chaque paxille marginale. Comme elles sont à peu près toutes brisées sur le grand exemplaire, il est préférable, pour étudier leur structure, de s'adresser aux deux petits individus sur lesquels elles sont mieux conservées (Pl. IV, fig. 10 et 11). On reconnaît alors que ces spinules offrent une partie basilaire formée par un tissu aréolé compact, qui s'amincit rapidement et se continue en un axe saillant, duquel partent deux expansions latérales amincies, dont le tissu calcaire est tout à fait hyalin et transparent; le tout constitue une longue pointe dont l'extrémité est très fine et aiguë. On remarque souvent que les plus grandes spinules se rétrécissent un peu après leur base pour se renfler très légèrement dans leur région moyenne et s'amincir ensuite jusqu'à l'extrémité. Ces spinules sont parfaitement lisses, et il n'y a pas la moindre indication de denticulations sur leurs bords.

Les petites paxilles de la face dorsale du disque et des bras renferment chacune deux à quatre spinules centrales et une bordure périphérique de six à dix spinules plus petites.

La plaque madréporique est arrondie, très petite et située un peu plus près du centre que du bord; ses sillons, rayonnants, sont très apparents. Elle est d'autant plus distincte sur l'exemplaire que toutes les paxilles voisines sont arrachées.

Les paxilles marginales sont grandes et bien développées sur les deux premiers tiers ou les trois premiers quarts de la longueur des bras; leur forme est celle d'une pyramide triangulaire, et elles se touchent par leurs bases, qui sont très élargies. Dans la dernière portion des bras, les paxilles marginales deviennent brusquement très petites et très serrées. J'en compte en tout dix-huit à vingt de chaque côté, dont les neuf ou dix premières sont très grandes. La plupart d'entre elles ont perdu leurs piquants.

Les aires interradiales ventrales sont petites; on reconnaît cependant un recouvrement de petites plaques munies de paxilles qui forment quelques séries transversales très nettes, allant des adambulacraires aux marginales. La première série, située de chaque côté de la ligne interradiale médiane, renferme quatre plaques successives, et on peut même distinguer à leur suite jusqu'à quatre ou cinq séries transversales, dont les dernières ne renferment que deux plaques chacune; deux de ces petites séries correspondent à une paxille marginale ventrale. Au delà de la troisième paxille marginale ventrale, il n'existe plus qu'un seul rang de plaques latéro-ventrales; mais ces plaques, bien que très petites, restent distinctes jusqu'à une certaine distance de l'extrémité des bras.

Les sillons ambulacraires sont assez larges. Les plaques adambulacraires portent, dans le sillon, trois piquants subégaux, disposés parallèlement et formant un petit peigne qui est souvent rétroversé en dehors
et reste couché sur la face ventrale de la plaque ; le nombre de ces
piquants s'élève parfois à quatre au commencement des bras. Ces piquants
sont vitreux sur la plus grande partie de leur longueur, aplatis, pointus
à l'extrémité ou terminés par deux ou trois aspérités inégales; ils sont
réunis à leur base par une membrane. La face ventrale des plaques
adambulacraires se développe en une forte crête oblique qui porte
quatre piquants très longs, semblables à ceux du sillon, mais plus développés. Ces piquants sont disposés parallèlement les uns aux autres, de
manière à former un peigne dont la longueur est plus grande que l'espace
compris entre leur insertion et le bord du bras.

Les piquants internes se continuent, en conservant leurs caractères, sur
le bord externe de chaque dent, qui est large et convexe ; ces piquants,
au nombre de huit, sont très allongés, mais ils sont cassés pour la plupart. Comme les premiers atteignent au moins la longueur des piquants
adambulacraires voisins, et que leur taille augmente légèrement à mesure
qu'on se rapproche de la bouche, on peut supposer que les piquants
proximaux atteignent une assez grande longueur. La face ventrale de la
dent porte cinq piquants allongés, disposés parallèlement à la suture;
mais presque tous ces piquants sont cassés.

La couleur notée chez l'animal vivant était d'un rose légèrement grisâtre ; l'exemplaire en alcool est gris clair.

Les deux autres exemplaires sont très bien conservés ; malheureusement leurs dimensions sont très réduites (Pl. IV, fig. 6 et 9). Dans le
grand, les piquants adambulacraires internes sont au nombre de trois,
tandis que la face ventrale des plaques ne porte que deux piquants.
Dans le plus petit, les piquants adambulacraires internes sont au nombre
de trois sur les premières plaques seulement, et leur nombre tombe
ensuite à deux. Les paxilles sont en excellent état, et les pointes vitreuses
des piquants sont généralement conservées sur toute leur longueur; naturellement le nombre des piquants qui forment les paxilles est plus res
treint que sur le grand individu.

Rapports et différences. — Presque toutes les espèces appartenant, soit au genre *Solaster*, soit à l'ancien genre *Crossaster*, ont plus de cinq bras, et le *S. Godfroyi* ne peut être confondu avec aucune autre espèce antarctique connue. Le *S. Lorioli*, recueilli par la « Scotia », n'est connu que par un petit exemplaire chez lequel $R = 22$ millimètres, et qui s'écarte de l'espèce nouvelle par ses aires interradiales ventrales nues, par les piquants adambulacraires au nombre de trois, puis de deux seulement dans le sillon, tandis que, sur la face ventrale des plaques, les piquants sont au nombre de quatre et parfois de cinq ; enfin et surtout les piquants des paxilles n'offrent pas, chez le *S. Lorioli*, cette longue pointe vitreuse et lisse que l'on remarque chez le *S. Godfroyi*.

Il me semble qu'il n'y a décidément pas de raisons sérieuses pour maintenir la distinction des genres *Solaster* et *Crossaster*, et je partage à ce sujet la manière de voir de Fisher (11, p. 329).

Je dédie cette espèce à M. Godfroy, membre de l'Expédition Charcot.

Leucaster nov. gen.

Ce genre est voisin du genre *Crenaster* Perrier. Dans la seule espèce connue, les bras sont au nombre de cinq ; le disque est assez grand et les bras sont allongés. La face dorsale du disque et des bras est couverte d'un tégument épais, qui masque les contours des plaques sous-jacentes. Celles-ci portent de petits faisceaux de piquants en partie cachés par les téguments, et qui sont plus apparents chez les jeunes ; entre ces faisceaux, se montrent des papules isolées. Les paxilles marginales dorsales font défaut ; les paxilles marginales ventrales sont bien développées, mais elles sont assez écartées les unes des autres le long des bras, et elles sont interrompues au fond des arcs interbrachiaux. Le milieu des aires interradiales ventrales est recouvert par un tégument mou, et les premières plaques latéro-ventrales de chaque série ne sont d'abord indiquées que par quelques piquants courts, et disposés en séries transversales qui vont des adambulacraires au fond des arcs interbrachiaux et sont séparées par de petits plissements ; mais, à partir de la septième ou de la huitième

plaque adambulacraire, les plaques latéro-ventrales se soulèvent en
crêtes transversales saillantes et très marquées, dont chacune aboutit
à une paxille marginale et porte des piquants très développés. Les
plaques adambulacraires ne présentent dans le sillon qu'un seul piquant
chacune, tandis que, sur leur face ventrale, il existe plusieurs piquants
allongés. L'anus est bien distinct.

Le genre *Leucaster* se rapproche du genre *Crenaster*, qui ne comprend
jusqu'à présent qu'une seule espèce à six bras, draguée dans la mer des
Antilles à une profondeur de 3 530 mètres. Il s'en distingue surtout par
l'interruption que présentent les paxilles marginales au niveau du fond
des arcs interbrachiaux, par les crêtes transversales que forment les
plaques latéro-ventrales, mais seulement à partir du point où commencent
les paxilles marginales auxquelles elles aboutissent, et enfin par l'armature des plaques adambulacraires, qui ne portent chacune qu'un seul piquant dans le sillon. Ces mêmes caractères éloignent le genre *Leucaster*
du genre *Solaster*, dont il se distingue en outre par la structure de la
face dorsale.

Leucaster involutus nov. sp.
(Pl. V, fig. 1, 2, 3, 6, 7, 10 et 11.)

N° 752. — Dragage XVIII. — 27 décembre 1909. Anse Ouest de la baie
de l'Amirauté (île du Roi George). Profondeur : 75 mètres. Vase grise et
cailloux. Six échantillons.

Dans l'exemplaire que je prendrai comme type, R dépasse 100 millimètres et $r = 34$ millimètres; dans un deuxième individu, $R = 105$ et
$r = 32$ millimètres; un troisième a des dimensions très voisines; deux
autres sont un peu plus petits, mais les dimensions de R sont difficiles à
apprécier parce que les bras sont plus ou moins enroulés en dessous, vers
leur extrémité; r varie entre 27 et 30 millimètres. Deux autres exemplaires enfin sont plus petits, et ils mesurent respectivement : R, 67 et
40 millimètres; r, 17 et 9 millimètres.

Je considère comme appartenant également à la même espèce les
quatre exemplaires suivants, qui sont tous de très petite taille :

N° 127. — Dragage VI. — 15 janvier 1909. 67° 43′ S., 70° 45′ 42″ W. Entre l'île Jenny et l'île Adélaïde. Profondeur : 254 mètres. Roche et gravier. Deux échantillons : $R = 17$ et 12 millimètres, $r = 5$ et 3 millimètres.

N° 176. — Dragage VII. — 16 janvier 1909. 68° 34′ S., 72° 05′ W. Près de la Terre Alexandre Iᵉʳ. Profondeur : 250 mètres. Roche. Un échantillon : $R = 17$ millimètres, $r = 4$ millimètres.

N° 275. — Dragage IX. — 21 janvier 1909. 68° 00′ 5″ S., 70° 02′ W. Au Sud de l'île Jenny. Profondeur : 250 mètres. Sable vert et roche. Un échantillon : $R = 10$ millimètres, $r = 2^{mm},5$.

Dans l'exemplaire qui me sert de type (Pl. V, fig. 1 et 11), le disque mesure 58 millimètres de diamètre, et la longueur des bras est de 85 millimètres ; ceux-ci sont très élargis à la base, qui varie de 36 à 38 millimètres, et ils s'amincissent très rapidement dans leur premier cinquième, de manière à mesurer 15 millimètres seulement de largeur ; puis ils se rétrécissent beaucoup plus lentement jusqu'à l'extrémité, qui est très étroite. La distance entre les sommets de deux bras non consécutifs atteint près de 20 centimètres. Les bras sont généralement incurvés vers la face ventrale dans leur deuxième moitié, ou même ils sont complètement enroulés sur eux-mêmes.

La face dorsale du disque est convexe, mais les espaces interradiaux sont toujours déprimés ; les cinq dépressions qui existent sont plus ou moins profondes et plus ou moins larges : elles partent du fond des arcs interbrachiaux, mais elles laissent libre, dans la région centrale du disque, un cercle mesurant 22 à 23 millimètres de diamètre. Sur le premier tiers des bras, la face dorsale est aussi fortement convexe, mais elle le devient moins ensuite. Cette face dorsale est recouverte d'un tégument épais et assez consistant, bien qu'il se laisse déprimer au doigt ; il est rude au toucher en raison des petits piquants qu'il porte. Les plaques sont complètement invisibles, et on n'aperçoit que les piquants très petits et réunis par groupes très serrés qu'elles portent. Ces piquants sont extrêmement courts, et ils sont en partie plongés dans le tégument. Au milieu des petites touffes qu'ils forment, on en rencontre d'autres plus grosses, un peu plus saillantes, et qui sont disséminées sans ordre sur toute la surface dorsale du disque et des bras ; ces touffes apparaissent comme de petites proéminences, d'ailleurs peu saillantes, et elles ressemblent à de très petites paxilles. Parmi les piquants, se montrent de nombreuses papules, qui offrent, comme les piquants et les téguments eux-mêmes, une coloration d'un brun noirâtre, ce qui fait que ces formations se confondent d'une manière plus ou moins complète.

Il est intéressant d'examiner, au point de vue de la constitution de la face dorsale, les exemplaires jeunes chez lesquels les piquants sont plus apparents et affectent une disposition plus simple. Dans le plus petit individu du dragage XVIII, chez lequel R mesure 40 millimètres (Pl. V, fig. 10), la coloration de la face dorsale est plus claire, surtout dans la région centrale du disque et sur la deuxième moitié des bras. J'ai desséché cet exemplaire pour en rendre l'examen plus facile : on reconnaît alors un réseau calcaire très fin, des nœuds duquel s'élèvent de très petits piquants, tantôt isolés, tantôt réunis en petites touffes ; tous ces piquants arrivent à la même hauteur. Le réseau limite de très nombreux orifices arrondis, disposés sans ordre, par lesquels passent les papules. Dans l'échantillon n° 127, chez lequel $R = 14$ millimètres (Pl. V, fig. 2), tout l'animal est d'un blanc grisâtre. Les piquants sont plus apparents et plus longs relativement que chez les précédents, et ils se réunissent par groupes plus distincts ; les orifices papulaires, tout en offrant une certaine irrégularité, tendent néanmoins à former des séries longitudinales sur les bras. Les deux petits exemplaires portant les n°⁵ 176 et 275 présentent des dispositions analogues.

La plaque madréporique est arrondie, saillante et assez fortement convexe ; elle offre vers son bord quatre ou cinq paxilles plus grosses que celles de la face dorsale, et les sillons rayonnants sont plus distincts vers la périphérie que dans la région centrale, où la surface est divisée en petits granules ; elle est située beaucoup plus près du centre que des bords.

La face ventrale est recouverte d'un tégument peu épais, qui est particulièrement aminci dans le milieu des espaces interradiaux ; en ces points, chez les grands exemplaires, les téguments sont le plus souvent boursouflés et gonflés par la pression des liquides ou des organes internes. On ne remarque d'abord, dans le milieu des aires interradiales ventrales, que des petits piquants coniques et fins, recouverts d'une mince couche tégumentaire et qui forment des rangées transversales allant des adambulacraires aux fonds des arcs interbrachiaux ; ces rangées de piquants sont séparées par de fins sillons disposés parallèlement. Ces sillons sont plus ou moins effacés sur le grand individu que je décris, car les téguments de la région sont très boursouflés ; ils sont plus apparents sur des individus plus jeunes, comme celui qui est représenté Pl. V, fig. 3, et chez lequel *R* mesure 65 millimètres. A partir de la sixième ou de la septième plaque adambulacraire, les piquants sont plus développés, et ils se groupent de manière à former, de distance en distance, deux séries parallèles et rapprochées l'une de l'autre ; chacune de ces séries est portée par une crête transversale qui devient bientôt très saillante. Ces crêtes accouplées sont séparées par des parties déprimées, et chaque double crête aboutit à une paxille marginale ventrale. Ce sont les crêtes qui aboutissent respectivement aux troisièmes, quatrièmes, cinquièmes et sixièmes paxilles marginales, qui sont les plus développées ; les suivantes deviennent plus courtes, tout en restant toujours très saillantes, jusque vers la quinzième paxille ; au delà, les crêtes sont bien moins développées, et elles finissent par disparaître. Chaque crête est formée par une série de plaques latéro-ventrales devenues beaucoup plus saillantes que les voisines. Les deux séries transversales qui constituent une double crête correspondent chacune à une plaque adambulacraire, et chaque groupe de deux crêtes est séparé du groupe voisin par un intervalle, de longueur variable, qui correspond tantôt à une seule plaque adambulacraire, tantôt à deux et quelquefois même à trois de ces plaques. Dans l'intervalle des crêtes, on reconnaît de petites rangées transversales de piquants séparées par des sillons plus ou moins apparents et identiques à ceux que j'ai signalés plus haut de chaque côté de la ligne interradiale médiane. Sur le petit exemplaire desséché, on peut distinguer, dans ces intervalles, les petites plaques latéro-ventrales dont les contours ont été rendus distincts grâce à la dessiccation.

Les paxilles marginales ventrales s'étendent le long du bord latéral ventral des bras, mais, à la base de ceux-ci, elles passent plus ou moins complètement sur la face ventrale proprement dite. Les deux séries qui partent du fond du même arc ne se font jamais suite, mais elles sont toujours séparées l'une de l'autre par un intervalle de 7 à 8 millimètres. Je compte vingt-deux paxilles sur le côté d'un bras, et la première paxille de chaque série est toujours rudimentaire. Ces paxilles sont séparées les unes des autres par des intervalles de 5 millimètres environ au commencement des bras : ces intervalles sont d'ailleurs déterminés par les espaces séparant les doubles crêtes que forment les plaques latéro-ventrales, puisque, comme je l'ai expliqué plus haut, chacune de ces crêtes aboutit à une paxille ; à la première paxille, qui est rudimentaire et ne comprend seulement qu'une touffe de trois ou quatre piquants, aboutit une crête également très peu développée.

A partir de la deuxième inclusivement, les paxilles sont grandes et fortes, et leur pédoncule, court et épais, porte une touffe de douze à quinze piquants, allongés, coniques et pointus, émoussés ou tronqués à l'extrémité ; le tissu calcaire de ces piquants est très compact, et l'on observe, vers l'extrémité, des denticulations transparentes, coniques et courtes. Chaque piquant est entouré d'une gaine tégumentaire très mince.

Les sillons ambulacraires sont assez larges, et les tubes ambulacraires sont disposés sur deux rangées très régulières.

Les plaques adambulacraires portent, sur leur bord interne, chacune un seul piquant, qui se dirige obliquement en dedans vers le milieu du sillon ; ces piquants sont cylindriques, élargis à la base, et leur extrémité est obtuse ; ils sont entourés d'une mince enveloppe tégumentaire qui s'arrête à une petite distance de leur extrémité. La face ventrale des plaques porte une rangée transversale de trois piquants subégaux, analogues à ceux du sillon, mais un peu plus grands ; leur extrémité est plus pointue, et la gaine tégumentaire s'arrête à une distance plus grande de cette extrémité : ces piquants sont plongés à la base dans une enveloppe commune, mais ils ne sont pas réunis par une palmure.

Les dents portent, sur leur bord libre. chacune quatre grands piquants allongés et pointus : le premier est un peu plus court, mais les trois autres sont très longs et plus développés que les piquants adambulacraires ; ils sont enveloppés sur la moitié de leur longueur seulement par une gaine tégumentaire, et la moitié distale qui se termine en pointe est nue, mais le tissu qui la constitue reste opaque. Sur la face ventrale, on rencontre deux grands piquants successifs placés entre le bord sutural et le bord libre de la dent.

La couleur notée chez l'animal vivant était d'un brun jaunâtre sur la face dorsale et plus pâle sur la face ventrale ; les téguments étaient très mous, et les bras s'enroulaient facilement. Les trois petits exemplaires n°ˢ 127, 176 et 275 étaient blancs ou blanc grisâtre. Dans l'alcool, les grands individus sont d'un brun plus ou moins foncé ou même noirâtre.

Le *Leucaster involutus* me paraît très voisin d'une Astérie capturée par la « Valdivia » aux îles Bouvet, à une profondeur de 457 mètres, et qui est figurée sous le nom de *Solaster* sp. dans l'ouvrage de Chun, *Aus den Tiefen des Weltmeeres*, p. 492.

Remaster Gourdoni nov. sp.
(Pl. V, fig. 4, 5, 9 et 12 ; Pl. VIII, fig. 7.)

N° 643. — Dragage XV. — 26 novembre 1909. 64° 49′ 35″ S., 65° 49′ 18″ W. Chenal de Roosen, devant Port-Lockroy. Profondeur : 70 mètres. Vase et cailloux. Cinq échantillons.

Tous les individus sont de petite taille ; dans le plus grand, $R =$ 11^{mm},5, $r =$ 6 millimètres ; le diamètre du disque est égal à 13 millimètres, et la distance entre les sommets de deux bras non consécutifs est de 23 millimètres. Les autres échantillons sont un peu plus petits.

Les bras sont bien distincts du disque, bien qu'ils soient triangulaires et larges à la base ; ils se rétrécissent très rapidement et se terminent par une extrémité pointue ; leur largeur à la base est de 7 millimètres. Le fond des arcs se continue par un sillon très marqué qui s'avance sur la face dorsale vers le centre du disque, ainsi que cela arrive dans le genre *Korethraster*.

La face dorsale du disque et des bras est couverte de petites plaques, disposées assez irrégulièrement et de forme arrondie ; ces plaques

offrent de très courts prolongements, souvent au nombre de cinq, à
l'aide desquels elles s'unissent les unes aux autres. Entre les plaques
se trouvent de gros orifices papulaires isolés, qui se continuent jusqu'à
l'extrémité des bras. Chaque plaque porte en son centre un tubercule
arrondi, assez saillant, sur lequel s'articule un groupe de piquants
présentant une disposition particulière. Ces piquants sont tout à fait
analogues à ceux qui ont été décrits par Danielssen et Koren sur le bord
des bras du *Korethraster hispidus* (**84**, p. 97, Pl. XII, fig. 10). Leur base,
rétrécie, est cylindrique, et elle se termine par un mamelon articulaire ;
elle est constituée par un tissu calcaire à mailles très serrées. Au delà
de la base, le piquant va en s'élargissant progressivement : il prend ainsi
la forme d'un triangle ou d'un éventail allongé, et son bord libre porte
un certain nombre de petites pointes transparentes (Pl. V, fig. 5 et 12).
A chacune de ces pointes correspond une petite côte longitudinale qui
s'étend sur presque toute la longueur du piquant, et, entre ces côtes, on
observe des perforations disposées régulièrement en rangées longitudinales, chaque intervalle renfermant une de ces rangées. Les bords du
piquant sont le plus souvent incurvés en dedans, de manière à transformer
celui-ci en une gouttière large et très peu profonde. La longueur de chacun
de ces petits piquants est de 1 millimètre environ. Les piquants ainsi
constitués se réunissent en nombre variable pour former un groupe ou
une paxille qui s'insère sur le mamelon articulaire de chaque plaque ; on
peut trouver dix ou douze piquants dans chacun de ces groupes sur les
plus grandes plaques de la région centrale du disque. Dans chaque paxille,
les piquants sont rapprochés l'un de l'autre par leur partie basilaire, de
manière à former ainsi une sorte de pédoncule ; puis ils vont en divergeant
et en s'écartant légèrement. Les piquants ainsi groupés sont réunis solide-
ment par un tissu très mince et transparent ; mais celui-ci ne doit pas être
calcifié, car il se dissout dans la potasse à chaud, et les piquants de la
paxille se séparent alors les uns des autres. La base du cône que forme
chaque paxille est tournée vers l'extérieur, et elle est profondément
excavée de manière à former une sorte de cupule, dont le bord est
denticulé. La cavité de cette cupule ne s'étend pas jusqu'à la partie
basilaire de la paxille, car son entrée est obturée par une membrane

formée d'un tissu analogue à celui qui réunit les piquants et qui s'insère à une petite distance de l'extrémité de ceux-ci.

Les paxilles sont disposées sans ordre sur le disque, et ce n'est que sur les côtés des bras qu'on remarque quelques rangées longitudinales assez régulières ; les plus grandes paxilles se trouvent dans la région centrale du disque, et elles vont ensuite en diminuant très régulièrement jusqu'à l'extrémité des bras. Ces paxilles ne constituent pas un cône bien régulier ; elles sont en général aplaties, et les piquants de l'un des côtés sont souvent un peu plus courts que sur l'autre ; cette disposition s'aperçoit surtout vers les bords des bras, et l'on passe alors progressivement à des groupes de piquants qui, au lieu de se réunir autour d'un axe pour former une paxille conique plus ou moins régulière, restent dans un même plan pour donner naissance à un piquant composé, mais aplati. Ainsi l'on remarque que les paxilles de la rangée la plus externe des bras, que je considère comme une rangée marginale dorsale, présentent encore la forme en cône ou en cupule que je viens de décrire, tandis que, sur le bord ventral, les petits piquants élémentaires forment des groupes aplatis et spatuliformes, épais, parfois encore légèrement incurvés sur les bords. Les autres piquants de la face ventrale des bras, qu'on rencontre en allant vers le sillon ambulacraire, deviennent de plus en plus minces, et les piquants élémentaires qui les constituent sont moins nombreux ; l'on passe finalement aux piquants tout à fait simples portés par les plaques adambulacraires.

Il n'y a pas de plaques interradiales ventrales. Les dents, très grosses, occupent à peu près toute l'étendue de l'aire interradiale ventrale, qui est d'ailleurs très courte en raison de l'échancrure profonde que présente chaque espace interbrachial. Entre la rangée marginale ventrale et les plaques adambulacraires, s'étendent, sur toute la longueur des bras, deux rangées régulières de plaques latéro-ventrales, dont chacune porte un piquant composé, élargi à l'extrémité et comparable à ceux de la rangée marginale ventrale, mais moins épais et comprenant un nombre moins élevé de piquants élémentaires.

Les premières plaques adambulacraires présentent, dans le sillon, chacune deux petits piquants grêles et fins, cylindriques, avec l'extrémité arrondie ; le piquant interne est plus petit que l'externe, et il disparaît vers le milieu du bras. La face ventrale de chaque plaque offre un piquant plus fort et plus long que les précédents, qui s'aplatit et s'élargit légèrement vers son extrémité, prenant ainsi une forme analogue au piquant de la plaque latéro-ventrale voisine, mais en restant toujours plus petit que ce dernier : ainsi s'établit la gradation que j'indiquais plus haut entre les piquants adambulacraires et les piquants en forme de cupule du bord des bras.

Les dents sont extrêmement grandes, saillantes, en forme de soc de charrue ; elles portent, sur leur bord libre, quatre piquants : les trois externes sont assez petits et courts ; le quatrième, au contraire, situé vers l'angle oral de la dent, est beaucoup plus développé ; il est allongé, cylindrique et épais. Un piquant analogue au précédent, mais un peu plus développé, légèrement aplati et élargi à l'extrémité, se trouve sur la face ventrale de la dent, à une petite distance en dehors et en arrière du précédent : ces piquants, dressés verticalement, sont analogues à ceux du *R. palmatus*, et ils sont caractéristiques du genre *Remaster*.

La couleur notée chez les échantillons vivants était d'un jaune orangé clair ; ceux-ci sont devenus grisâtres dans l'alcool.

Rapports et différences. — Cette espèce me paraît devoir être placée dans le genre *Remaster*, que Perrier a séparé comme sous-genre du genre *Korethraster*, mais qui me semble pouvoir constituer un genre à part. La forme des ossicules de la face dorsale, munis de petits prolongements par lesquels les plaques se réunissent les unes aux autres et entre lesquels passent les papules isolées, justifie à elle seule la création d'un genre spécial.

La photographie qu'a donnée Perrier du *Remaster palmatus* ne permet pas de se faire une idée exacte de la forme des paxilles ; mais, d'après sa description, celles-ci ressembleraient beaucoup à celles de l'espèce antarctique. Voici, en effet, ce qu'il en dit : « Chacun des ossicules porte à son centre un tubercule saillant, terminé par une tête arrondie et qui porte un large faisceau de dix à douze piquants grêles, pouvant avoir plus de 1 millimètre de longueur, disposés en cercle sur la tête du tubercule et réunis entre eux par une membrane continue formant une sorte de corolle monopétale dont ils seraient les nervures ; ces piquants peuvent s'écarter ou se rapprocher de telle façon que la corolle peut, à la volonté de l'animal, s'ouvrir ou se fermer ».

Je ne crois pas que, chez le *R. Gourdoni*, la corolle ainsi formée par les piquants divergents puisse s'ouvrir ou se fermer, puisque son entrée est obturée par une membrane qui s'insère à une petite distance de l'extrémité des piquants et ne permet vraisemblablement à ceux-ci que des mouvements très limités.

Le type du genre *Remaster* a été dragué dans la mer des Antilles. L'espèce antarctique en diffère par ses bras plus courts et plus épais ; de plus, à en juger par la description de Perrier, les dents doivent être moins grandes, tandis que les piquants surdentaires, au contraire, sont plus développés dans l'espèce antarctique.

Je dédie cette espèce à M. Gourdon, membre de l'Expédition Charcot.

Cycethra verrucosa (Philippi).

Voir pour la bibliographie :
Cycethra verrucosa, Kœhler (**08**), p. 29.
Cycethra verrucosa, J. Bell (**08**), p. 10.

N° 64. — Dragage V. — 29 décembre 1908. Chenal Peltier, entre l'îlot Gœtschy et l'île Doumer. Profondeur : 92 mètres. Vase grise et gravier. Trois grands échantillons.

N° 123. — Dragage VI. — 15 janvier 1909. 67° 43′ S., 70° 45′ 42″ W. Profondeur : 254 mètres. Entrée de la Baie Marguerite, entre l'île Jenny et l'île Adélaïde. Profondeur : 254 mètres. Roche et gravier. Un petit échantillon.

Dans le petit exemplaire portant le n° 123, $R = 35$ à 38 millimètres $r = 9$ millimètres ; les bras sont allongés et très distincts du disque. Dans l'un des exemplaires du n° 64, $R = 55$ à 58 millimètres et $r = 18$ millimètres ; les bras sont cylindriques et minces. Dans un deuxième individu, $R = 50$ millimètres et $r = 16$ millimètres : les bras sont

aplatis, assez larges, et ils se continuent avec le disque ; dans le troisième, $R = 60$ et $r = 21$ millimètres : le disque est gros et épais ; les
bras sont très larges à la base, et ils s'amincissent rapidement. Les
rangées longitudinales et transversales de plaques de la face ventrale
sont moins marquées sur cet individu, et sur celui portant le
n° 123, que sur les deux autres. D'une manière générale, tous les exemplaires se rapprochent surtout de la forme *pinguis*, décrite par Sladen.

La couleur notée chez les exemplaires vivants était jaune brunâtre
pour les trois spécimens du n° 64 et blanc jaunâtre pour l'autre ; les
échantillons en alcool sont brun clair.

Dans mon mémoire sur les Échinodermes de la « Scotia » (**08**, p. 557),
j'ai déjà dit qu'à l'exemple d'autres auteurs je considérais la *C. verrucosa* comme une espèce très polymorphe et qu'on devait lui réunir un
certain nombre de formes décrites comme espèces distinctes depuis
Philippi. Les *C. pinguis* et *nitida*, que Sladen a indiquées à l'entrée
Atlantique du détroit de Magellan, la *C. electilis* des îles Falkland et la
C. simplex des deux côtés Pacifique et Atlantique de l'extrémité de
l'Amérique du Sud se relient en effet, par des intermédiaires, à la
C. verrucosa, et l'on est autorisé à les lui rattacher. Ainsi comprise,
la *C. verrucosa* est très répandue dans la région subantarctique. Elle est
très commune dans les parages du détroit de Magellan et de la Terre de
Feu, et elle y descend jusqu'à 55° S. ; elle s'étend jusqu'à la Géorgie
du Sud. Elle a été rencontrée par la « Scotia » au banc de Burdwood, à
102 mètres de profondeur. Elle remonte sur la côte Pacifique jusqu'à
Porto-Lagunas (45° 20′ S.) ; sur la côte Atlantique, Loriol a signalé les
formes *simplex* et *electilis* à San Antonio (40° 45′ S.).

D'autre part, la *C. verrucosa* peut s'avancer beaucoup plus vers le Sud
et pénétrer dans la région antarctique. Nous avons vu que l'Expédition
Charcot l'avait rencontrée à 60° S. et 70° W., jusqu'à 254 mètres de profondeur. La « Discovery » a également capturé la *C. verrucosa* à la Terre
Victoria du Sud, à une profondeur de 25 à 37 mètres, dans une localité
par conséquent très éloignée de la précédente.

Dans les régions subantarctiques, la *C. verrucosa* est presque toujours
littorale.

Aux formes que je viens de citer, et qui ont été distinguées ou conservées comme espèces par Sladen, s'est ajoutée une autre espèce subantarctique, que Loriol a décrite d'après un exemplaire de San Antonio. la *C. Lahillei* ; j'ai pu en examiner le type, et j'ai constaté qu'il est complètement différent de toutes les formes de *Cycethra* connues : pour moi, cette espèce doit faire le type d'un genre nouveau.

Por ania antarctica Smith.

Voir pour la bibliographie :
Porania antarctica, Kœhler (11), p. 27.

N° 122. — Dragage VI. — 15 janvier 1909. 67°43′ S., 70°45′42″ W. Entrée de la baie Marguerite, entre l'île Jenny et l'île Adélaïde. Profondeur : 254 mètres. Roche et gravier. Un échantillon.

N° 269. — Dragage IX. — 21 janvier 1909. 68°00′5″ S., 70°02′ W. Au Sud de l'île Jenny. Profondeur : 250 mètres. Sable vert et roche. Six échantillons.

N° 295. — Dragage X. — 22 janvier 1909. 68°35′ S., 72°40′ W. Près de la Terre Alexandre Iᵉʳ. Profondeur : 297 mètres. Roche et vase bleue. Un très petit échantillon : $R = 9$ millimètres, $r = 4^{mm},5$.

N° 299. — Dragage X. — Un échantillon un peu plus grand : $R = 15$, $r = 7$ millimètres.

N° 582. — Dragage XIII *a*. — 17 novembre 1909. Chenal Lemaire, le long de la côte Nord-Est de l'île Petermann. Profondeur : 15 à 30 mètres. Un échantillon.

N° 627. — Dragage XV. — 26 novembre 1909. 64°49′35″ S., 65°49′4 8″ W. Chenal de Roosen, devant Port Lockroy. Profondeur : 70 mètres. Vase et cailloux. Quatre grands échantillons.

Dans l'un des individus du n° 627, $R = 47$ millimètres et $r = 25$ millimètres ; les autres exemplaires sont plus petits et présentent toutes les tailles : dans le plus petit individu, qui était associé à deux petits *Odontaster elegans* portant les n°ˢ 249 et 250, R mesure seulement $6^{mm},5$, et r, 3 millimètres.

Dans le mémoire cité plus haut, j'ai déjà attiré l'attention sur les variations que présente la *P. antarctica*, variations qui portent sur les valeurs relatives de R et de r, ainsi que sur les caractères de la face dorsale du disque. Dans presque tous les exemplaires du « Pourquoi Pas? », cette face est lisse, mais elle offre quelques tubercules arrondis sur un individu du n° 269. Ces tubercules se retrouvent également sur un des spécimens du n° 627 chez lequel $R = 46$ millimètres; ils se montrent plus nombreux sur l'échantillon portant le n° 299, tout en restant petits et arrondis; enfin, dans les deux très petits individus, dont l'un porte le n° 295 et l'autre était associé aux *Odontaster elegans*, ces tubercules deviennent nombreux, coniques et pointus. Les bras sont d'autant plus distincts que les exemplaires sont plus petits.

Voici les notes de couleur qui ont été prises sur les animaux vivants :

N° 122. — Disque gris et orangé ; les bras passent de l'orangé au blanc sur les bords.

N° 295. — Blanc jaunâtre.

N° 299. — Gris bleuté et orangé pâle ; bras orangé pâle.

N° 582. — Face dorsale du disque et des bras rouge orangé assez pâle ; face ventrale jaunâtre.

N° 627. — Face dorsale du disque et des bras rouge ; face ventrale rose orangé pâle.

Les exemplaires en alcool sont blanchâtres ou jaunâtres.

On considère généralement la *P. magellanica* Studer comme synonyme de la *P. antarctica* Smith ; la *P. glaber* Sladen me paraît également devoir lui être réunie (Voir Kœhler, 11, p. 27). Quant à la *P. spiculata* Sladen, il est difficile de se faire une opinion relativement à sa validité, car elle n'est connue que par de petits échantillons : peut-être pourrait-elle être conservée, au moins à titre de variété. Quoi qu'il en soit, les *Porania* des régions antarctiques sont très polymorphes, et l'on observe souvent des variations assez importantes dans des lots provenant des mêmes localités.

Le « Pourquoi Pas? » a recueilli la *P. antarctica* en diverses stations comprises entre 64°-68° S. et 65°-72° W., à des profondeurs de 15 à 297 mètres. La « Belgica » l'a rencontrée par 71°18′ S. et 90°22′ W., à 450 mètres de profondeur. Le « Nimrod » l'a retrouvée au cap Royds, dans une station littorale, à 77°32′ S. et 163°52′ E. En dehors de ces trois stations essentiellement antarctiques, la *P. antarctica* est très répandue dans la région subantarctique ; on l'a signalée à la Géorgie du Sud, à la pointe de l'Amérique du Sud, aux îles Falkland, ainsi qu'aux îles Kerguelen, Marion, etc. Elle remonte sur la côte Pacifique de l'Amérique du Sud jusqu'à Calbuco (41° 45′ S.). Elle vit généralement à de très faibles profondeurs ; cependant le « Challenger » l'a draguée par 2928 mètres à l'Ouest de l'île Crozet.

La forme *spiculata* a été recueillie par le « Challenger » à l'île Heard, ainsi qu'entre cette île et Kerguelen, à de faibles profondeurs (137 et 274 mètres), puis, chose curieuse, elle a été retrouvée dans les parages des îles Arrou, à 5° 41′ S. et 131° 44′ E., par 1464 mètres de profondeur.

En comparant les Astéries des régions australes et boréales de notre globe, et en citant comme espèces correspondantes, dans l'un et l'autre hémisphère, les *Hippasteria plana* et *Hyadesi*, l'*Pentagonaster granularis* et *austro-granularis*, *Ctenodiscus corniculatus* et *australis*, *Porania pulvillus* et *antarctica*, Perrier (**94**, p. 5) faisait remarquer que ces formes étaient respectivement très voisines et qu'elles ne constituaient peut-être que des races géographiques des mêmes espèces. Je considère que les deux formes indiquées par Perrier dans chacun des genres *Hippasteria*, *Pentagonaster* et *Ctenodiscus* peuvent être réunies en une même espèce, mais j'estime que la *Porania* des mers du Nord est distincte des *Porania* australes, malgré les variations que celles-ci peuvent présenter. Le nombre de piquants marginaux reste toujours plus élevé chez la *P. pulvillus*, et, autant que je puis en juger par les exemplaires que j'ai sous les yeux, les plaques marginales sont le plus souvent très apparentes, et comme elles sont plus grandes que chez les *Porania* australes, leur nombre reste moins élevé. Ces différences ne sont pas très importantes, mais les caractères sur lesquels on s'est fondé pour séparer les diverses *Porania* australes sont beaucoup moins marqués encore.

Odontaster validus Kœhler.
(Pl. VII. fig. 1, 2, 3, 4 et 12.)

Odontaster validus, Kœhler (**06**), p. 6.
Odontaster tenuis, Kœhler (**06**), p. 8.
Odontaster validus, Kœhler (**08**), p. 12.
Odontaster validus, Kœhler (**11**), p. 27.

N° 1. — Dragage I. — 24 décembre 1908. 62° 55′ S., 62° 55′ W. Port Foster, île Déception. Profondeur : 35 mètres. Roche, vase et sable. Six échantillons. Dans le plus grand, $R = 55$ millimètres, $r = 19$ millimètres ; dans le plus petit, $R = 30$ millimètres, $r = 13$ millimètres ; les bras sont allongés, minces et très rigides.

N° 6. — Dragage II. — 24 décembre 1908. Port Foster, île Déception. Profondeur : 36 mètres. Petit gravier et vase. Un échantillon de petite taille : $R = 11$ millimètres, $r = 5^{mm},5$.

N° 10. — Dragage III. — 26 décembre 1908. 64° 48′ S., 65° 51′ W. Chenal de Roosen, au Nord de l'îlot Casabianca. Profondeur : 129 mètres. Cailloux, roche, vase et grès verdâtre. Deux échantillons de petite taille : $R = 7$-9 millimètres, $r = 3$-4 millimètres.

N° 30. — Dragage IV. — 28 décembre 1908. 64° 51′ S., 65° 50′ W. Chenal Peltier, le long de l'île Wiencke, près de l'îlot Gœtschy. Profondeur : 30 mètres. Roche et gravier. Quatorze échantillons de toutes dimensions ; la valeur de R varie depuis 57 jusqu'à 13 millimètres.

N° 424. — 19 septembre 1909. Côte Nord de l'île Petermann. Sur les cailloux, au niveau de la basse mer. Un seul échantillon : $R = 41$ millimètres, $r = 18$ millimètres.

N° 477. — 10 octobre 1909. Port Circoncision, île Petermann. Parmi les touffes d'Algues. Profondeur : 6 mètres. Deux échantillons : $R = 24$ millimètres.

N° 510. — 30 octobre 1909. Plage de l'île Petermann, dans les fentes de rochers et sous les cailloux, à marée basse. Quinze échantillons. Dans le plus grand, $R = 45$ millimètres et dans le plus petit 18 millimètres.

N° 543. — 1er novembre 1909. Plage de l'île Petermann. Un grand échantillon : $R = 57$ millimètres, $r = 19$ millimètres.

N° 544. — 1er novembre 1909. Sous les rochers de l'île Petermann. Quatre échantillons : $R = 22$ millimètres.

N° 554. — Dragage XII. — 9 novembre 1909. Chenal Lemaire, près de l'île Petermann, au Sud de Port Circoncision. Profondeur : 40 mètres. Quatre échantillons : R est compris entre 12 et 8 millimètres.

N° 598. — Dragage XIV c. — 18 novembre 1909. Le long de la côte Nord-Est de l'île Petermann, dans le chenal Lemaire. Profondeur : 40 mètres.

Roche. Neuf échantillons de toutes tailles : *R* varie de 40 à 8 millimètres.

N° 628. — Dragage XV. — 26 novembre 1909. 64° 49' 35" S., 65° 49' 18" W. Profondeur : 70 mètres. Vase et cailloux. Un échantillon : *R* = 35 millimètres, *r* = 15 millimètres.

N°ˢ 644 et 645. — Dragage XV. Deux petits échantillons : *R* = 9 à 10 millimètres.

N° 699. — Dragage XV. — Un échantillon : *R* = 27 millimètres, *r* = 13 millimètres.

N° 754. — Dragage XVIII. — 27 décembre 1909. Anse Ouest de la baie de l'Amirauté, île du Roi George. Profondeur : 75 mètres. Vase grise et cailloux. Un échantillon : *R* = 18 millimètres, *r* = 8 millimètres.

L'examen de nombreux exemplaires recueillis par la deuxième Expédition Charcot m'a conduit à réunir en une seule espèce les deux *Odontaster* que j'avais cru devoir distinguer d'après les spécimens rapportés par la première Expédition. J'avais séparé de l'*O. validus* un autre *Odontaster*, auquel j'avais donné le nom d'*O. tenuis*, en me basant surtout sur la structure générale moins robuste et moins solide, sur la forme des bras plus minces et plus effilés, et enfin sur les paxilles plus grêles que présentaient un certain nombre d'individus. Il est bon de faire remarquer que les spécimens qui m'avaient été remis alors n'étaient pas dans un état de conservation très satisfaisant : les uns étaient desséchés, les autres avaient été placés dans le formol, et les différences que je constatais peuvent, dans une certaine mesure, être attribuées au mode de conservation. En étudiant des exemplaires plus nombreux et en excellent état, j'ai pu m'assurer qu'il y avait tous les passages entre les deux formes que j'avais désignées respectivement sous les noms de *validus* et de *tenuis* : des exemplaires à bras minces peuvent offrir une structure très robuste, tandis que d'autres, plus délicats, ont les bras courts et trapus. Il y a donc lieu de réunir toutes ces formes sous le même nom d'*O. validus* et de noter que cette espèce présente des variations portant sur la forme et l'épaisseur du disque, sur la rigidité des téguments, sur la longueur et la largeur des bras et sur les dimensions des paxilles.

En revanche, certains caractères restent très constants et permettent de reconnaître facilement l'espèce. Les plaques marginales dorsales et ventrales ne se distinguent pas beaucoup par leur taille des paxilles voisines, et la double bordure qu'elles constituent n'est pas très apparente. Les piquants des paxilles sont lisses ; ils sont allongés, cylindriques et disposés parallèlement les uns aux autres, en formant généralement un faisceau assez compact, au moins chez les adultes ; chez les jeunes, les piquants sont divergents, et la paxille prend une forme étoilée, mais la structure reste la même. Le nombre de ces piquants ne dépasse guère le chiffre de douze à quinze par paxille dans les grands exemplaires, et il est souvent moins élevé. Les plaques latéro-ventrales sont armées de piquants allongés, cylindriques et lisses, qui ne sont pas beaucoup plus petits que les piquants adambulacraires, et qui forment généralement, à la surface des aires interradiales ventrales, un recouvrement continu cachant les contours des plaques sous-jacentes. Lorsqu'on arrive à distinguer les contours de ces dernières, ce qu'il est possible de faire sur des exemplaires desséchés, on reconnaît que chacune d'elles ne porte qu'un très petit nombre de piquants, et ceux-ci n'ont pas d'arrangement régulier. Enfin les piquants adambulacraires ne forment pas plus de trois rangées.

Je donne ici (Pl. VII, fig. 1 à 4 et 12) des photographies d'un *Odontaster validus* d'assez grande taille ($R = 44$ millimètres) et d'un autre spécimen plus petit ($R = 16$ à 17 millimètres), sur lesquelles les caractères de l'espèce apparaissent nettement ; en particulier on pourra apprécier facilement les différences qui séparent l'*O. validus* d'une espèce nouvelle, que je décris ci-dessous sous le nom d'*O. elegans* et qui a été rencontrée dans les mêmes parages que la précédente.

Voici les notes de couleurs prises sur les échantillons vivants :

N° 1. — Face dorsale d'une belle couleur orangée.

N° 6. — Rouge.

N° 10. — Rouge brique.

N° 30. — Laque carminée foncée.

N° 477. — Rouge incarnat.

N° 510. — Carmin.

N° 543. — Face dorsale carmin très foncé, face ventrale jaunâtre.

N° 554. — Rouge lie de vin.

N° 598. — Carmin.

N° 628. — Face dorsale carmin, face ventrale capucine.

N°ˢ 614-645. — Carmin rouge orangé.

N° 699. — Rose violacé.

N° 744. — Face dorsale carmin, face ventrale jaunâtre.

Les spécimens en alcool sont jaunâtres et brunâtres.

L'*Odontaster validus* doit posséder une aire de répartition géographique très vaste : il a été découvert par la première Expédition Charcot vers les Terres de Graham et de Danco, et la « Scotia » l'a retrouvé aux Orcades du Sud et aux îles Falkland ; ces localités sont comprises entre 40° et 60° W. D'autre part, le « Nimrod » l'a rencontré au cap Royds, c'est-à-dire à 163° 52′ E. Ses limites extrêmes en latitude actuellement connues sont les îles Falkland (52° S.), d'une part, et le cap Royds (77° 32′ S.), d'autre part.

Odontaster elegans nov. sp.

(Pl. VII, fig. 5 à 11.)

N° 126. — Dragage VI. — 15 janvier 1909. 67° 43′ S., 70° 45′ 42″ W. Entrée de la baie Marguerite, entre l'île Jenny et l'île Adélaïde. Profondeur : 254 mètres. Roche et gravier. Un échantillon.

N°ˢ 249 et 250. — Dragage VIII. — 20 janvier 1909. Baie Marguerite. Profondeur : 200 mètres. Roche, gravier et sable. Deux échantillons.

N° 296. — Dragage X. — 22 janvier 1909. 68° 35′ S., 72° 40′ W. Près de la Terre Alexandre Iᵉʳ. Profondeur : 297 mètres. Roche et vase bleue. Un échantillon.

N°ˢ 540 à 542. — 1ᵉʳ novembre 1909. — Plage de l'île Petermann. Trois échantillons.

N° 646. — Dragage XV. — 26 novembre 1909. 64° 49′ 35″ S., 65° 49′ 18″ W. Chenal de Roosen, devant Port Lockroy. Profondeur : 70 mètres. Vase et cailloux. Un échantillon.

Voici les dimensions que je relève sur les différents individus :

NUMÉROS.	R.	r.	LARGEUR des bras.	LONGUEUR des bras.	DIAMÈTRE du disque.
	Millim.	Millim.	Millim.	Millim.	Millim.
126	20	8	10	12	14
249	19	8	10	12	15
250	15	7	9	10	15
296	18 et 8	13 et 4	9 et 7	12 et 9	13 et 9
540	37	15	16	25	24
541	25	11	12	16	20
542	20	8	10	10-12	16
646	15	6	7	11	11

Je prendrai comme type l'individu portant le n° 540, qui est le plus grand
(Pl. VII, fig. 5, 6, et 11).

Les bras sont un peu inégaux; le disque est grand, et les bras en sont
très distincts, quoiqu'ils soient élargis à la base : ils s'amincissent très
rapidement, et leur forme est triangulaire.

La face dorsale du disque et des bras est couverte de grosses paxilles
arrondies, très rapprochées les unes des autres, disposées sans ordre
dans la région centrale du disque et formant des rangées transversales
très nettes dans les espaces interradiaux et sur les côtés des bras. Les
plus grandes de ces paxilles mesurent jusqu'à $1^{mm},5$ de diamètre,
et elles sont encore assez grosses sur la ligne médiane des bras; mais
elles deviennent beaucoup plus petites à mesure qu'on se rapproche de
l'extrémité de ceux-ci et des plaques marginales dorsales.

Chaque paxille est constituée par un pédoncule épais et court, qui
porte une touffe de piquants au nombre de vingt-cinq à trente dans les
plus grandes; ces piquants sont assez serrés les uns contre les autres, et
ils sont disposés de manière à former, par leur ensemble, une tête
arrondie. Les piquants de la partie centrale sont dressés verticalement, et
ils sont souvent un peu plus épais que ceux de la périphérie, qui sont
dirigés obliquement. Vus au microscope, les plus grands piquants du
centre se montrent terminés par une extrémité arrondie en tête et hérissée
d'un grand nombre de petites dents ou spinules coniques, pointues et
transparentes, parmi lesquelles on distingue ordinairement une pointe
centrale plus longue; les piquants de la périphérie, plus minces, sont
aplatis à l'extrémité, qui est élargie, et ils se terminent par une pointe
aiguë, de chaque côté de laquelle se montrent un certain nombre de
petites spinules.

Les plaques qui portent ces paxilles sont disposées comme chez l'*O. validus* : elles sont polygonales et fournissent chacune cinq ou six prolongements courts, par lesquels elles se réunissent à leurs voisines; entre ces prolongements, se trouvent de très nombreux orifices papulaires arrondis, qui se continuent jusqu'à l'extrémité des bras et jusqu'au voisinage des plaques marginales dorsales.

Les aires triangulaires ventrales sont assez grandes, et elles se prolongent, en s'amincissant, sur toute la longueur des bras. Elles sont recouvertes de plaques dont on distingue vaguement les contours : l'on reconnaît cependant que ces plaques forment, à la fois, des rangées longitudinales parallèles aux adambulacraires et transversales allant des adambulacraires aux marginales ventrales. Les limites de ces plaques ne sont pas très apparentes en raison des piquants qui les recouvrent. Ceux-ci sont beaucoup plus petits et plus fins que les piquants adambulacraires. On observe, sur chaque plaque, un groupe central de quatre à six piquants dressés, puis une bordure périphérique de dix à quinze piquants dirigés obliquement et s'enchevêtrant avec ceux des plaques voisines; chaque groupe ainsi formé est bien distinct des groupes voisins, et c'est grâce à cette disposition que l'on peut se faire une idée de l'arrangement des plaques sous-jacentes. Ces piquants, vus au microscope, sont fins, cylindriques dans leur partie proximale, tandis qu'ils s'aplatissent et deviennent lancéolés dans leur région distale ; ils se terminent en pointe et portent sur leur partie élargie des denticulations aiguës.

Les plaques marginales dorsales sont au nombre de vingt-deux de chaque côté de la plaque impaire; elles forment une bordure étroite, mais très distincte cependant, non seulement parce qu'elles sont nettement séparées par un sillon des plaques latéro-dorsales voisines, mais aussi parce qu'elles sont un peu plus saillantes que ces dernières; elles sont débordées en dessous par les plaques marginales ventrales. Ces plaques sont à peu près carrées, et elles sont séparées par des intervalles étroits, mais bien marqués. Elles sont recouvertes de piquants analogues à ceux du reste de la face dorsale, mais un peu plus allongés et plus aplatis ; ces piquants, nombreux et serrés, sont souvent disposés en rangées transversales distinctes, au nombre de cinq à six par plaque.

La bordure formée par les plaques marginales ventrales est très apparente, et ces plaques forment une légère saillie sur le bord de la face ventrale. Elles correspondent aux plaques marginales dorsales, et elles présentent une forme analogue à celle de ces dernières, mais elles sont un peu plus larges ; elles sont, comme elles, couvertes de piquants disposés en rangées transversales plus ou moins distinctes. Les piquants des plaques marginales dorsales et ventrales sont plus allongés que sur le reste du corps ; ils s'élargissent davantage vers l'extrémité, qui est aussi plus aplatie, et ils deviennent lancéolés et spatuliformes, surtout vers le bord des plaques ; ces piquants se terminent par une longue pointe aiguë et transparente, de chaque côté de laquelle se trouve une série de dents plus petites.

Les plaques marginales impaires sont identiques aux voisines.

Les piquants adambulacraires sont disposés sur quatre rangs. La première rangée comprend deux piquants fins, cylindriques et allongés, terminés par une extrémité obtuse et arrondie, parfois très légèrement renflée ; ces piquants se dirigent obliquement en dedans, à la rencontre de leurs congénères : leur surface est rugueuse, et leur extrémité est garnie de très fines aspérités serrées. Les deuxième et troisième rangées comprennent chacune deux piquants plus forts, mais plus courts que les précédents ; ils sont également obtus et quelque peu renflés à l'extrémité, qui est couverte de fines aspérités. La quatrième rangée comprend des piquants, au nombre de trois à quatre, plus petits que les précédents, mais ayant les mêmes caractères : leur surface est rugueuse et l'extrémité, qui est plus pointue, porte des denticulations plus fortes que celles des autres piquants ; ces piquants passent ensuite à ceux des plaques latéro-ventrales voisines.

Les dents portent sur leur bord libre une rangée régulière de huit piquants, qui continuent ceux de la rangée adambulacraire interne : ils présentent les mêmes caractères que ces derniers, mais ils sont plus courts sur leur face ventrale ; de chaque côté du grand piquant impair, qui est couché sur la suture dentaire, les dents portent une petite rangée de trois piquants dressés, plus courts mais plus épais que les piquants marginaux.

Des exemplaires plus jeunes que celui que je viens de décrire, tels que ceux qui portent les n°s 126, 249, 250 et 542, sont intéressants à examiner, parce que leurs piquants, un peu plus grêles que sur le plus grand individu, présentent à un haut degré les particularités si caractéristiques que j'ai indiquées. Les aspérités qu'offre leur surface sont plus accentuées; les piquants des plaques marginales dorsales, et surtout ceux des plaques marginales ventrales, sont plus allongés: ils offrent une forme en spatule plus parfaite, avec une longue pointe aiguë de chaque côté de laquelle se montrent des dents très développées. Ces caractères apparaissent nettement sur la photographie que je donne ici de l'un de ces individus (Pl. VII, fig. 7 et 8); j'ai également représenté à part quelques piquants plus grossis (Pl. VII, fig. 9 et 10).

Les couleurs notées chez les exemplaires vivants étaient les suivantes :

N° 126. — Blanc jaunâtre.

N° 249. — Brun pâle.

N° 250. — Centre du disque d'une couleur grise allant en se dégradant jusqu'à l'extrémité des bras, qui est blanche.

N° 296. — Jaune sale.

N° 540. — Jaune orangé brillant.

N° 541. — Orangé pâle.

N° 542. — Ocre jaune pâle.

N° 646. — Jaune légèrement orangé.

Les spécimens en alcool sont jaune clair ou blanc grisâtre.

RAPPORTS ET DIFFÉRENCES. — L'*O. elegans* se distingue nettement de l'*O. validus* par les caractères de l'armature des plaques, aussi bien sur la face dorsale que sur la face ventrale. Les piquants qui forment les paxilles dorsales sont beaucoup moins nombreux chez l'*O. validus*, où chaque paxille ne comprend qu'un petit nombre de piquants allongés et lisses. Dans cette dernière espèce, la bordure formée par les plaques marginales n'est pas très apparente; les piquants de la face ventrale sont lisses, et ils sont beaucoup plus allongés que chez l'*O. elegans*, de telle sorte qu'ils sont peu différents des piquants adambulacraires; les plaques latéro-ventrales portent un nombre de piquants beaucoup moins élevé, trois à

quatre par plaque : ces piquants sont peu serrés, allongés et lisses ; enfin
les plaques adambulacraires ne portent que trois rangées de piquants au
lieu de quatre qu'elles présentent dans la nouvelle espèce. Ces différences
dans la forme et la disposition des piquants donnent à l'*O. elegans* un
faciès très particulier et bien différent de celui qu'on observe chez
l'*O. validus*, malgré les variations que celui-ci peut présenter. Les différences dans la structure et le mode de groupement des piquants sur les
plaques dorsales et ventrales ne tiennent pas du tout au jeune âge. J'ai
comparé mes exemplaires d'*O. elegans* à des *O. validus* de différentes
tailles, depuis des individus chez lesquels R ne dépasse pas 10 millimètres,
et j'ai toujours observé que ces différences sont constantes ; chez les
jeunes *O. validus*, ces piquants offrent les mêmes caractères que chez
l'adulte. Les photographies que je donne ici de quelques spécimens des
deux espèces permettront de se rendre compte facilement de ces différences (Pl. VII, fig. 1 à 4 et 12 pour l'*O. validus* et 5 à 11 pour l'*O. elegans*).

Odontaster granuliferus nov. sp.
(Pl. VI, fig. 7 et 10.)

Asterodon Grayi, Perrier (**91**), p. 138.

Dans les Échinodermes de la mission du Cap Horn, Perrier a décrit
(**91**, p. 135 et 138) plusieurs Odontastéridées qui sont :

Asterodon granulosus Perrier.
Asterodon singularis (Müller et Troschel).
Asterodon pedicellaris Perrier.
Asterodon Grayi (J. Bell).

Les deux premières espèces possèdent un piquant renversé sur chaque
plaque dentaire, et elles rentrent ainsi dans le genre *Asterodon*, tandis
que, dans les deux autres, il n'existe sur chaque paire de dents qu'un
seul piquant hyalin impair, s'insérant à la fois sur les deux dents : ce
sont des *Odontaster*.

La synonymie des *Odontaster* des parages de la Terre de Feu est assez
embrouillée. Leitpoldt s'est déjà occupé de cette question en 1895
(**95**, p. 620), mais c'est surtout Ludwig qui, dans son travail sur les
Astéries et Ophiures de l'Expédition Suédoise aux Terres Magellanes

(**05**, p. 44), a établi que les *Odontaster* de cette région étaient au nombre
de deux seulement, qu'il a appelés respectivement, d'après la loi de
priorité, l'*O. penicillatus* (Philippi) et l'*O. Grayi* (Bell).

D'après Ludwig, l'*O. penicillatus* comprend, comme synonymes
principaux, le *Gnathaster pilulatus* de Sladen (**89**, p. 292) et l'*Asterodon
Grayi* de Perrier. Quant à l'*O. Grayi* (Bell), Ludwig estime qu'on doit lui
réunir l'*Asterodon pedicellaris* de Perrier (**91**, p. 135) et l'*Odontaster pedicellaris* de Bell (**93**, p. 262).

L'examen que j'ai pu faire au Jardin des Plantes des deux espèces
décrites par Perrier, sous les noms d'*Asterodon Grayi* et d'*Asterodon
pedicellaris*, me permet de confirmer la manière de voir de Ludwig, mais
en ce qui concerne cette dernière espèce seulement : l'*Asterodon pedicellaris*, dont plusieurs exemplaires ont été recueillis par la mission du Cap
Horn, est bien un *Odontaster Grayi*.

Quant à la deuxième espèce, que Perrier a décrite sous le nom
d'*Asterodon Grayi*, et qui est représentée par un exemplaire unique, elle
est bien différente non seulement de l'*Odontaster Grayi* (Bell), mais aussi
de l'*Odontaster penicillatus* (Philippi) et des autres *Odontaster* connus. Je
n'ai pu le rapporter à aucune forme déjà décrite, et je propose d'en faire
une espèce nouvelle sous le nom d'*O. granuliferus*.

Perrier n'ayant pas publié de dessin et n'ayant pas donné de description
complète de l'espèce qu'il rapportait à l'*Asterodon Grayi*, mais s'étant
contenté d'ajouter quelques remarques, d'ailleurs fort justes, à la description de Bell, je reconnais qu'il était très difficile, sans avoir l'exemplaire sous les yeux, de se faire une idée de ses caractères exacts ; je
note cependant, dans les remarques faites par Perrier, deux passages
caractéristiques : « Les plaques ventrales, dit-il, sont couvertes de
piquants d'abord peu différents de ceux des plaques adambulacraires,
mais qui se raccourcissent peu à peu jusqu'à devenir de simples granules
jusqu'au voisinage des plaques marginales, qui sont elles-mêmes simplement granuleuses. » Puis plus loin : « Les plaques marginales dorsales
sont au nombre de trente-sept (2 × 18 + 1) ; elles sont petites, uniformément granuleuses comme toute la surface dorsale » (*loc. cit.*, p. 139).

Retenons ces caractères : la surface dorsale est uniformément granuleuse, les plaques marginales dorsales et ventrales sont elles-mêmes simplement granuleuses, et enfin les piquants des plaques latéro-ventrales arrivent à n'être plus que de simples granules au voisinage des plaques marginales. Ces dispositions me paraissent très importantes : elles s'écartent de ce qui existe chez les *O. penicillatus* et *Grayi*, ainsi que chez les autres *Odontaster* antarctiques connus, sauf l'*O. cremeus*, et elles me semblent suffisantes pour justifier la création d'une espèce nouvelle.

Les dimensions indiquées par Perrier sont : $R = 27$ millimètres, $r = 12$ millimètres. Le corps a manifestement la forme d'une étoile; le disque est assez grand, et les bras, très allongés et minces, en sont tout à fait distincts. Le diamètre du disque est égal à 23 millimètres, et la distance entre les sommets de deux bras non consécutifs varie entre 50 et 52 millimètres. La largeur des bras est de 12 millimètres au niveau de la quatrième plaque marginale dorsale, de $8^{mm},5$ au niveau de la septième et de 7 au niveau de la dixième.

La face dorsale du disque et des bras est uniformément couverte de granules arrondis, ayant tous la même taille, très serrés, mais non absolument contigus. A la base des bras, on peut distinguer quelques groupements très irréguliers et d'ailleurs peu apparents de ces granules : chaque groupe renferme huit à douze granules, qui correspondent évidemment à une plaque sous-jacente; partout ailleurs les granules sont disposés sans ordre, et, du reste, les contours des plaques sont absolument indistincts. Dans les espaces interradiaux, au voisinage des bords du disque et des bras, ainsi que dans la moitié distale des bras, les granules deviennent contigus et plus serrés; ils montrent alors une tendance à se disposer en rangées obliques au voisinage des plaques marginales dorsales, mais cette disposition est très peu apparente. Les dimensions des granules ne se modifient pas en arrivant aux plaques marginales dorsales; et ils passent sans interruption sur la surface de celles-ci, de telle sorte qu'aucune démarcation n'existe entre ces dernières et les plaques latéro-dorsales. Les pores sont très nets à la base des bras, entre les groupes de granules que j'ai signalés plus haut, et on peut les reconnaître sur toute la longueur des bras; ces pores sont disposés sans ordre. La plaque madréporique, circulaire, de dimensions moyennes, est située un peu plus près du centre que des bords ; elle montre de fins sillons rayonnants, comme l'a dit Perrier.

Les plaques marginales dorsales sont assez petites, et la bordure qu'elles constituent n'est pas très développée. Elles sont couvertes d'une granulation très uniforme, et les granules, qui sont identiques à ceux de la face dorsale, y sont tout à fait contigus ; il existe une rangée de bordure très régulière le long des bords adjacents des plaques, mais les granules de cette bordure sont absolument identiques aux autres. Les lignes de séparation entre les plaques marginales dorsales successives, sans être très marquées, sont cependant bien apparentes, et ces lignes sont toujours très obliques. Je compte dix-neuf plaques marginales dorsales en tout de chaque côté de la plaque impaire ; cette dernière est triangulaire, et sa largeur est égale à celle des plaques voisines.

Les aires interradiales ventrales sont couvertes de piquants cylindriques, uniformes, terminés par une petite pointe, et qui se montrent à peu près sur la moitié de la hauteur de ces aires. Ils sont analogues aux piquants qui recouvrent la face ventrale des plaques adambulacraires, mais ils sont sensiblement plus petits qu'eux ; on ne reconnaît, dans l'arrangement de ces piquants qui sont assez serrés, aucun groupement correspondant aux plaques latéro-ventrales. Ces piquants se raccourcissent assez brusquement, et ils se transforment en granules sur la moitié externe des aires ventrales ; ils passent alors aux granules qui recouvrent les plaques marginales ventrales et qui leur sont identiques. Ces dernières plaques correspondent aux marginales dorsales, et elles sont, comme elles, uniformément couvertes de granules ; elles sont séparées les unes des autres par de fins sillons transversaux, mais leurs limites internes sont mal indiquées, les granules qui les recouvrent se continuant, sans ligne de démarcation définie, avec ceux des plaques ventrales voisines.

Il n'y a pas la moindre trace de pédicellaires.

La disposition des piquants adambulacraires a été bien indiquée par Perrier : ils forment trois rangées successives, l'interne et la moyenne comprenant chacune deux piquants ; la rangée externe comprend trois piquants au moins sur les premières plaques et, en général, deux seulement sur les plaques suivantes. Tous ces piquants sont cylindriques, assez longs, subégaux, et ils se terminent par une pointe arrondie.

Les dents portent sur leur bord libre chacune quatre gros piquants un peu aplatis, dont l'extrémité est arrondie ou tronquée ; ils ne sont pas beaucoup plus longs, mais ils sont plus gros que les piquants adambulacraires voisins : ces piquants occupent les régions distale et moyenne de la dent, tandis que le bord proximal n'offre que quelques petits piquants très courts et étroits. Le piquant impair, rétroversé sur la suture de chaque paire de dents, est épais et assez court.

Rapports et différences. — La forme du corps, la longueur et l'étroitesse des bras, enfin le recouvrement uniforme de granules qu'on observe sur toutes les plaques dorsales, ainsi que sur la partie externe des aires ventrales, écartent l'*O. granuliferus* des *Odontaster* antarctiques connus à l'exception de l'*O. cremeus* Ludwig, dont il est, au contraire, très voisin.

Cette dernière espèce n'est connue que par un très petit exemplaire recueilli par la « Belgica » : l'étude que j'ai pu en faire m'a montré que les deux espèces devaient être séparées. L'*O. cremeus* est remarquable par la petitesse et le nombre des plaques marginales : celles-ci sont en effet au nombre de vingt-quatre de chaque côté des bras, ce qui est un chiffre très élevé eu égard aux dimensions exiguës du spécimen ($R = 18^{mm},5$, $r = 8$ millimètres) ; les limites de ces plaques sont complètement indistinctes lorsque les granules qui les recouvrent sont en place. Or, chez l'*O. granuliferus*, qui est beaucoup plus grand, je ne compte que dix-neuf plaques marginales de chaque côté : la différence est très marquée ; de plus, les limites des plaques sont bien apparentes, malgré le recouvrement de granules. La face dorsale du corps de l'*O. cremeus* est entièrement couverte de granules sphériques, mais je remarque que, sur la face ventrale, les granules commencent déjà à s'allonger sur les plaques marginales ventrales, et ils se présentent comme de petits piquants capités, forme qu'ils affectaient déjà sur le bord externe des plaques marginales dorsales ; ces petits piquants continuent à s'allonger à mesure qu'on se rapproche de la bouche. Chez l'*O. granuliferus*, au contraire, les granules des plaques marginales ventrales et ceux de la région externe des aires interradiales sont nettement arrondis, et ce n'est que dans la moitié interne de ces aires qu'ils s'allongent en piquants.

Ludwig n'a pas figuré l'*O. cremeus* : il m'a paru utile de reproduire ici deux photographies du type de cette espèce, qui permettront de mieux saisir les différences que j'indique (Pl. III, fig. 1 et 3). (Je ferai remarquer que l'exemplaire, tel qu'il existe actuellement, a perdu ses granules en différents points de la longueur des bras, de telle sorte que, sur les photographies que je donne, les limites des plaques marginales sont souvent très apparentes : il n'en était pas ainsi sur l'individu intact, tel qu'il a été décrit par Ludwig.)

Odontaster capitatus nov. sp.

(Pl. VI, fig. 5, 8, 9 et 11.)

N° 125. — Dragage VI. — 15 janvier 1909. 67° 43′ S., 70° 45′ 42″ W. Entrée de la baie Marguerite, entre l'île Jenny et l'île Adélaïde. Profondeur : 254 mètres. Roche et gravier. Un seul échantillon.

$R = 20$ millimètres, $r = 6$ millimètres; largeur des bras à la base, 9 millimètres; longueur des bras, 14 millimètres; distance entre les sommets de deux bras non consécutifs, 37 millimètres. Le disque n'est pas très grand, et son diamètre ne dépasse pas 12 millimètres.

La face dorsale du disque est fortement convexe; les bras sont arrondis, longs et très grêles : ils sont assez larges à la base, mais ils diminuent très rapidement de largeur, et ils deviennent très étroits dans leur deuxième moitié ; leur extrémité est pointue.

La face dorsale du disque et des bras est uniformément couverte de petits piquants extrêmement courts et assez étroits, terminés par une tête élargie et aplatie de forme particulière. La partie basilaire du piquant forme une tige cylindrique dont la hauteur est un peu supérieure à la largeur et qui est égale à la moitié de la longueur totale ; puis, dans la deuxième moitié, le piquant s'élargit brusquement en une sorte de tête ayant la forme d'un cône. La surface libre de cette partie élargie qui correspond à la grande base du tronc de cône est à peine convexe, mais elle porte en son milieu un petit mamelon arrondi et un peu saillant : la surface est rugueuse, et elle offre même de très fines spinules transparentes et vitreuses (fig. 5).

Les têtes de ces piquants peuvent atteindre un diamètre de $0^{mm},2$ à $0^{mm},3$; bien qu'elles ne soient pas absolument contiguës les unes aux autres, elles ne sont pas absolument circulaires, et leur contour est plus ou moins polygonal, comme s'il y avait eu pression réciproque. Les limites des plaques sont complètement cachées par ces singuliers piquants ; ceux-ci sont disposés d'une manière tout à fait irrégulière, et, en aucun point, ils ne présentent de groupements qui correspondraient aux plaques sous-jacentes. Dans les régions où les piquants manquent, on peut s'assurer que chaque plaque en portait de trois à six. Des papules se montrent entre les piquants, mais seulement dans une région assez limitée, de forme ovalaire, et qui constitue une sorte d'aire pétaloïde à la base de chaque bras. Dans cette espèce de papularium, la présence des orifices papulaires permet de délimiter les groupes de piquants qui correspondent aux plaques. De chaque côté de cette région, les piquants deviennent un peu plus petits ; ils tendent aussi à se disposer en rangées longitudinales, qui se continuent sur les bras ; mais ils ne tardent pas à perdre cet arrangement régulier, en même temps que leurs dimensions se réduisent de plus en plus à mesure qu'on se rapproche de l'extrémité des bras.

La plaque madréporique est extrêmement petite, un peu élargie transversalement, et elle ne possède que quelques sillons seulement ; elle est située à égale distance du centre et des bords.

Les aires interradiales ventrales sont couvertes de piquants capités, identiques à ceux de la face dorsale, mais plus petits que ces derniers, et ils font suite aux piquants analogues qui recouvrent les plaques marginales ventrales. Ces piquants sont disposés sans aucun ordre apparent et sans qu'on puisse distinguer ni groupements ni alignements réguliers. A mesure qu'on se rapproche de la bouche ainsi que des sillons ambulacraires, les piquants deviennent plus petits, leurs têtes disparaissent, et ils se réduisent à de simples granules allongés.

Je compte environ vingt-cinq plaques marginales dorsales entre la plaque impaire et la plaque apicale de chaque côté des bras, mais il est à peine possible de distinguer les limites de ces plaques, qui sont, comme les latéro-dorsales, uniformément couvertes de piquants capités. La séparation entre les plaques marginales dorsales et les latéro-dorsales voisines est peu accentuée ; on peut cependant la reconnaître au changement dans la disposition des piquants : en effet ceux-ci forment, sur les plaques latéro-dorsales de la périphérie du disque et du commencement des bras, quelques rangées longitudinales plus ou moins apparentes, ainsi que je l'ai dit plus haut ; sur les plaques marginales dorsales au contraire, ces piquants se disposent en petites rangées transversales. Sur les premières plaques de chaque série, on peut reconnaître trois de ces rangées plus ou moins distinctes et qui renferment chacune quatre à cinq piquants ; puis, à partir de la quatrième marginale dorsale, il n'existe plus que deux rangées transversales par plaque. Sur la même plaque, les piquants conservent les mêmes dimensions rigoureusement égales, quelle que soit leur situation ; mais, naturellement, leur taille diminue à mesure qu'on se rapproche de l'extrémité des bras. La plaque impaire a une forme triangulaire, et elle porte les mêmes piquants que les plaques voisines.

Les plaques marginales ventrales sont identiques aux marginales dorsales, et elles sont, comme celles-ci, recouvertes de piquants capités ; mais les dimensions des piquants décroissent progressivement à partir du bord externe des plaques, et ils passent à ceux des plaques latéro-ventrales sans qu'on puisse trouver une ligne de démarcation bien nette entre les deux sortes de plaques. Les piquants forment aussi de petites rangées transversales sur les marginales ventrales, et, en général, chaque rangée comprend quatre piquants : toutefois la disposition est un peu moins régulière et moins apparente que sur les plaques marginales dorsales.

Il n'y a pas la moindre trace de pédicellaires.

Les sillons ambulacraires sont étroits. Les piquants adambulacraires sont disposés sur trois rangées. La rangée interne comprend deux piquants allongés, cylindriques, subégaux, parfois très légèrement renflés à l'extrémité, qui est obtuse. Les piquants de la deuxième rangée, au nombre de deux également, sont un peu plus courts que les précédents, et ils ont la même forme qu'eux. La troisième rangée comprend généralement deux et parfois trois piquants encore plus courts et qui se réduisent presque à des granules allongés.

Les dents portent sur leur bord libre une série de six piquants qui continuent les piquants adambulacraires internes, mais qui sont un peu plus courts et un peu plus fins que ces derniers ; ces six piquants conservent à peu près les mêmes dimensions. La face ventrale de chaque dent offre, en dehors du gros piquant impair, trois ou quatre granules. Le piquant impair n'est pas très large, et il est relativement allongé avec une pointe transparente assez longue.

La couleur notée sur le vivant était blanc jaunâtre ; dans l'alcool, l'exemplaire est devenu grisâtre.

RAPPORTS ET DIFFÉRENCES. — L'*Odontaster capitatus* rappelle les *O. granuliferus* Kœhler et *cremeus* Ludwig par le recouvrement homogène des plaques ; mais ici ce recouvrement consiste en piquants de forme particulière avec une tête très élargie, disposition qui était totalement inconnue chez les *Odontaster* : l'espèce ne peut être confondue avec aucune autre.

Pseudontaster nov. gen.

Ce genre nouveau d'Odontastéridées a le corps en forme d'étoile avec les bras allongés. Les plaques marginales dorsales et ventrales sont nombreuses, extrêmement petites, courtes et étroites, et la bordure qu'elles forment est très peu importante ; il existe une plaque impaire au fond de chaque arc interbrachial. Un grand piquant dentaire rétroversé est couché sur la suture qui sépare les deux dents de chaque paire. Les plaques qui recouvrent les deux faces dorsale et ventrale sont extrêmement nombreuses et petites ; elles sont disposées sans ordre apparent sur la face dorsale ; au contraire, les plaques latéro-ventrales forment des rangées très régulières, les unes longitudinales et parallèles au sillon ambulacraire, les autres transversales, allant des adambulacraires aux marginales ventrales ; ces plaques sont recouvertes de granules très fins, serrés, qui passent de l'une à l'autre et en obscurcissent les contours. Dans la région proximale des aires interradiales ventrales, certains granules s'allongent en piquants assez forts et pointus. Des piquants analogues se montrent sur le bord externe des plaques marginales ventrales ; on peut également en rencontrer sur les plaques marginales dorsales, mais ils y sont toujours plus petits et d'ailleurs très inconstants. De nombreuses papules existent entre les plaques dorsales.

En raison de la présence d'un piquant dentaire rétroversé sur chaque paire de dents et de l'existence d'une plaque marginale impaire, ce genre nouveau doit être rangé parmi les Odontastéridées. Il se distingue de tous les genres connus de cette famille par la forme étoilée du corps et l'allongement des bras, par le faible développement des plaques dorsales et ventrales, qui sont très petites et couvertes de fins granules et enfin par la présence de piquants sur les plaques marginales ventrales, ainsi que sur les plaques latéro-ventrales dans la partie proximale des aires interradiales ventrales.

Pseudontaster marginatus nov. sp.
(Pl. VIII, fig. 4; Pl. IX, fig. 1, 2 et 3.)

N⁰ˢ 265 et 266. — Dragage IX. — 21 janvier 1909. 68°00′5″ S., 70°02′ W. Au Sud de l'île Jenny. Profondeur : 250 mètres. Sable vert et roche. Trois échantillons.

Les trois exemplaires sont de taille très différente ; voici leurs dimensions principales :

NUMÉROS.	R.	r.	DIAMÈTRE du disque.	LARGEUR des bras à la base.	LONGUEUR des bras.
	Millim.	Millim.	Millim.	Millim.	Millim.
265	85	31	55	38-48	60
266	48	18	31	18-19	35
266	37	15	24	14	24

Je prendrai comme type pour ma description le grand exemplaire. Il est quelque peu déformé, et la face dorsale du disque et des bras présente des plissements plus ou moins profonds. Le disque est grand ; les bras sont allongés, triangulaires, assez larges à la base, mais très distincts du disque, et ils se rétrécissent très régulièrement et assez rapidement jusqu'à l'extrémité, qui est très pointue et occupée par une très petite plaque apicale.

La face dorsale du disque et des bras est convexe ; la face ventrale est planc et même déprimée dans la région orale ; les bords des bras sont minces et tranchants.

La face dorsale du disque et des bras est uniformément couverte de plaques dont on ne peut que deviner les contours, leurs limites étant presque complètement cachées sous le recouvrement de granules qu'elles possèdent. Ces plaques restent toujours de très petite taille, et leurs dimensions sont assez uniformes ; les plus grandes varient entre $1^{mm},2$ et $1^{mm},5$ de largeur sur le disque ; cette taille diminue naturellement à mesure qu'on se rapproche des bords ou de l'extrémité des bras, où les plaques deviennent très petites, en même temps que leurs limites sont encore plus indistinctes. La surface des plaques est recouverte de granules aplatis, très rapprochés et très nombreux, qui, bien que n'étant pas absolument contigus, sont polygonaux ; ils ont dans leur ensemble une disposition paxilliforme. On observe le plus souvent sur les plaques un certain nombre de granules centraux un peu plus grands, au nombre de cinq à huit, et d'autres granules périphériques un peu plus petits : ailleurs, on trouve un granule central autour duquel se disposent assez régulièrement une douzaine de granules ayant la même taille que lui, tandis que le reste de la plaque est occupé par des granules plus petits ; ces derniers se continuent avec les granules des autres plaques, de telle sorte que toute la surface du corps est couverte d'une couche de granules qui n'est interrompue qu'au niveau des orifices papulaires. Ceux-ci, petits et arrondis, sont au nombre de quatre à six par plaque, et c'est leur présence qui permet de reconnaître les limites de ces dernières. Au centre du disque, se montre un orifice plus grand que les papules et qui correspond évidemment à un anus.

La plaque madréporique est petite et située plus près du centre que du bord : elle est arrondie, et son diamètre atteint 4 millimètres ; elle offre des sillons assez fins et divergents. Quelques-unes des plaques qui l'entourent sont plus saillantes que les voisines.

Les aires interradiales ventrales sont grandes, et, de même que sur la face dorsale, les contours des plaques sont cachés par les granules qui les recouvrent ; même dans la partie proximale de ces aires, les granules, qui sont d'ailleurs entremêlés de piquants, sont tellement serrés qu'il est impossible de distinguer des groupements correspondant aux plaques sous-jacentes ; mais, au voisinage des bords du disque et le long des bras, à partir de la vingtième plaque adambulacraire, on peut reconnaître les limites des plaques grâce aux groupements des granules qui les recouvrent, et l'on peut constater que ces plaques, de très petites dimensions et de forme à peu près carrée, sont disposées, à la fois, en séries longitudinales parallèles aux adambulacraires et en séries transversales allant des adambulacraires aux marginales ventrales. Il y a environ huit rangées longitudinales de plaques latéro-ventrales au niveau de la vingtième adambulacraire, et le nombre de ces rangées diminue naturellement à mesure qu'on se rapproche de l'extrémité des bras. Les plaques de la première rangée, qui fait suite immédiatement aux adambulacraires, sont beaucoup plus grandes que les autres : elles sont carrées, et quatre d'entre elles correspondent à cinq adambulacraires ; les plaques des rangées suivantes sont plus petites, et leur taille diminue peu à peu à mesure qu'on se rapproche des marginales ventrales.

Les plaques latéro-ventrales sont recouvertes de granules très serrés, contigus, polygonaux par pression réciproque, et d'autant plus grossiers qu'ils appartiennent à des rangées plus voisines des plaques adambulacraires. Dans la région proximale des bras, avant la dix-huitième ou la vingtième plaque adambulacraire, les limites des plaques sont absolument indistinctes ; leurs granules sont plus gros en même temps qu'ils s'allongent, et ils arrivent ainsi à se convertir en petits cônes saillants ; de plus, au milieu de ces granules allongés, émergent de véritables piquants dont la longueur atteint et peut même dépasser 2 millimètres et qui se terminent en pointe : ces piquants paraissent occuper le centre d'une plaque latéro-ventrale ; mais, comme je le disais plus haut, il est impossible de reconnaître les limites de ces dernières plaques.

La bordure formée par les plaques marginales dorsales est étroite et peu importante ; ces plaques sont débordées très légèrement en dessous par les marginales ventrales. Je compte quarante plaques sur l'un des côtés d'un bras à partir de la marginale impaire. Toutes ces plaques sont très étroites et un peu plus longues que larges ; les premières mesurent en moyenne $2^{mm},5$ sur 2 ou $2^{mm},2$. La plaque impaire est très

petite, triangulaire et placée un peu en dedans de l'alignement des
suivantes. Les contours des marginales dorsales ne sont pas très distincts
parce que ces plaques sont recouvertes de granules qui passent de l'une
à l'autre, et qui se continuent aussi avec les granules des plaques latéro-
dorsales voisines ainsi qu'avec ceux des plaques marginales ventrales.
Ces granules sont cependant un peu plus grossiers que sur des plaques
latéro-dorsales, du moins dans la région centrale des plaques ; assez
souvent on voit l'un des granules, ou même deux ou trois granules du
centre de la plaque, devenir plus gros et plus saillants, et l'un d'eux
peut même se transformer en un petit piquant conique à sommet
émoussé. L'existence de ces piquants est tout à fait accidentelle : on
les rencontre d'une manière très irrégulière, aussi bien à la base que
vers l'extrémité des bras. Dans les deux plus petits échantillons, les
plaques marginales dorsales ne possèdent pas de piquants : leur recouvrement de granules est plus homogène, et ceux-ci ressemblent à ceux
des plaques dorsales voisines.

Les plaques marginales ventrales sont en même nombre que les
dorsales, auxquelles elles correspondent en général ; il y a parfois
cependant une alternance, mais qui ne dure pas longtemps. En général,
chaque marginale ventrale correspond à deux séries transversales de
plaques latéro-ventrales. Ces plaques sont plus développées que les
marginales dorsales, qu'elles débordent légèrement en dessous, et leur
forme est à peu près carrée ; bien que les granules qui les recouvrent
passent de l'une à l'autre, les sillons transversaux qui séparent les plaques
successives sont un peu mieux marqués que sur la rangée marginale
dorsale, mais les plaques restent très mal séparées des latéro-ventrales
voisines. Les granules deviennent d'autant plus grossiers qu'on se rapproche du bord externe de la plaque, où généralement deux d'entre eux
se développent beaucoup et se convertissent en piquants cylindriques
à extrémité obtuse et dont la longueur atteint 1 à $1^{mm},5$; les deux
ou trois granules voisins de ces piquants ont eux-mêmes une tendance à
s'allonger, et l'un d'eux peut même devenir un véritable piquant, de telle
sorte que la plaque en possède trois en tout, tandis que d'autres plaques
voisines peuvent n'en avoir qu'un seul. Ces piquants existent sur presque

toutes les plaques marginales ventrales, et ils se continuent jusqu'à l'extrémité des bras.

Les pédicellaires font complètement défaut.

Les sillons ambulacraires sont bien apparents ; ils sont élargis dans leur moitié proximale, et les tubes ambulacraires sont disposés sur deux rangées très régulières.

Les plaques adambulacraires possèdent des piquants très développés et disposés sur trois rangées. La première rangée comprend un piquant dressé un peu obliquement en dedans : ce piquant est cylindrique dans sa partie basilaire, mais il s'aplatit dans sa partie terminale en s'élargissant un peu à l'extrémité, qui est arrondie et tronquée ; sa longueur est d'environ 4 millimètres. La deuxième rangée comprend un piquant analogue au précédent, mais un peu plus court et un peu plus épais, avec l'extrémité un peu plus élargie. Enfin la troisième rangée comprend généralement deux piquants cylindriques, à extrémité émoussée et inégaux ; le piquant distal est le plus grand et il atteint presque la longueur du précédent, tandis que l'autre est beaucoup plus court. En dehors de ces deux piquants, viennent encore un ou deux granules un peu allongés ; on peut aussi trouver un granule analogue à côté du piquant de la deuxième rangée.

Les dents portent, sur leur bord externe, chacune cinq piquants qui continuent les piquants adambulacraires internes, mais sans augmenter leurs dimensions ; ils deviennent seulement cylindriques et pointus. En dedans de cette rangée marginale vient une autre rangée de trois piquants, qui continue la rangée adambulacraire moyenne ; ces piquants sont un peu plus courts que les précédents, mais ils sont plus épais, et leur extrémité est obtuse. Enfin la face ventrale de la dent présente, dans sa région distale, deux ou trois piquants plus petits que les précédents. Le grand piquant impair, qui se trouve couché sur la ligne suturale de chaque paire de dents, est conique, épais à la base, très pointu à l'extrémité, et la région hyaline qui le termine est assez courte.

La couleur notée chez les échantillons vivants était jaune ; elle ne paraît pas s'être beaucoup modifiée dans l'alcool.

Priamaster nov. gen.

Le corps, en forme d'étoile, est de très grande taille ; les bras, grands,
épais et larges, sont allongés et bien distincts du disque. Les plaques de
la face dorsale du disque et des bras représentent des paxilles courtes
et serrées, de petite taille, très nombreuses et de dimensions uniformes,
constituées par un grand nombre de petits piquants très courts, ressemblant plutôt à des granules allongés. Les plaques marginales dorsales
et ventrales sont relativement très petites, et la double bordure qu'elles
constituent est tout entière située sur la face ventrale du corps. Les
plaques latéro-ventrales sont peu nombreuses : elles forment d'abord
des aires interradiales très peu développées et comprenant seulement
quelques séries de plaques allant des adambulacraires aux marginales
ventrales, tandis que, sur la plus grande partie de la longueur des bras,
il n'existe qu'une seule rangée entre les adambulacraires et les marginales ventrales. Les plaques adambulacraires portent, sur leur face
ventrale, un faisceau de piquants forts et allongés, mais il n'existe pas de
piquants dans le sillon. Les sillons ambulacraires sont très larges, et les
tubes, qui offrent une disposition nettement et très régulièrement quadri-
sériée sur toute la longueur des bras, sont très gros ; ils se rétrécissent
dans leur partie terminale, et leur extrémité forme un bourrelet hémisphérique, épais et dur, qui n'a, en aucune façon, les caractères d'une
ventouse ; ces tubes sont complètement dépourvus de dépôts calcaires.
Les dents sont assez grandes, mais non saillantes, et elles sont recouvertes de piquants identiques aux piquants adambulacraires.

Le genre *Priamaster* présente des dispositions très particulières ; il
se caractérise par la face dorsale couverte de paxilles petites, très
nombreuses et formées par des piquants très courts ; par le faible développement des plaques marginales dorsales et ventrales ; par les énormes
sillons ambulacraires, qui renferment quatre séries de tubes terminés
chacun par un bourrelet arrondi, et enfin par la réduction des plaques
latéro-ventrales. Ces dispositions l'éloignent de toutes les formes connues.
Il ne peut rentrer dans aucun des groupements qui ont été proposés,

même tout récemment, dans les *Phanerozonia* (Voir Fisher, **11**, p. 17). Je serais disposé à en faire le type d'une famille nouvelle qui devrait être placée à côté des Archastéridées au sens restreint donné par Verrill à cette famille, et qui prendrait alors le nom de Priamastéridées. Les caractères de cette famille sont ceux de l'unique genre actuellement connu.

Priamaster magnificus nov. sp.

(Pl. VIII, fig. 1,3 et 8.)

N° 323. — 23 janvier 1909. 67° 43′ 17″ S., 70° 45′ 42″ W. Côte Nord de l'île Jenny. Profondeur : 5 mètres. Entre les cailloux. Un échantillon.

N° 575. — Dragage XIII. — 17 novembre 1909. Chenal de Lemaire, côte Nord-Est de l'île Petermann. Profondeur : 40 à 70 mètres. Vase et petits cailloux. Un échantillon.

L'état de conservation du premier individu laisse à désirer, mais le deuxième est en parfait état. Les dimensions de celui-ci, prises sur l'animal vivant, étaient les suivantes : $R = 192$, $r = 63$ millimètres ; largeur des bras à la base, 70 millimètres ; longueur des bras, 148 millimètres. Chez l'autre individu, le diamètre du disque était de 440 millimètres ; les valeurs que je trouve pour R et r sont respectivement de 215 et 65 à 70 millimètres ; le disque est aplati.

Je décrirai l'espèce d'après l'exemplaire portant le n° 575.

L'épaisseur du disque mesurée sur l'individu en alcool atteint près de 50 millimètres ; les bras ont à leur origine la même hauteur, et leur face dorsale est convexe ; la face ventrale est aplatie. Les bras, qui mesurent de 55 à 65 millimètres de largeur à la base, vont en se rétrécissant graduellement jusqu'à l'extrémité, qui forme une pointe très obtuse. La face dorsale du disque est couverte de paxilles courtes, nombreuses, serrées et de petite taille ; chaque paxille est constituée par un pédoncule de forme très conique, à peu près aussi long que large, et qui porte un grand nombre de piquants très courts enveloppés chacun d'une gaine membraneuse. Ces piquants sont au nombre de cinquante à soixante par paxille ; ils sont très serrés, dressés verticalement, et, comme on n'aperçoit que leur extrémité quand on regarde la paxille par en haut, on a l'impression d'une plaque couverte de simples granules coniques. Mais, en dissociant la paxille, on reconnaît facilement qu'elle est formée de petits piquants, et le traitement à la potasse permet de reconnaître de suite la petite tigelle calcaire qui en forme l'axe ; les piquants du centre de la paxille sont un peu plus gros que ceux de la périphérie. Dans la région centrale, et sur un cercle ayant environ 3 centimètres de rayon, les paxilles sont très serrées ; non seulement elles sont contiguës, mais elles sont polygonales par pression réciproque. En dehors de cette région, les paxilles sont séparées par des intervalles profonds et bien apparents, mais elles gardent néanmoins leur forme polygonale ; leur largeur ne dépasse pas $2^{mm},5$ à 3 millimètres. Dans leurs intervalles se montrent de nombreuses papules qui se divisent en lobes arrondis, de telle sorte que leur surface est mamelonnée ; les lobes des papules voisines sont contigus : aussi les limites des différentes papules ne peuvent pas être reconnues facilement ; leurs parois sont dépourvues de corpuscules calcaires.

Les paxilles de la face dorsale du disque et des bras sont disposées sans ordre, mais, sur les faces latérales de ceux-ci, elles forment des rangées transversales régulières renfermant chacune sept ou huit paxilles, et qui atteignent les plaques marginales dorsales ; en général, chacune de ces rangées correspond à une plaque marginale dorsale.

La plaque madréporique est située plus près du bord que du centre du disque ; elle est plutôt petite. Les paxilles voisines empiètent assez largement sur sa surface, ce qui fait que la forme exacte de la plaque ne peut pas être reconnue quand on regarde l'animal intact par la face dorsale. Cette plaque est ellipsoïdale, allongée dans le sens interradial ; elle mesure 7 millimètres sur 6, et elle se trouve assez profondément enfoncée ; elle offre des sillons très fins, nombreux et rayonnants.

Les aires interradiales ventrales sont très petites : leur hauteur, mesurée entre le bord interne de la première plaque marginale ventrale et l'extrémité distale de chaque paire de dents, est de 15 millimètres seulement ; elles sont couvertes de plaques petites, à contour polygonal, dont chacune porte un faisceau de piquants dressés, plus allongés que

sur les paxilles de la face dorsale. De chaque côté de la ligne interradiale médiane, on reconnaît une rangée de cinq plaques, puis, en dehors,
viennent deux ou trois rangées de quatre plaques, une ou deux de trois
plaques, et enfin une ou deux autres ne renfermant que deux
plaques, et chacune de ces rangées aboutit à une plaque marginale
ventrale ; ces rangées sont d'ailleurs un peu irrégulières, et elles sont
plus ou moins apparentes suivant les régions considérées. A partir de
la huitième ou de la neuvième plaque marginale ventrale, on n'observe
plus qu'une seule plaque, qui se continue jusqu'à l'extrémité des bras.
Chacune de ces plaques latéro-ventrales correspond exactement, d'une
part, à une plaque marginale ventrale, et, d'autre part, à une plaque adambulacraire.

Les plaques marginales dorsales sont très petites ; elles ne sont pas
du tout visibles quand on regarde l'animal par la face dorsale, car elles
sont entièrement situées sur le côté ventral. J'en compte soixante-douze
sur le côté d'un bras ; elles correspondent exactement aux marginales
ventrales, bien que dans la deuxième moitié des bras il y ait parfois
alternance. Ces plaques sont petites, rectangulaires, deux fois plus
larges que longues ; à la base des bras, elles mesurent $2^{mm},5$ sur
5 millimètres. Leur surface est convexe. Les premières plaques de
chaque série sont parfois un peu irrégulières comme forme et comme
disposition, mais elles ne tardent pas à se disposer en une rangée très
régulière. Elles sont très distinctes les unes des autres et sont séparées
des plaques latéro-dorsales voisines par un sillon très net.

Leur surface est couverte de petits piquants courts, identiques à ceux
des plaques dorsales, très serrés les uns contre les autres, et ceux de
la région centrale sont légèrement plus gros que ceux de la périphérie. La limite de séparation entre les marginales dorsales et les
marginales ventrales est marquée par un sillon très profond et très
accusé, plus ou moins large suivant les régions.

Les plaques marginales ventrales sont identiques aux dorsales, auxquelles elles correspondent exactement ; elles sont cependant un peu
plus larges qu'elles sur toute la longueur des bras ; au fond des arcs,
la largeur des plaques est de 6 à $6^{mm},5$, et leur recouvrement est iden-

tique à celui des plaques dorsales ; cependant, à mesure qu'on se rapproche de leur bord interne, on voit les piquants s'allonger légèrement et se placer un peu obliquement au lieu d'être dressés perpendiculairement à la surface de la plaque ; ces piquants se rapprochent ainsi des piquants plus allongés qui garnissent les plaques latéro-ventrales voisines.

Les sillons ambulacraires sont extrêmement larges, et leur largeur peut atteindre 25 millimètres à la base des bras. Les tubes, de très grande taille, forment quatre rangées longitudinales bien distinctes. Ces tubes se rétrécissent vers l'extrémité, qui est surmontée par un gros bourrelet hémisphérique plus ou moins développé ; mais il n'y a pas la moindre indication de ventouse. Il n'existe aucun dépôt calcaire, ni dans les parois, ni dans l'épaississement terminal. Chaque tube ambulacraire de la rangée externe correspond à deux plaques adambulacraires.

Les plaques adambulacraires sont petites ; chacune d'elles porte un faisceau de grands piquants, assez épais, aplatis, à extrémité arrondie, et dont la longueur peut atteindre 7 à 8 millimètres. Ces piquants sont dressés verticalement, et ils sont au nombre de six à huit sur chaque plaque ; il n'est pas possible de distinguer de rangées parmi ces piquants : lorsque le faisceau correspond à l'intervalle entre deux tubes ambulacraires successifs, il prend une forme prismatique, et l'on pourrait, à la rigueur, distinguer un piquant interne, deux ou trois piquants moyens et trois ou quatre piquants externes. Mais les faisceaux qui se trouvent en face même des tubes ambulacraires sont très aplatis, et les piquants sont disposés d'une manière tout à fait irrégulière. Le nombre des piquants augmente sur les premières plaques adambulacraires, qui sont allongées, et surtout sur la première, qui se développe parallèlement à la face externe de la dent.

Les dents sont allongées mais peu proéminentes ; chacune d'elles porte sur son bord externe une quinzaine de petits piquants adambulacraires voisins, et la face ventrale est couverte de piquants analogues, le tout formant un ensemble très serré.

Bathybiaster Liouvillei nov. sp.
(Pl. VI, fig. 2, 3, 4 et 12 ; Pl. VIII, fig. 5 et 6.)

N° 701. — 26 décembre 1909. Un échantillon pris dans une nasse par 18 mètres de fond (vase) dans l'anse Est de la baie de l'Amirauté, île du du Roi George (Shetland du Sud). Un échantillon.

N° 722. — Dragage XVII. — 26 décembre 1909. 62 12' S., 60°55' W. Milieu de la baie de l'Amirauté, île du Roi George. Profondeur : 420 mètres. Vase. Un échantillon

N° 753. — Dragage XVIII. — 27 décembre 1909. Anse Ouest de la baie de l'Amirauté. Profondeur : 75 mètres. Vase grise et cailloux. Un très grand échantillon.

N° 755. — Dragage XVIII. — Dix-huit échantillons.

En général, tous les exemplaires sont en excellent état de conservation. Leurs dimensions sont très variables : dans le plus grand, qui porte le n° 753, $R = 103$ millimètres ; dans les autres, R varie entre 70 et 47 millimètres ; mais dans beaucoup d'échantillons, comme dans ceux du n° 755, sa valeur est comprise entre 55 à 60 millimètres. Je décrirai l'espèce d'après un exemplaire du n° 755, qui est représenté Pl. VI, fig. 2 et 3 ; je donne également une photographie de l'exemplaire n° 722, dont les bras sont plus élargis à la base que sur les autres spécimens (Pl. VI, fig. 4).

$R = 70$ millimètres, $r = 16$ millimètres ; le diamètre du disque est de 32 millimètres, et les bras ont tous 19 millimètres de largeur à la base ; la distance entre les sommets de deux bras non consécutifs est de 128 millimètres, et la hauteur du disque atteint 10 millimètres.

La face dorsale du disque et des bras est aplatie ; la face ventrale du disque est légèrement convexe. Le disque est petit ; les bras en sont bien distincts à la base, et ils vont en s'amincissant graduellement jusqu'à l'extrémité, qui est pointue et qui se termine par une petite plaque apicale triangulaire. Dans l'exemplaire que je décris, la face dorsale n'offre pas, à son centre, de cône épiproctal ; mais, dans quelques individus du n° 755, on observe un petit cône, d'ailleurs assez déprimé, arrondi et peu développé.

La face dorsale du disque est couverte de paxilles petites et serrées, qui, chez quelques individus, sont tout à fait confluentes dans la région centrale ; ces paxilles restent toujours de faibles dimensions, et les plus grandes ne dépassent pas $0^{mm},7$. Leur forme est irrégulière, et elles sont rendues polygonales par pression réciproque ; l'arrangement des granules qui les constituent est lui-même assez irrégulier en général ; chaque paxille est constituée par une dizaine de granules arrondis, contigus et non saillants. Dans quelques échantillons, on observe parfois une disposition assez régulière : un granule central est entouré de six à sept granules périphériques, et, entre ces derniers, s'intercalent quelques granules plus fins : c'est ce qui arrive par exemple dans l'exemplaire portant le n° 722 dont j'ai reproduit la photographie de la face dorsale. Les paxilles se continuent avec leur disposition irrégulière sur la partie médiane des bras, en formant une bande étroite de laquelle partent des rangées transversales bien régulières pouvant renfermer chacune une quinzaine de paxilles à la base des bras. L'aire paxillaire est assez large, bien que les plaques marginales dorsales empiètent plus ou moins sur la face dorsale des bras.

L'anus, petit, est toujours très peu apparent.

La plaque madréporique est petite, arrondie ou un peu ovalaire ; elle ne mesure guère que 2 millimètres de diamètre ; dans l'exemplaire qui me sert de type, elle est située beaucoup plus près du bord que du centre. Les sillons qui en marquent la surface sont assez irréguliers, tout en ayant une tendance à diverger à partir du centre ; mais ils divisent la surface de la plaque en parties arrondies ressemblant aux granules voisins.

Les aires interradiales ventrales sont petites, mais les plaques latéro-ventrales se continuent sur presque toute la longueur des bras en formant une bande étroite entre les adambulacraires et les marginales ventrales. Ces plaques, très petites, forment des séries transversales séparées par des sillons étroits et bien distincts, et chaque rangée aboutit à une plaque marginale ventrale ; mais les séparations des plaques successives de chaque rangée sont complètement cachées par les piquants qui les recouvrent. Ces piquants sont très courts, aplatis, et ils se terminent par une extrémité arrondie et un peu élargie ; ils ont plutôt l'apparence de papilles, et ils sont enveloppés d'une mince couche tégumentaire. Les piquants des plaques latéro-ventrales sont identiques à ceux qui recouvrent la face ventrale des plaques adambulacraires, auxquels ils passent progressivement, de telle sorte qu'il est impossible de distinguer la limite entre les deux sortes de piquants.

Les plaques marginales dorsales sont très courtes et hautes ; les deux ou trois premières plaques de chaque série, qui occupent le fond des arcs interbrachiaux, sont à peu près verticales, et comme elles sont extrêmement étroites, elles sont à peine visibles quand on regarde l'Astérie par en haut ; mais les plaques suivantes ne tardent pas à se placer obliquement en dedans : elles empiètent ainsi sur la face dorsale des bras, et elles sont alors visibles sur toute leur largeur quand on regarde l'animal par en haut. Ces plaques sont très hautes, et les premières atteignent près de 5 millimètres, tandis que leur longueur ne dépasse pas 1 millimètre. Je compte quatre-vingt-huit plaques marginales dorsales sur l'exemplaire que je décris. Une ligne très étroite, et très souvent moins apparente que celle que l'on observe sur cet exemplaire, sépare la rangée marginale dorsale de la rangée marginale ventrale. La surface des marginales dorsales est couverte de petites squamules très aplaties, arrondies, assez régulièrement disposées en quinconce, et l'on n'observe pas de rangées de bordure bien distinctes. Les squamules deviennent un peu plus grandes vers le bord inférieur de la plaque, tandis que leurs dimensions diminuent quelque peu à mesure qu'on se rapproche du bord supérieur ou interne, où les squamules se réduisent finalement à des granules dont les dimensions ne diffèrent guère de celles des granules voisins portés par les plaques latéro-dorsales. Le recouvrement des plaques marginales est aussi absolument uniforme sur toute la longueur des bras, et aucune squamule ne tend à prendre un développement plus grand que les autres. Il n'y a pas la moindre trace de piquants.

Les plaques marginales ventrales correspondent exactement aux marginales dorsales, et elles offrent à peu près les mêmes caractères ; toutefois on remarque que les squamules qui les recouvrent, et qui, vers

le bord supérieur, sont identiques à celles du bord inférieur des marginales dorsales, deviennent un peu plus fortes vers le bord inférieur ou
ventral de la plaque, et elles se rapprochent par leur forme des piquants
élargis et aplatis que j'ai signalés plus haut sur les plaques latéro-ventrales.
On remarque en outre, vers le bord inférieur, que l'une des squamules
s'allonge de manière à former une sorte de petit piquant extrêmement
court, assez large et pointu, mais très exactement appliqué contre la
plaque et, par suite, très peu apparent. En outre, deux autres piquants
analogues, mais encore plus petits, s'observent généralement sur chaque
plaque : l'un est situé vers le milieu et l'autre est rapproché du bord
supérieur de la plaque ; mais ces formations, qui méritent à peine le
nom de piquants, ne constituent pas de séries longitudinales régulières, et
elles sont plus ou moins confondues avec les squamules voisines. Sur
aucun des exemplaires, ces squamules plus fortes ne se relèvent, et jamais
elles ne forment de saillies appréciables à la surface de la plaque.

Les sillons ambulacraires sont assez élargis, et la double rangée de tubes
ambulacraires est très régulière. Les plaques adambulacraires offrent un
bord interne saillant et formant une sorte de crête verticale qui s'avance
dans le sillon ; ces crêtes déterminent ainsi une série de petits compar-
timents à chacun desquels correspond un tube ambulacraire. Ce bord
interne porte cinq piquants assez forts et aplatis transversalement ; le
piquant médian est plus fort et plus grand que les autres : il est très
aplati, légèrement recourbé, et son extrémité est obtuse et arrondie ;
les autres piquants sont amincis, très aplatis, obtus, mais peu ou pas
recourbés ; tous sont recouverts d'un mince tégument. En dehors,
on observe, sur la face ventrale de la plaque, trois séries renfermant
chacune trois ou quatre piquants aplatis, à tête arrondie et épaisse, qui
passent aux piquants des plaques latéro-ventrales dont il est absolument
impossible de les distinguer. Les premières plaques adambulacraires de
chaque série sont allongées et étroites, et la première s'étend sur plus de
la moitié du bord externe de la dent correspondante ; sa surface offre
plusieurs rangées successives de piquants aplatis, au nombre de deux
seulement sur chaque rangée.

Les dents sont très fortes et allongées, et elles portent chacune trois séries parallèles et très serrées de piquants également très rapprochés l'un de l'autre ; ces piquants sont très courts, comprimés transversalement, et ils se terminent par une tête arrondie ; ils conservent les mêmes dimensions sur toute la longueur de la dent, excepté le dernier piquant, ou piquant oral, qui est plus fort et plus long que les autres, mais reste dressé à l'extrémité de la dent sans s'allonger horizontalement vers la bouche. Tous ces piquants sont recouverts d'une mince enveloppe tégumentaire, comme tous les autres piquants du corps.

Les échantillons vivants étaient d'un jaune brunâtre assez pâle. Dans l'alcool, ils sont le plus souvent jaune pâle, mais certains d'entre eux, comme ceux des n°ˢ 701, 722 et 753, sont brun clair.

Rapports et différences. — Les espèces de *Bathybiaster* connues paraissent pouvoir se ramener à deux seulement. Les *B. pallidus* Danielssen et Koren et *B. vexillifer* (W. Thomson), qui sont synonymes, sont connus dans les mers boréales ; le *B. robustus* Verrill, qui a été dragué sur la côte orientale des États-Unis, à une profondeur de 1 370 à 2 680 mètres, est extrêmement voisin du *B. pallidus* et lui est vraisemblablement identique. La deuxième espèce est le *B. loripes* Sladen, qui a été trouvé par le « Challenger » à l'entrée du détroit de Magellan. L'espèce nouvelle se caractérise par l'absence complète de piquants sur les plaques marginales dorsales et ventrales ; on ne peut pas considérer, en effet, comme de vrais piquants les squamules plus allongées que portent les plaques marginales ventrales et qui sont à peine apparentes. Le *B. Liouvillei* se rapproche surtout du *B. loripes*, et il est certain que les deux formes sont très voisines ; mais, dans la dernière, il existe des piquants sur les plaques marginales dorsales, et, vers le bord interne, se montre un piquant conique bien développé : ce piquant se continue sur toute la longueur des bras, et il constitue une série distincte. Cette disposition fait complètement défaut chez le *B. Liouvillei*.

Sladen a décrit une variété *obesa* du *B. loripes* que le « Challenger » a rencontrée aux îles Kerguelen et Heard, à des profondeurs de 135 à 232 mètres, et chez laquelle les bras, élargis à la base, sont plus courts que d'habitude et presque cylindriques en raison de l'atténuation des

angles latéraux ; les piquants des plaques marginales sont moins développés que sur le type. Cette variété reste également distincte du
B. Liouvillei, et l'individu à bras élargis que j'ai représenté Pl. VI,
fig. 4, en est tout différent.

Je dédie cette espèce à M. Liouville, membre de l'Expédition Charcot.

Ripaster Charcoti Kœhler.
(Pl. VIII, fig. 2.)

Ripaster Charcoti, Kœhler (06), p. 4.
Ripaster Charcoti, Kœhler (08), p. 12.

N° 35. — Dragage IV. — 28 décembre 1908. 64° 51' S., 65° 50' W.
Chenal Peltier, le long de l'île Wiencke, près de l'îlot Gœtschy. Profondeur : 30 mètres. Roche et gravier. Deux échantillons.

N° 626. — Dragage XV. — 26 novembre 1909. 64° 49' 35" S., 65° 49' 18"
W. Chenal de Roosen, devant Port Lockroy. Profondeur : 70 mètres.
Vase et cailloux. Un grand échantillon.

N° 744. — Dragage XVIII. — 27 décembre 1909. Anse Ouest de la baie
de l'Amirauté, île du Roi George. Profondeur : 75 mètres. Vase grise
et cailloux. Un grand échantillon.

Les deux exemplaires portant le n° 35 sont de taille moyenne, et R
varie entre 67 et 62 millimètres. Dans l'échantillon n° 626, $R = 124$,
$r = 28$ millimètres, et le diamètre du disque mesure 48 millimètres ; les
bras ont 26 millimètres de largeur à leur base : ils sont forts, épais et
larges, et leur face dorsale est convexe. Ils s'amincissent progressivement
sur les cinq sixièmes de leur longueur, tandis que le dernier sixième se
rétrécit très rapidement et devient très grêle.

Dans l'échantillon n° 744, $R = 149$ millimètres, $r = 27$ millimètres ; le
diamètre du disque est de 42 millimètres ; les bras, qui ont 29 millimètres
de largeur à la base, s'amincissent d'abord assez rapidement sur les deux
premiers tiers, et ils restent extrêmement grêles dans le dernier tiers.

Voici les notes de couleur prises sur les échantillons vivants :

N° 35. — Lie de vin.

N° 626. — Couleur générale laque brûlée, plus claire sur les bords.

N° 744. — Face dorsale du disque et des bras laque brûlée, face ventrale jaune légèrement brunâtre.

Les spécimens en alcool n°s 626 et 744 sont brun clair ; ceux qui portent le n° 35 sont gris.

Le *Ripaster Charcoti* a été découvert par la première Expédition Charcot aux îles Wiencke, Booth-Wandel et Biscoe, et le « Pourquoi pas? » l'a retrouvé dans des parages très voisins. Il est intéressant de noter que cette espèce, qui avait surtout été vue dans des stations littorales, a été rencontrée par la « Scotia » à une profondeur de 3 248 mètres (62° 10′ S., 41° 20′ W.).

OPHIURES

Ophiopyren regulare Kœhler.

Ophiopyren regulare, Kœhler (04), p. 26.

N° 767. — Dragage XIX. — 12 janvier 1910. 70°10′ S., 80° 50′ W. Profondeur : 460 mètres. Vase sableuse et cailloux. Un très petit échantillon.

Le diamètre du disque ne dépasse pas 4^mm,5 ; les bras sont très grêles et ils sont cassés près de leur base.

L'individu est bien conforme au type qui a été recueilli par la « Belgica », vers 70°-71°S. et 87°-92° W., dans une région assez voisine de celle où le « Pourquoi Pas? » l'a rencontré.

Chez l'animal vivant, le disque était rouge brun avec trois taches grises ; les bords du disque étaient blancs, et les bras annelés de rouge brique et de blanc jaunâtre. L'individu en alcool est complètement décoloré.

Ophioglypha gelida Kœhler.
(Pl. IX, fig. 4 à 10 et 13 à 15.)

Ophioglypha gelida, Kœhler (04), p. 17.

N°s 7 et 8. — Dragage III. — 26 décembre 1908. 64° 38′ S., 65° 51′ W. Chenal de Roosen, au Nord de l'îlot Casabianca. Profondeur : 129 mètres.

Cailloux, roche, vase et grès verdâtre. Quelques échantillons de très petite taille.

N° 131. — Dragage VI. — 15 janvier 1909. 67° 43′ S., 70° 45′ 42″ W. Entrée de la baie Marguerite, entre l'île Jenny et l'île Adélaïde. Profondeur : 254 mètres. Roche et gravier. Trois échantillons.

N°ˢ 240 et 242. — Dragage VIII. — 20 janvier 1909. Baie Marguerite. Profondeur : 200 mètres. Une douzaine d'échantillons.

N° 294. — Dragage X. — 22 janvier 1909. 68° 35′ S., 72° 40′ W. Près de la Terre Alexandre Iᵉʳ. Profondeur : 297 mètres. Roche et vase bleue. Deux échantillons.

N° 329. — Dragage XI. — 1ᵉʳ février 1909. 66° 50′ 5″ S., 69° 30′ W. Baie Matha. Profondeur : 380 mètres. Vase grise et gravier. Un échantillon.

Le plus grand individu (Pl. IX, fig. 6) porte le n° 329 : le diamètre du disque varie entre 19 et 20 millimètres ; les bras sont incomplets, et, d'après les fragments conservés, j'estime que leur longueur ne devait pas dépasser beaucoup 45 à 50 millimètres. Dans l'un des exemplaires du n° 294, le diamètre du disque atteint presque 19 millimètres, et les bras ont 50 à 60 millimètres de longueur ; dans plusieurs autres échantillons, le diamètre du disque varie entre 12 et 16 millimètres (fig. 4 et 5) ; enfin d'autres sont plus petits : dans les spécimens des n°ˢ 7 et 8, le diamètre du disque varie entre 3 millimètres et 5ᵐᵐ,5.

Presque tous ces exemplaires se font remarquer par la présence, à leur surface, d'un nombre plus ou moins considérable de petits granules blanchâtres ou grisâtres qui ne sont autre chose que des Foraminifères ; sur quelques-uns d'entre eux, on trouve en outre un revêtement constitué par une Éponge qui recouvre la plus grande partie de la face dorsale du disque : c'est ce qui arrive notamment dans l'un des spécimens du n° 131 et dans quatre individus du n° 240. J'ai représenté Pl. IX, fig. 13, 14 et 15, quelques-uns de ces exemplaires. Cette même Éponge se retrouve également en différents points des bras ; elle a été déterminée par M. Topsent : c'est l'*Iophon flabello-digitatus*.

Certains spécimens se font remarquer par l'épaississement assez considérable que présentent les plaques de la face dorsale du disque. Un examen superficiel de ces échantillons pourrait faire croire qu'ils appartiennent à deux et même à trois espèces différentes ; mais une étude approfondie montre qu'il ne s'agit que d'une même espèce très polymorphe. Il est intéressant de noter les principales variations que montrent les échantillons.

Je rappellerai d'abord que j'ai établi l'*O. gelida* d'après des exemplaires recueillis par la « Belgica » et qui étaient au nombre de cinq : deux grands et trois petits. Les plaques dorsales du disque, arrondies, offraient des zones concentriques d'accroissement; elles étaient tout à fait plates, ou même leur région centrale était quelque peu déprimée ; les plaques brachiales dorsales étaient très saillantes et portaient en leur milieu une tubérosité très accentuée. Je retrouve ces mêmes caractères sur le plus grand des deux exemplaires portant le n° 294; mais déjà quelques plaques de la face dorsale du disque, particulièrement dans les espaces interradiaux, présentent une tendance à s'épaissir dans leur région centrale et à se soulever en une petite proéminence. Ce caractère est plus accentué sur le plus petit échantillon de ce n° 294, chez lequel le diamètre du disque ne dépasse pas 12 millimètres et dont les boucliers radiaux offrent aussi, vers leur bord externe, un léger soulèvement ; les contours des plaques ventrales du disque sont légèrement obscurcis par les téguments. Dans le grand échantillon, les boucliers buccaux sont pentagonaux avec un angle proximal, les bords latéraux sont allongés, et le côté distal est convexe ; ils sont plus longs que larges (Pl. IX, fig. 10). Cette forme des boucliers buccaux est tout à fait exceptionnelle : en général, ces boucliers sont aussi longs que larges avec des bords latéraux courts et un côté distal très convexe; c'est d'ailleurs la forme que nous observons sur le petit échantillon du n° 294. Les petits granules qui représentent les papilles radiales sont peu distincts : ils sont enfoncés dans le tégument, et la bordure qu'ils forment, le long de la fente génitale, est peu développée ; ces fentes sont d'ailleurs peu allongées. et elles n'atteignent pas le bord du disque.

Dans les autres échantillons portant les n°ˢ 131, 240 et 242, les plaques dorsales du disque offrent, soit en leur milieu, soit vers les bords, des épaississements plus ou moins marqués constituant des proéminences obtuses ; il arrive souvent sur les plus grandes plaques, comme aussi sur les boucliers radiaux, que l'épaississement se localise vers la périphérie de la plaque, tandis que la région centrale est déprimée ; c'est surtout dans le grand individu du n° 324 que les épaississements des plaques sont le plus marqués. Les particularités que je signale peuvent être constatées sur les photographies que je donne ici (Pl. IX, fig. 4 et 6). Les plaques de la face ventrale du disque sont plus ou moins nombreuses ; parfois on distingue, en dehors des boucliers buccaux, une grosse plaque interradiale médiane, tandis que, dans d'autres individus, cette plaque ne diffère pas des autres par sa taille. Les petites papilles radiales forment un amas plus ou moins apparent qui se continue sur la face ventrale ; ces papilles sont, en général, obscurcies par le tégument. Elles sont plus développées dans certains exemplaires que dans d'autres, et, avec le tégument qui les recouvre, elles compriment l'extrémité distale de la fente génitale, dont elles empêchent l'extension vers le bord du disque, de telle sorte que cette fente peut être assez courte sur certains individus, tandis qu'ailleurs elle s'étend jusqu'à la périphérie du disque. Ces variations dans la longueur de la fente génitale peuvent s'observer sur un même échantillon, ainsi qu'on peut le constater sur la photographie que je donne Pl. IX, fig. 10. Les boucliers buccaux offrent aussi quelques variations dans leurs dimensions relatives.

Quant aux bras, ils sont toujours fortement carénés, et les plaques brachiales dorsales offrent une proéminence très forte ; lorsqu'on regarde la plaque de profil, cette proéminence se montre le plus souvent sous forme d'un triangle dont le sommet est dirigé vers l'extrémité du bras, donnant ainsi naissance à une sorte de bec, comme on le voit sur la photographie reproduite Pl. IX, fig. 7. Les plaques brachiales ventrales sont, d'une manière générale, un peu plus petites que dans le type découvert par la « Belgica ». Les piquants brachiaux sont toujours extrêmement petits et papilliformes ; leur longueur ne dépasse guère celle des écailles tentaculaires.

Je rapporte à l'*O. gelida* les individus provenant du dragage III, qui sont tous de très petite taille et qui offrent certains caractères parti-

culiers ; j'ai représenté Pl. IX, fig. 8, l'un de ces exemplaires. Le disque
est épais et la face dorsale est très fortement convexe ; les bras sont au
contraire relativement grêles. Les plaques dorsales du disque ont une
disposition très régulière : elles sont arrondies, séparées par des sillons
très marqués, et leur surface est tout à fait lisse sans la moindre indication
d'épaississements ou de stries concentriques. Les plaques brachiales dorsales sont simplement convexes. Dans les échantillons de même taille
provenant d'autres stations, ces plaques brachiales dorsales montrent
les mêmes caractères, et leur surface n'offre pas encore la moindre proéminence ; mais les plaques dorsales du disque sont inégales, et elles commencent déjà à présenter les dispositions que l'on observe dans les plus
grands individus. A part la régularité dans la forme des plaques dorsales
du disque, je ne vois aucun caractère qui permette de distinguer des
O. gelida typiques ces petits individus, et, comme nous avons vu que ces
plaques peuvent subir des variations, je ne crois pas me tromper en les
rapportant à cette espèce.

L'un de ces petits spécimens présente une anomalie curieuse. Les
plaques buccales de l'un des interradius ne se sont pas développées : il
en résulte une déformation de la bouche qui n'offre que trois fentes au
lieu de cinq, et l'une de ces fentes est très élargie ; je donne ici la photographie de la face ventrale de cet individu (Pl. IX, fig. 9).

La couleur chez les échantillons vivants présente également des variations ; chez les spécimens de la « Belgica », le disque était jaune ou
gris avec des bras jaunes ou blancs, et l'un des exemplaires avait sur le
disque des taches grises avec des auréoles orangées. Certains individus recueillis par l'Expédition Charcot avaient une couleur analogue,
grise ou jaune pâle ; d'autres, au contraire, étaient rouge brique. En alcool,
la couleur varie du jaune clair au brun jaunâtre.

L'*O. gelida* a été trouvée par la « Belgica » vers $70°$-$71°$ S. et $82°$-$90°$ W.,
à une profondeur variant de 100 à 600 mètres ; ces localités ne sont pas
très éloignées de celles où le « Pourquoi Pas ? » a retrouvé cette espèce.

Ophioglypha Rouchi nov. sp.

(Pl. IX, fig. 11 et 12.)

N° 8. — Dragage III. — 26 décembre 1908. 64° 48′ S., 65° 51′ W. Chenal de Roosen, au Nord de l'îlot Casabianca. Profondeur : 129 mètres. Cailloux, roche, vase et grès verdâtre. Cinq échantillons.

N° 648. — Dragage XV. — 26 novembre 1909. 64° 49′ 35″ S., 65° 49′ 18″ W. Chenal de Roosen, devant Port Lockroy. Profondeur : 70 mètres. Vase et cailloux. Trois échantillons.

L'espèce reste toujours de petite taille. Dans le plus grand exemplaire, le diamètre du disque atteint 5^{mm},5 ; les bras mesurent 25 à 28 millimètres de longueur : ils sont extrêmement grêles, et leur largeur, à la base, ne dépasse pas 1 millimètre. Le disque est assez épais, mais la face dorsale est à peu près plane ; la face ventrale est un peu convexe ; les côtés sont verticaux, et l'épaisseur du disque est toujours relativement assez grande.

Le disque est arrondi ou pentagonal. La face dorsale est couverte de plaques grandes et inégales, légèrement imbriquées. On distingue une grande plaque centro-dorsale et cinq plaques radiales primaires, irrégulièrement arrondies ou ovalaires, qui ne touchent la centro-dorsale que par leur angle proximal et en sont séparées sur presque toute l'étendue de leurs bords par un cercle de cinq plaques beaucoup plus petites. Le reste de la face dorsale est occupé par des plaques assez grandes, dont la forme est plus ou moins quadrangulaire, et qui sont séparées par d'autres plaques beaucoup plus petites. A la périphérie du disque, on reconnait dans chaque espace interradial une grande plaque élargie transversalement, avec les angles arrondis, et qui occupe presque toute la largeur de l'espace compris entre les boucliers radiaux de chaque paire. Ceux-ci sont assez grands, triangulaires, à peu près aussi longs que larges et plus longs que le tiers du rayon du disque ; ils sont contigus sur la moitié de leur longueur et séparés en dedans par une petite plaque triangulaire. La région externe de ces boucliers se soulève en une éminence arrondie, assez large mais basse, et la grande plaque interradiale périphérique offre aussi un soulèvement analogue qui occupe à peu près toute sa largeur. Ces différentes éminences se suivent les unes les autres, et elles forment ainsi, à la périphérie du disque, une bordure saillante plus ou moins marquée suivant les échantillons. Les papilles radiales sont petites, basses, presque carrées et contiguës ; elles constituent, de chaque côté du bras, une bordure régulière, qui se continue en diminuant de taille le long des fentes génitales.

La face ventrale du disque est couverte, dans les espaces interradiaux, de plaques inégales, polygonales ou irrégulièrement arrondies. Les fentes génitales, assez larges, s'étendent depuis l'extrémité des plaques adorales jusqu'au bord du disque.

Les boucliers buccaux sont grands, ovalaires, un peu plus larges que longs, avec les angles latéraux très arrondis et un bord distal convexe ; l'angle proximal, qui s'avance entre les plaques adorales, est assez pointu. Les plaques adorales sont étroites, trois fois plus longues que larges. Les plaques orales sont plus courtes que les adorales, et elles s'amincissent en pointe à leur extrémité externe. Les papilles buccales sont petites, basses, presque carrées et au nombre de cinq de chaque côté ; la papille proximale est plus allongée, conique et pointue, et sa forme est la même que celle de la papille terminale impaire.

La première plaque brachiale dorsale est rectangulaire, plus large que longue, avec le côté proximal étroit, le côté distal large et les bords latéraux divergents. Les plaques suivantes deviennent piriformes avec le bord distal convexe et l'angle proximal pointu ; elles sont un peu plus longues que larges, et elles cessent d'être contiguës à partir de la quatrième.

La première plaque brachiale ventrale est grande, triangulaire, à peu près aussi large que longue, avec le bord distal convexe et les angles arrondis. La deuxième est un peu plus allongée que la précédente ; elle est un peu plus longue que large, et son angle proximal est légèrement tronqué. La troisième, encore assez grande, est triangulaire, aussi longue que large. Les plaques suivantes, qui cessent d'être contiguës et se séparent bientôt les unes des autres par un intervalle très large, deviennent plus petites : elles sont plus larges que longues, avec un angle proximal obtus et un bord distal convexe.

Les plaques latérales portent chacune trois petits piquants très courts,
papilliformes et pointus.

Les pores tentaculaires de la première paire sont très grands et largement ouverts dans la bouche; ils portent, sur chaque bord, trois ou
quatre écailles, petites et arrondies; les pores de la deuxième paire présentent trois ou quatre écailles sur le bord proximal et externe, et deux
ou trois écailles plus petites sur le bord distal et interne; ceux de la
troisième paire n'ont plus que deux écailles proximales et une seule distale. Au delà, les pores ne portent plus qu'une seule écaille proximale
très petite, conique et pointue, ressemblant aux piquants brachiaux, mais
de dimensions plus réduites.

Chez l'animal vivant, le disque était rouge brique, et les bras étaient
de couleur rose; les spécimens en alcool sont blanchâtres.

RAPPORTS ET DIFFÉRENCES. — L'*O. Rouchi* se rapproche de l'*O. ambigua*
Lyman, trouvée à Kerguelen, par la forme des boucliers buccaux, par la
différence de taille entre les deux premières plaques brachiales ventrales,
qui sont grandes, et les suivantes qui deviennent plus petites, par les
pores tentaculaires dont la taille diminue très rapidement à partir du
premier, et par les piquants brachiaux, très petits et au nombre de trois
seulement au lieu de quatre. Elle ne peut pas être confondue avec
l'*O. Martensi* Studer, de la Géorgie du Sud.

Par la disposition des plaques dorsales du disque, l'*O. Rouchi* présente
quelques ressemblances avec l'*O. gelida*, et l'on pourrait se demander s'il
ne s'agit pas de jeunes de cette dernière espèce. Mais les caractères des
plaques brachiales dorsales et ventrales sont très différents; les boucliers
radiaux sont contigus en dehors; les bras ne sont pas carénés; les pores
tentaculaires sont beaucoup plus développés, surtout si l'on considère la
petite taille des échantillons; les bras sont beaucoup plus grêles, et le
peigne radial est bien développé; enfin les jeunes exemplaires d'*O. gelida*
ont un tout autre facies.

Je dédie cette espèce à M. Rouch, membre de l'Expédition Charcot.

Ophiosteira Senouqui nov. sp.
(Pl. X, fig. 8 à 11.)

N° 132. — Dragage VI. — 15 janvier 1909. 67° 43' S., 70° 45' 42" W. Entrée de la baie Marguerite, entre l'île Jenny et l'île Adélaïde. Profondeur : 254 mètres. Roche et gravier. Trois échantillons.

N° 243. — Dragage VIII. — 20 janvier 1909. Baie Marguerite. Profondeur : 200 mètres. Roche, gravier et vase. Un échantillon.

Dans l'exemplaire portant le n° 243, qui est le plus grand, le diamètre du disque est de 16 millimètres, et les bras peuvent atteindre une longueur de 70 millimètres; dans les autres, le diamètre du disque mesure respectivement 14, 12 et 10 millimètres ; dans le plus petit individu, la longueur des bras est de 65 millimètres et dans le moyen elle est de 60; dans le troisième, les bras sont cassés près du disque.

Le disque est pentagonal avec des angles très arrondis, et les espaces interbrachiaux sont légèrement concaves. La face dorsale est plus ou moins profondément excavée dans sa région centrale ainsi que dans les parties interradiales, tandis qu'elle forme au contraire une saillie très accusée dans les radius, saillie qui est due au relèvement des boucliers radiaux et au développement des plaques qui séparent les deux boucliers de chaque paire.

On reconnaît dans la région centrale une rosette primaire de six plaques, petites, mais dont les contours sont bien distincts ; la centro-dorsale est circulaire, tandis que les radiales sont ovalaires transversalement ; ces plaques sont séparées les unes des autres par d'autres plaques très petites et disposées irrégulièrement. Le diamètre du cercle occupé par la rosette est de 5 millimètres environ. En dehors de ce cercle, la face dorsale du disque offre de nombreuses plaques irrégulièrement arrondies ou polygonales, très inégales, mais restant de petites dimensions, bien qu'elles s'accroissent un peu en se rapprochant de la périphérie du disque et des boucliers radiaux. On peut distinguer, dans le milieu de chaque espace interradial, deux plaques successives, mais non contiguës, dont la dernière est assez voisine de la périphérie du disque. Toutes ces plaques sont convexes et séparées par des sillons assez larges, bien distincts et profonds. La région formée par les boucliers radiaux et par les plaques qui séparent les boucliers de chaque paire est très proéminente, et elle se trouve reportée à un niveau bien supérieur à celui de l'insertion des bras. Les deux boucliers de chaque paire sont séparés par une plaque impaire, que sa taille et la saillie considérable qu'elle forme signalent de suite à l'attention. Cette plaque est ovoïde, deux fois plus longue que large, et sa longueur est à peu près égale à la moitié de celle des boucliers radiaux; sa face libre se développe en une crête arrondie, mais assez saillante. Quelques autres plaques de petites dimensions, mais plus grandes cependant que celles du reste de la face dorsale du disque, contribuent à séparer les boucliers radiaux de chaque paire, indépendamment de la plaque précédente. En raison de la hauteur atteinte par les régions radiales du disque, les boucliers radiaux ne sont pas placés horizontalement, mais ils sont au contraire disposés obliquement, et, de plus, leur surface est très convexe : ils sont triangulaires, deux fois plus longs que larges, et leur bord externe est arrondi; ils sont largement séparés en dedans par la grande plaque signalée plus haut, à laquelle s'ajoutent quelques autres plaques plus petites; en dehors, ils se rapprochent l'un de l'autre sans cependant être contigus. Les papilles radiales sont courtes et basses, de forme carrée, et elles se continuent, en devenant plus petites, sur le bord externe des fentes génitales.

La surface de tout le reste du disque, y compris les boucliers radiaux, est couverte de petits granules, fins, coniques, peu proéminents et largement séparés; au microscope, on constate que la surface de ces granules est garnie de très fines spinules.

La face ventrale du disque est recouverte, dans les espaces interradiaux, par des plaques assez grandes, inégales, polygonales et convexes, séparées par des sillons assez larges et bien marqués. Ces plaques offrent des granules identiques à ceux de la face dorsale, surtout vers la périphérie du disque; mais, à mesure qu'on se rapproche des boucliers buccaux, ces granules s'espacent davantage, et ils finissent par disparaître; on en retrouve cependant encore quelques-uns sur le bord distal des boucliers. Les fentes génitales sont petites, et elles s'étendent depuis le milieu des boucliers buccaux jusqu'au bord du disque.

Les boucliers buccaux sont grands, pentagonaux, un peu plus longs que larges : l'angle proximal, assez ouvert, est limité par deux côtés droits ; le bord distal, très convexe, se relie par des angles arrondis aux bords latéraux, qui sont fortement échancrés par le fond des fentes génitales. Les plaques adorales sont allongées, très étroites, quatre ou cinq fois plus longues que larges ; leur extrémité externe s'élargit un peu pour séparer le bouclier buccal de la première plaque brachiale ventrale. Les plaques orales sont plus larges, mais moitié plus courtes que les précédentes ; les papilles buccales sont petites et courtes et au nombre de cinq à six de chaque côté ; leur longueur augmente un peu à mesure qu'on se rapproche du centre du disque, et la dernière papille est conique et pointue. La papille terminale impaire n'est pas plus développée que la précédente.

Les bras sont extrêmement hauts, fortement carénés, et leur coupe transversale a la forme d'un triangle isocèle dont la base est un peu plus petite que les deux autres côtés. La plus grande partie de leur surface est occupée par les plaques latérales, car les plaques dorsales et ventrales sont peu développées. Vues de face (Pl. X, fig. 9), les plaques brachiales dorsales sont petites, plus longues que larges, avec un côté proximal étroit, un côté distal un peu plus large et convexe, et des bords latéraux droits et légèrement divergents ; elles sont toutes contiguës. Vues de profil (fig. 8 et 11), ces plaques se montrent très saillantes, et elles forment une crête un peu oblique, plus haute vers l'extrémité distale que vers l'extrémité proximale de la plaque. La surface de ces plaques est garnie de petits granules épars, identiques à ceux des plaques dorsales du disque, et qui disparaissent dans la deuxième moitié des bras.

La première plaque brachiale ventrale, de taille moyenne, est triangulaire, avec un angle proximal arrondi limité par deux côtés droits ; les angles latéraux sont aigus, et le bord distal est large et un peu convexe. La deuxième plaque est très grande, quadrangulaire, avec un côté proximal étroit, un côté distal plus large et un peu convexe et des bords latéraux divergents. La troisième offre à peu près la même forme que la précédente, mais elle est plus petite, et le bord proximal devient plus étroit. Les plaques suivantes prennent une forme triangulaire, avec un angle proximal qui reste tronqué sur deux ou trois plaques, mais qui, au delà du disque, devient assez pointu, en même temps que les plaques se séparent les unes des autres; leurs angles latéraux s'arrondissent et le bord distal devient convexe : elles sont alors beaucoup plus larges que longues.

Les plaques latérales, qui sont très hautes et très développées, portent, vers leur bord inférieur, trois petits piquants contigus, courts et coniques, avec la pointe émoussée; le piquant dorsal est un peu plus petit que les deux autres. Les dix ou douze premières plaques offrent en outre, le long de leur bord distal, une série de petites lignes transversales proéminentes et très régulières, au nombre d'une demi-douzaine sur chaque plaque et ressemblant à une rangée de petits piquants qui ne se seraient pas détachés de la plaque; on doit plutôt considérer ces saillies comme représentant des granules qui se seraient développés parallèlement à l'axe du bras.

Les pores tentaculaires de la première paire sont allongés, et ils s'ouvrent dans la bouche; ils offrent, sur chaque bord, cinq à six écailles assez grosses et rectangulaires. Les pores de la deuxième paire sont un peu plus petits, et ils portent le même nombre d'écailles de chaque côté; ceux de la troisième paire ont quatre ou cinq écailles proximales ou externes et trois ou quatre écailles internes beaucoup plus petites; les pores de la quatrième paire ont encore quatre écailles proximales et une seule écaille distale très petite. Les pores de la cinquième à la septième paire ont trois écailles proximales, puis le nombre tombe progressivement à deux et à un : cette écaille unique est petite, conique et bien plus courte que le piquant voisin.

Chez les échantillons vivants, le disque était gris ou rosé et les bras étaient blancs. Dans l'alcool, les exemplaires sont uniformément blancs.

RAPPORTS ET DIFFÉRENCES. — Le genre *Ophiosteira* a été établi par J. Bell pour une Ophiure découverte par la « Southern-Cross » au cap Adare, et appelée par lui *O. antarctica*. Bien qu'il y ait d'importantes différences entre le type du genre *Ophiosteira* et l'Ophiure découverte par l'Expédition Charcot, j'estime qu'on peut cependant placer cette dernière dans le même genre. Nous retrouvons ici, en effet, une plaque radiale impaire très saillante, séparant les deux boucliers radiaux de chaque paire, et les bras sont aussi fortement carénés. Chez l'*O. Senouqui*, les plaques dorsales du disque sont très nombreuses et très petites, et la plaque radiale impaire est beaucoup moins grande que dans l'*O. antarctica*; les plaques brachiales dorsales sont contiguës, et les plaques brachiales ventrales sont très élargies ; enfin les piquants brachiaux sont au nombre de trois, et ils sont comparativement plus développés que dans l'espèce du cap Adare.

Je dédie cette espèce à M. Senouque, membre de l'Expédition Charcot.

Ophionotus Victoriæ J. Bell.

(Pl. X, fig. 2, 3, 4, 12 et 13; Pl. XI, fig. 8.)

Ophionotus Victoriæ, J. Bell (**02**), p. 216.
Ophionotus Victoriæ, Kœhler (**06**), p. 29.
Ophionotus Victoriæ, J. Bell (**06**), p. 13.

N° 3. — 24 décembre 1908. 62° 55′ S., 62° 55′ W. Port Foster, île Déception. Profondeur : 35 mètres. Roche, vase et sable. Plusieurs échantillons. Le diamètre du disque varie entre 12 et 25 millimètres.

N° 88. — Dragage V. — 29 décembre 1908. Chenal Peltier, entre l'ilot Gœtschy et l'île Doumer. Profondeur : 92 mètres. Vase grise et gravier. Quatorze échantillons. Le diamètre du disque varie entre 12 et 25 millimètres.

N° 133. — Dragage VI. — 15 janvier 1909. 67° 43′ S., 70° 45′ 42″ W. Entrée de la baie Marguerite, entre l'île Jenny et l'île Adélaïde. Profondeur : 254 mètres. Roche et gravier. Un échantillon. Diamètre du disque : 15 millimètres.

N° 248. — Dragage VIII. — 20 janvier 1909. Baie Marguerite. Profondeur : 200 mètres. Roche, gravier et vase. Deux jeunes échantillons. Diamètre du disque : 10 millimètres.

N° 585. — Dragage XIII. — 17 novembre 1909. Côte Nord-Est de l'île Petermann. Profondeur : 40 à 70 mètres. Vase et petits cailloux. Trois échantillons très jeunes. Le diamètre du disque mesure respectivement 6, 5 et 3 millimètres.

N° 603. — Dragage XIV. — 18 novembre 1909. Côte Nord-Est de l'île Petermann. Profondeur : 40 à 80 mètres. Roche et cailloux. Un échantillon. Diamètre du disque : 10 millimètres.

N°ˢ 687, 688 et 700. — Dragage XVI. — 9 décembre 1909. Ile Déception, au milieu de Port Foster. Profondeur : 150 mètres. Vase. Plusieurs échantillons. Le diamètre du disque varie de 10 à 38 millimètres ; dans la plupart des exemplaires, il est compris entre 20 et 25 millimètres, et, chez quelques-uns seulement, ce diamètre atteint 32 à 38 millimètres.

N° 714. — Dragage XVII. — 26 décembre 1909. 62° 12' S., 60° 55' W. Milieu de la baie de l'Amirauté, île du Roi George (Shetland du Sud). Profondeur : 420 mètres. Vase et cailloux. Huit échantillons. Le diamètre du disque est compris entre 14 et 26 millimètres.

N° 759. — Dragage XVIII. — 27 décembre 1909. Anse Ouest de la baie de l'Amirauté, île du Roi George. Profondeur : 75 mètres. Vase grise et cailloux. Dix échantillons de très grande taille, chez lesquels le diamètre du disque est compris entre 36 et 44 millimètres.

N° 762. — Dragage XVIII. — Huit échantillons plus petits ; diamètre du disque : 14 à 26 millimètres.

L'*Ophionotus Victoriæ* compte parmi les plus grandes espèces connues. Dans les types étudiés par J. Bell, le diamètre du disque variait entre 24 et 30 millimètres ; on voit, par les chiffres que je donne ci-dessus, que ce diamètre peut atteindre de plus grandes dimensions : les exemplaires chez lesquels le diamètre du disque dépasse 30 millimètres sont assez fréquents dans la collection du Dʳ Charcot, et ce diamètre peut atteindre jusqu'à 44 millimètres. La longueur des bras n'est pas en rapport avec ces grandes dimensions du disque, et elle n'atteint guère que 11 à 12 centimètres dans les plus grands exemplaires, chez lesquels le diamètre du disque varie entre 40 et 44 millimètres. Dans l'individu que j'ai représenté Pl. X, fig. 2 et 13, et chez lequel le diamètre du disque est de 35 millimètres, les bras ont environ 10 centimètres de longueur.

Bell n'a publié qu'une très courte diagnose en quelques lignes de cette intéressante Ophiure ; il me paraît utile d'en donner une description détaillée.

Je décrirai surtout l'espèce d'après l'exemplaire représenté Pl. X. fig. 2 et 13, qui est d'assez grande taille, mais qui n'arrive cependant pas aux dimensions maxima que peut atteindre l'*O. Victoriæ*.

Le disque est arrondi et épais; les bords ne sont nullement amincis, mais la limite entre le bord de la face dorsale du disque et les côtés est en général indiquée par une ligne assez nette. La face dorsale est tantôt plane, tantôt plus ou moins convexe, et elle se laisse déprimer facilement. Les contours des plaques sont à peine visibles dans les exemplaires en alcool, et ils sont cachés par le tégument; pour les apercevoir, il est nécessaire de dessécher les échantillons. On reconnaît alors les plaques, qui sont extrêmement nombreuses, petites et fines, et leurs dimensions, par rapport au diamètre du disque, sont d'autant plus réduites qu'on examine des individus plus âgés. Elles sont particulièrement petites dans la région centrale du disque, et elles deviennent un peu plus grandes en dehors de cette région. Ces plaques sont, en général, irrégulièrement arrondies ou polygonales; elles restent toujours inégales, et souvent on voit des plaques un peu plus petites se réunir autour de plaques un peu plus grandes, qui se distinguent également des premières par une coloration un peu plus foncée. Dans les exemplaires dont le diamètre du disque mesure 30 à 35 millimètres, on peut encore reconnaître, vers la périphérie du disque et au milieu de chaque espace interradial, une plaque arrondie ou ovalaire, un peu plus grande que les autres et mesurant 1^{mm},5 de diamètre, tandis que les plus grandes plaques de la périphérie du disque n'atteignent pas 1 millimètre de largeur. Sur les plus grands exemplaires, les dimensions des plaques périphériques tendent à s'uniformiser davantage, et il devient impossible de distinguer la plaque interradiale signalée plus haut. Quant aux boucliers radiaux, ils sont complètement indistincts.

Les plaques extrêmement fines qui recouvrent la face dorsale du disque s'arrêtent nettement au bord de celui-ci, et elles sont suivies par des plaques un peu plus grandes et plus fortes qui recouvrent les côtés du disque et passent ensuite à la face ventrale. Sur cette dernière, les plaques sont relativement grandes, quoique toujours très nombreuses; elles sont élargies transversalement, assez inégales et imbriquées. Les fentes

génitales, étroites, sont très allongées, et elles s'étendent jusqu'au bord
du disque ; elles offrent, sur leur bord interradial, une rangée de papilles
extrêmement fines et courtes, qui contournent l'extrémité distale de la
fente et se prolongent ensuite quelque peu le long de son bord radial, sur
les côtés des bras. Dans les très grands exemplaires, les fentes génitales
n'atteignent même pas tout à fait le bord du disque. Ces fentes sont en
général très étroites. Je n'ai jamais observé de jeunes dans les bourses
génitales, et je ne crois pas que l'*O. Victoriæ* soit vivipare. Les parois des
bourses renferment de petites plaques calcaires perforées, à contours
irréguliers.

La forme des boucliers buccaux est un peu variable : ils sont à peu près
aussi longs que larges, pentagonaux, avec un angle proximal obtus ; les
bords latéraux sont plus ou moins échancrés par le fond des fentes génitales, et le côté distal est arrondi et étroit. Tantôt les bords latéraux sont
presque parallèles, tantôt ils convergent plus ou moins fortement l'un
vers l'autre ; d'autre part, l'échancrure formée par les fentes génitales est
plus ou moins marquée, et enfin la partie proximale du bouclier est plus
ou moins élargie. Les plaques adorales sont extrêmement étroites,
très allongées, à bords légèrement incurvés ; elles s'élargissent en dehors
pour séparer le bouclier buccal de la première plaque brachiale latérale.
Les plaques orales sont plutôt petites, un peu allongées et triangulaires.
Les papilles buccales sont nombreuses et disposées sur plusieurs rangs :
elles sont fines et coniques, et elles deviennent plus fortes à l'extrémité
des plaques orales.

La face dorsale des bras est recouverte, à la base, d'un nombre considérable de plaques extrêmement petites, qui se continuent avec celles
de la périphérie du disque ; mais elles se distinguent cependant de ces
dernières parce qu'elles sont élargies transversalement. Il est impossible
de distinguer, au moins dans la plupart des exemplaires de grandes et de
moyennes dimensions, les premières plaques brachiales dorsales au milieu de toutes ces petites plaques dont la forme et la taille sont uniformes.
Mais, après une longueur qui varie entre 1 et 3 millimètres, les plaques
dorsales deviennent distinctes, et elles apparaissent alors avec un contour
irrégulièrement hexagonal ; elles sont à peu près aussi longues que larges.

Dans certains cas, les plaques ainsi formées s'élargissent d'abord lentement sur une longueur de 3 ou 4 millimètres ; elles s'élargissent ensuite plus rapidement, et elles finissent par occuper la plus grande partie de la face dorsale des bras, ne laissant qu'un très petit espace couvert par les plaques latérales. Elles sont alors quadrangulaires, un peu plus larges que longues, avec un bord distal large, légèrement ondulé, et offrant souvent en son milieu un très petit lobe ; le côté proximal est un peu plus étroit, et les bords latéraux sont légèrement divergents. A mesure qu'on se rapproche de l'extrémité du bras, les plaques deviennent aussi longues que larges, et finalement un peu plus longues que larges.

Mais cette disposition régulière n'est pas la plus fréquente. En effet, sur différents points de la longueur des bras, les plaques brachiales dorsales subissent des morcellements qui troublent leur arrangement primitif. Tantôt les plaques sont réduites en nombreux petits fragments, qui ne sont pas plus gros que les petites plaques latérales voisines ; tantôt une portion plus ou moins considérable et de forme variable reste indivise, tandis que le reste de la plaque est divisé en très petits fragments ; enfin la plaque peut être divisée en deux moitiés par un sillon transversal ou longitudinal, ou encore en quatre parties égales ou inégales par deux sillons en croix. Ces morcellements peuvent s'observer une ou plusieurs fois sur la longueur d'un même bras. J'ajouterai qu'il n'est pas rare de trouver des bras en voie de régénération : on constate alors (Pl. XI, fig. 8) que la partie régénérée débute constamment par une région plus ou moins longue, dans laquelle les plaques dorsales sont toujours morcelées et non distinctes des plaques latérales, quelle que soit leur forme sur le bout proximal : ces plaques reprennent ainsi les caractères qu'elles offraient au commencement du bras. C'est un cas de régénération hypotypique.

Des irrégularités analogues s'observent sur les plaques latérales. A la base des bras, celles-ci sont complètement indistinctes les unes des autres, et elles sont représentées par un nombre considérable de plaques extrêmement petites ; puis les dimensions de ces dernières augmentent progressivement, mais sur la plus grande partie de la longueur des bras, et, bien au delà du point où les plaques dorsales sont nettement diffé-renciées, les plaques latérales restent encore morcelées. Cependant, quel que soit le nombre de ces fragments, on remarque toujours que l'un d'eux est beaucoup plus grand que les autres, et il porte les trois piquants; puis le nombre des petits fragments diminue progressivement, et ceux-ci disparaissent finalement, de telle sorte que, dans le dernier tiers du bras environ, à chaque plaque dorsale correspond, de chaque côté, une plaque latérale unique. Les trois piquants brachiaux sont contigus sur le côté du bras : le piquant dorsal est aplati, lancéolé, pointu, assez large, et sa longueur dépasse un peu celle de l'article; les deux piquants inférieurs sont subégaux, de même longueur que l'article, et de forme plutôt cylindrique, avec l'extrémité pointue.

La première plaque brachiale ventrale est assez petite, triangulaire ou losangique, beaucoup plus large que longue. La deuxième est triangulaire, plus large que longue, avec un angle proximal aigu, des angles latéraux arrondis et un bord distal presque droit. Les plaques suivantes deviennent très courtes, tandis que leur largeur augmente considérablement et arrive à dépasser quatre fois la longueur : ces plaques offrent encore un angle proximal assez aigu; mais celui-ci devient de plus en plus obtus; le côté distal est légèrement convexe. Toutes ces plaques sont séparées à partir de la première.

Les pores tentaculaires de la première paire, qui s'ouvrent dans la bouche, portent, sur leur bord externe ou interradial, quatre à cinq écailles arrondies et aplaties qui font suite aux écailles buccales : ces chiffres se rapportent à des exemplaires de grande taille, et ils sont naturellement moins élevés sur les petits individus. Les pores suivants, jusqu'aux huitièmes, portent encore trois ou quatre écailles sur chaque bord, et deux ou trois seulement au delà; ensuite ces écailles se réduisent beaucoup sur le bord distal, et elles finissent par disparaître : il ne reste plus alors que deux écailles proximales un peu allongées et ovalaires; enfin l'une de ces écailles disparaît à son tour rapidement, et l'on n'observe plus qu'une seule écaille, qui reste dès lors unique sur toute la longueur des bras.

Je suis surpris que Bell mentionne et représente deux écailles tentaculaires : ce chiffre n'existe, en effet, que sur une partie assez courte au delà de laquelle il ne reste plus qu'une seule écaille tentaculaire.

La coloration des échantillons vivants paraît assez variable, tout en restant dans les tons lie de vin, bruns ou rouge brique.

Voici les couleurs notées dans les différentes stations :

N° 88. — Disque et bras violet brunâtre ou brun rougeâtre.

N° 133. — Disque et bras lie de vin avec taches plus sombres.

N° 248. — Disque et bras gris violacé.

N° 585. — Disque gris jaunâtre, bras lie de vin clair, face ventrale rose très pâle.

N° 603. — Disque gris brunâtre, bras brun violacé, face ventrale jaune rosé.

N° 687. — Couleur du disque et des bras variant du brun marron au brun violacé et au violet brunâtre.

N° 688. — Couleur du disque et des bras rouge brique.

N° 700. — Face dorsale du disque et des bras d'un gris légèrement violacé ; face ventrale rose saumon pâle sur le disque et blanc jaunâtre sur les bras.

N° 714. — Face dorsale du disque et des bras rouge brique légèrement orangé ; face ventrale rose sur le disque et saumon sur les bras.

N° 759. — Grande diversité de couleurs : toutes les teintes du rouge brique brunâtre au brique violacé.

N° 762. — Brun grisâtre.

Les échantillons dans l'alcool sont d'un gris plus ou moins foncé avec la face ventrale plus claire.

L'étude des exemplaires jeunes est très intéressante, car certains caractères de l'adulte ne sont pas encore acquis. Dans les individus chez lesquels le diamètre ne dépasse pas 8 ou 9 millimètres (Pl. X, fig. 4), les plaques dorsales du disque sont relativement peu nombreuses, et elles présentent une disposition assez régulière, qui disparaîtra complètement chez l'adulte. On distingue, en effet, une assez grande centro-dorsale autour de laquelle se montrent quelques cercles de plaques de différentes dimensions. On peut voir également, dans les espaces radiaux et interradiaux, quelques plaques beaucoup plus grandes que les voisines ; l'une d'elles, placée vers la périphérie du disque, au milieu des

espaces interradiaux, est toujours très apparente. Autour de ces plaques
principales, les autres, notablement plus petites, se disposent en
cercles plus ou moins réguliers. On peut aussi distinguer, à la base de
chaque bras, de petits boucliers radiaux très largement écartés l'un de
l'autre et séparés par un intervalle au moins aussi grand que la largeur
du bras. Ces boucliers sont ovalaires et deux fois plus longs que larges.
Les boucliers buccaux sont un peu plus longs que larges. Les fentes génitales se continuent de chaque côté de la base des bras, et elles atteignent
le bord dorsal du disque ; la rangée de papilles qui en garnit l'extrémité
distale, et qui passe, comme nous l'avons vu plus haut, du bord interradial au bord radial de la fente, devient alors visible quand on regarde
l'Ophiure par la face dorsale : ces papilles sont d'autant plus apparentes
qu'elles sont comparativement plus développées chez les jeunes que
chez les adultes. Les plaques brachiales dorsales sont distinctes dès
la base des bras, et, en principe, elles ne sont pas morcelées ; mais les
plaques latérales se montrent déjà divisées en plusieurs fragments chacune.

Dans des exemplaires plus jeunes encore, chez lesquels le diamètre du
disque mesure 5 à 6 millimètres, comme dans les deux plus grands individus du n° 585, les plaques latérales sont déjà morcelées ; les plaques
de la face dorsale du disque n'ont pas une disposition très différente de
celle que j'ai indiquée dans les exemplaires un peu plus gros : les boucliers radiaux sont seulement un peu plus grands ; quant aux boucliers
buccaux, ils sont notablement plus longs que larges. Dans le plus petit
individu du n° 585, chez lequel le diamètre du disque ne dépasse pas
3 millimètres, les plaques de la face dorsale du disque sont peu nombreuses, et la centro-dorsale est très grande ; les espaces interradiaux
présentent trois plaques principales successives, et les espaces radiaux
renferment une grande plaque. Les boucliers radiaux sont grands, triangulaires avec les angles arrondis, à peu près aussi longs que larges, assez
rapprochés l'un de l'autre dans chaque paire, et les peignes radiaux sont
bien développés. Les plaques brachiales latérales sont entières, et les
boucliers buccaux sont beaucoup plus longs que larges. J'ai représenté
ce très jeune exemplaire Pl. X, fig. 3 et 12.

A mesure que les individus grandissent, les plaques dorsales du disque deviennent beaucoup plus petites, plus nombreuses, et leurs dimensions tendent à s'uniformiser ; les plaques brachiales dorsales se morcellent, tandis que les plaques latérales deviennent également plus nombreuses; l'extrémité distale des fentes génitales cesse d'être visible par la face dorsale, et les individus prennent les caractères de l'adulte que nous connaissons. Dans des exemplaires chez lesquels le diamètre du disque mesure 15 millimètres, les plaques dorsales du disque sont déjà très nombreuses et très petites. Exceptionnellement, l'un des exemplaires du n° 133, chez lequel le diamètre du disque est de 15 millimètres, la disposition des plaques est comparable à celle de l'exemplaire dont le diamètre ne dépasse pas 9 millimètres et qui est représenté Pl. X, fig. 4, et les plaques brachiales ont également les mêmes dispositions : cet individu est le seul de cette taille chez lequel j'ai observé la persistance de ces caractères de jeunesse.

Dans une note que j'ai publiée récemment sur les Échinodermes de Kerguelen (11 *bis*, p. 29), j'ai signalé la grande analogie de structure que je remarquais entre l'*Ophionotus Victoriæ* et l'*Ophioglypha hexactis* Smith. Les plaques brachiales dorsales et latérales offrent, en effet, des dispositions identiques dans les deux espèces ; les plaques latérales sont morcelées sur une certaine partie de la longueur des bras, et les premières plaques brachiales dorsales sont fort peu développées chez l'*O. hexactis*. J'observe également que ces dernières plaques peuvent se fragmenter à leur tour en différents points de la longueur des bras. Toutefois, le morcellement des plaques brachiales latérales ne se continue pas aussi loin chez l'*O. hexactis* que chez l'*O. Victoriæ*, dont la taille peut être d'ailleurs beaucoup plus grande.

Smith indique, comme diamètre du disque de l'*O. hexactis*, 21 millimètres ; chez les individus que j'ai étudiés, ce diamètre est à peu près le même et varie entre 19 et 21 millimètres. Il est assez vraisemblable que ces dimensions se rapportent à des individus adultes, d'autant plus qu'il existe des jeunes dans les bourses génitales ; on peut donc supposer que l'*O. hexactis* n'atteint pas les dimensions considérables de l'*O. Victoriæ* : c'est du moins ce qui arrive chez les individus de Kerguelen qui ne dépassent pas la taille indiquée plus haut, tandis que les exemplaires de la Géorgie du Sud sont plus gros, et le diamètre du disque atteint chez eux, d'après Studer, 30 millimètres. La face dorsale du disque de l'*O. hexactis* (Pl. XII, fig. 1) est couverte de plaques très fines, irrégulièrement polygonales, subégales, et qui sont un peu plus grosses que chez des *O. Victoriæ* de même taille ; de plus les boucliers radiaux sont bien distincts, quoique d'assez petites dimensions : ils sont ovalaires et ils mesurent environ 1^{mm},7 sur 1 millimètre. Ces boucliers sont largement séparés l'un de l'autre : cependant ils sont relativement moins écartés que dans les exemplaires d'*O. Victoriæ* où ils sont encore visibles.

J'observe, le long des fentes génitales des *O. hexactis* adultes, une disposition des papilles identique à celle que j'ai indiquée plus haut chez les jeunes *O. Victoriæ*, c'est-à-dire que l'extrémité proximale se prolonge sur le côté des bras et peut être aperçue quand on regarde l'Ophiure par la face dorsale. Les papilles, très fines, qui garnissent le bord interradial de la fente, deviennent un peu plus fortes vers l'extrémité de celle-ci, et elles la contournent pour se prolonger sur son bord radial. Les boucliers buccaux offrent un lobe externe qui proémine plus ou moins fortement dans l'espace interradial. Les plaques brachiales ventrales sont plus longues que chez l'*O. Victoriæ*, tout en restant toujours beaucoup plus larges que longues.

Dans un exemplaire chez lequel le diamètre du disque est de 11 millimètres seulement, les plaques dorsales du disque sont un peu plus grosses et plus proéminentes que chez l'adulte; ce n'est qu'à la base des bras, et sur les quatre ou cinq premiers articles, que les plaques latérales sont morcelées, et les fragments sont d'ailleurs peu nombreux. Les fentes génitales sont visibles par la face dorsale, de chaque côté des bras comme chez l'adulte. J'ai représenté la face dorsale de cet individu (Pl. XII, fig. 3).

On voit, par ces quelques remarques, que l'*Ophioglypha hexactis* est très voisine de l'*Ophionotus Victoriæ* et présente les mêmes structures caractéristiques que cette dernière. Il me paraît donc nécessaire de l'enlever au genre *Ophioglypha* pour la placer dans le genre *Ophionotus*.

D'autre part, à la diagnose très courte et insuffisante de ce dernier genre donnée par J. Bell je propose de substituer la diagnose suivante :

Le genre *Ophionotus* est voisin du genre *Ophioglypha*, dont il diffère surtout par le morcellement des plaques brachiales latérales sur une plus ou moins grande partie de la longueur des bras. Les plaques brachiales dorsales, dont les premières sont très peu développées, peuvent également subir un morcellement analogue. La face dorsale du disque est couverte de plaques très petites. Les fentes génitales se continuent plus ou moins loin vers la périphérie du disque ; leur bord interradial offre, sur toute sa longueur, une rangée de petites papilles qui contournent l'extrémité proximale de la fente et se continuent sur une certaine longueur de son bord radial. Les plaques brachiales ventrales sont très larges et indivises. Les pièces buccales et les pores tentaculaires sont disposés comme dans le genre *Ophioglypha*.

Les fentes génitales peuvent se prolonger sur les côtés des bras, et leur extrémité distale, garnie de papilles, est alors visible par la face dorsale ; mais ce caractère n'a pas grande importance, car il est lié à l'âge et à la taille des individus.

Le genre *Ophionotus*, ainsi compris, renferme deux espèces antarctiques, dont les caractères distinctifs peuvent être résumés de la manière suivante :

Ophionotus Victoriæ Bell. — Les bras sont au nombre de cinq. Chez l'adulte, les plaques dorsales du disque sont extrêmement fines, et les boucliers radiaux sont indistincts ; les boucliers buccaux sont à peu près aussi longs que larges, et ils ne forment pas de lobe saillant dans l'espace interradial ; les fentes génitales n'atteignent plus le bord dorsal du disque dans les exemplaires de grandes ou de moyennes dimensions ; les plaques brachiales ventrales sont excessivement courtes ; la taille peut être très considérable, et le diamètre du disque atteint jusqu'à 14 millimètres. L'espèce paraît ovipare.

L'*O. Victoriæ* est exactement antarctique et n'a pas été rencontrée jusqu'ici au-dessus de 62° Sud. Elle doit avoir une aire de répartition très vaste, puisqu'elle a été découverte au cap Adare, c'est-à-dire dans des parages fort éloignés de ceux où le Dr Charcot l'a retrouvée.

Ophionotus hexactis (Smith). — Les bras sont au nombre de six. Chez l'adulte, la face dorsale du disque est recouverte de petites plaques, mais les boucliers radiaux sont toujours distincts ; les fentes génitales atteignent le bord dorsal du disque ; les boucliers buccaux offrent un lobe médian plus ou moins saillant dans l'espace interradial ; le morcellement des plaques brachiales latérales ne se prolonge pas très loin sur les bras, et ce morcellement se produit chez des individus plus âgés que chez l'*O. Victoriæ*, car il est encore peu marqué sur un exemplaire dont le disque a 11 millimètres de diamètre ; les plaques brachiales ventrales ont toujours une certaine longueur. Chez les plus grands exemplaires de Kerguelen, le diamètre du disque ne paraît guère dépasser 21 à 22 millimètres, tandis qu'il atteint 30 millimètres chez ceux de la Géorgie du Sud. L'espèce est vivipare, et les jeunes se développent dans les bourses génitales ; elle est connue dans les parages des îles de Kerguelen et à la Géorgie du Sud.

Ophioperla nov. gen.

Le genre *Ophioperla* rappelle le genre *Ophioglypha*, mais la face dorsale est uniformément recouverte de granules fins et serrés, qui cachent complètement les plaques sous-jacentes, y compris les boucliers radiaux, lesquels sont absolument invisibles ; ces granules disparaissent sur la face ventrale, dont les plaques sont tout à fait nues, sauf vers la périphérie, où les granules sont en voie de disparition ; les plaques de la face ventrale sont petites, inégales et assez nombreuses. Les autres caractères sont conformes à ceux du genre *Ophioglypha* : notamment il existe un peigne radial formé, à la base des bras et sur la face dorsale du disque, par quelques papilles allongées, très fortes et aplaties, qui se continuent en diminuant très rapidement de taille le long des fentes génitales. Les piquants brachiaux, dans la seule espèce connue, sont aplatis, lancéolés et au nombre de trois ; leur longueur est égale à celle de l'article. Les écailles tentaculaires sont particulièrement développées sur le bord proximal des pores tentaculaires ; elles sont au nombre de cinq à six à la base des bras, et ces chiffres se maintiennent sur une bonne partie de la longueur des bras. Les fentes génitales sont très développées, et elles s'étendent depuis la périphérie du disque jusqu'au milieu des boucliers buccaux.

Le genre *Ophioperla* rappelle les *Ophioglypha* par son organisation générale ; mais il s'en écarte par les caractères de la face dorsale du disque. qui sont très particuliers et se rapprochent plutôt de ce que l'on connait dans le genre *Ophioderma*, tandis que les papilles radiales atteignent. à la base des bras, un développement inconnu dans le genre *Ophioglypha*.

Ophioperla Ludwigi nov. sp.

(Pl. X, fig. 1, 5, 6 et 7.)

N° 715. — Dragage XV. — 26 novembre 1900. 64° 49′ 35″ S., 65° 49′ 18″ W. Chenal de Roosen, devant Port Lockroy. Profondeur : 70 mètres. Vase et cailloux. Trois échantillons.

N° 772. — Dragage XVIII. — 27 décembre 1909. Anse Ouest de la baie de l'Amirauté, île du Roi George. Profondeur : 75 mètres. Vase grise et cailloux. Deux échantillons.

Le diamètre du disque varie entre 15 et 19 millimètres ; les bras paraissent courts, et aucun d'eux n'est complet. Dans le petit échantillon portant le n° 772, et chez lequel le diamètre du disque est égal à 15 millimètres, l'un des bras, qui est conservé sur presque toute sa longueur, n'a pas plus de 26 millimètres. Dans l'échantillon n° 716, chez lequel le diamètre du disque est égal à 16 millimètres, l'un des bras, qui est aussi conservé sur presque toute sa longueur, atteint 30 millimètres. D'une manière générale, les échantillons ne sont pas en parfait état de conservation.

Le disque est pentagonal et très épais ; la face dorsale est plane, et la face ventrale est légèrement convexe ; les bords sont arrondis. Les bras sont courts, épais et forts, avec la face dorsale arrondie ; ils mesurent 4 millimètres de largeur à leur base dans le plus grand échantillon.

La face dorsale du disque est uniformément couverte de granules arrondis, très fins et très serrés, qui cachent absolument les plaques sous-jacentes ; ces granules deviennent un peu plus grossiers vers la périphérie du disque. Les boucliers radiaux sont également recouverts par ces granules sous lesquels ils disparaissent ; toutefois il reste à la périphérie de chaque bouclier une bande très mince qui n'est pas recouverte par les

granules. Les papilles du peigne radial s'étendent, sans solution de conti-
nuité, d'un côté à l'autre à la base de chaque bras. Les premières papilles
de chaque côté sont très développées, et leur longueur dépasse $2^{mm},5$:
elles sont cylindriques ou légèrement aplaties avec l'extrémité arrondie.
A leur suite, on observe de chaque côté cinq ou six papilles analogues,
quoique plus courtes, et qui sont placées sur le côté dorsal du disque ;
mais, dès qu'elles passent aux faces latérales, les papilles se raccourcissent
très rapidement, et, en arrivant sur la face ventrale, elles se réduisent, le
long de la fente génitale, à de petits granules pointus, coniques, à peine
plus hauts que larges, qui se continuent jusqu'au bord du disque.

La face ventrale du disque offre, en dehors des boucliers buccaux, des
plaques arrondies plus longues que larges et légèrement imbriquées ;
vers la périphérie du disque, ces plaques portent encore quelques
granules identiques à ceux de la face dorsale ; mais, en principe, toute
cette face ventrale est nue. Les fentes génitales sont bien développées, et
elles s'étendent depuis le bord du disque jusqu'au milieu des boucliers
buccaux, qui sont légèrement échancrés au niveau du fond des fentes.

Les boucliers buccaux sont de grosseur moyenne, plutôt même un peu
petits : ils sont pentagonaux avec un angle proximal obtus limité par deux
côtés droits et un bord distal convexe se reliant par des angles arrondis
aux bords latéraux, qui sont plus ou moins excavés par le fond des fentes
génitales. Les plaques adorales sont très allongées, quatre fois plus longues
que larges, avec les côtés parallèles ; leur bord proximal est légèrement
échancré dans sa partie externe par les pores tentaculaires buccaux, et
elles forment, en dehors, un lobe arrondi séparant le bouclier buccal de la
première plaque brachiale latérale. Les plaques orales sont un peu plus
larges, mais sensiblement plus courtes que les adorales, et elles sont
limitées en dehors par les gros pores tentaculaires buccaux de la deuxième
paire. Les papilles buccales sont petites, peu développées, et elles ne
s'étendent pas sur toute la longueur des bords libres des plaques orales :
elles sont coniques et fines, et leur taille augmente à mesure qu'on se
rapproche de l'extrémité proximale des plaques orales. La papille impaire
n'est pas plus grande que les voisines.

Les plaques brachiales dorsales sont de grande taille. Les premières sont très larges, beaucoup plus larges que longues, avec un côté proximal légèrement concave plus court que le côté distal, qui est large et convexe : les bords latéraux sont divergents. Ces plaques deviennent ensuite aussi longues que larges, puis, vers l'extrémité des bras, elles finissent par être un peu plus longues que larges, en même temps que le bord distal prend une forme très convexe.

La première plaque brachiale ventrale est grande, élargie transversalement et plus large que longue : elle offre un contour hexagonal avec un bord proximal étroit et échancré en son milieu ; le bord distal est plus large, droit ou très légèrement concave ; les bords latéraux sont formés de chaque côté par deux très petits côtés faisant ensemble un angle obtus. Les plaques suivantes sont très grandes, quadrangulaires, plus larges que longues, avec un bord proximal assez étroit, des bords latéraux divergents et un côté distal convexe, rejoignant par des parties arrondies les bords latéraux. Puis le côté proximal devient de plus en plus court, et, au delà du disque, il finit par disparaître ; les plaques sont alors triangulaires avec un angle proximal assez pointu, un côté distal convexe et des bords latéraux légèrement arrondis s'unissant au côté distal par des angles aigus. Dans la partie moyenne des bras, ce bord distal offre en son milieu un petit lobe plus ou moins marqué, qui disparaît ensuite : les plaques prennent alors une forme demi-circulaire. Au delà de la huitième, elles cessent d'être contiguës.

Les plaques latérales sont très hautes ; elles portent, dans leur moitié supérieure, chacune trois piquants assez longs, égaux, aplatis, lancéolés, et dont la longueur égale celle de l'article. Ces piquants se continuent sur toute la longueur des bras. La moitié inférieure de la plaque porte les nombreuses écailles développées sur le bord proximal de chaque pore tentaculaire.

Les pores tentaculaires sont très développés. Ceux de la première paire s'ouvrent dans les fentes buccales ; ils offrent, sur leur bord proximal ou externe, une demi-douzaine de papilles basses et égales, et, sur leur bord distal ou interne, quatre à cinq papilles plus allongées que les précédentes. Sur les pores de la deuxième paire, les papilles proximales et externes s'allongent, tandis que les papilles du bord opposé se raccourcissent sans que le nombre des papilles se modifie. Sur les pores de la troisième paire, les papilles proximales s'allongent encore, et leur nombre peut arriver au chiffre huit sur les plus grands exemplaires, tandis que les papilles distales ne forment plus qu'une bordure peu importante renfermant trois ou quatre papilles très basses. La même disposition se retrouve sur les pores de la quatrième paire, avec réduction plus marquée des papilles distales. Enfin, sur les pores suivants, les papilles proximales seules persistent : elles restent toujours très allongées, et leur nombre se maintient à six ou à cinq sur une bonne partie de la longueur des bras; ce n'est que vers l'extrémité qu'on voit ce chiffre tomber à quatre ou à trois seulement.

Chez les individus vivants, la face dorsale du disque et des bras était rouge brique légèrement orangé; la face ventrale était d'une couleur rose sur le disque et saumon sur les bras. Les spécimens en alcool sont uniformément grisâtres.

Je dédie cette espèce à M. le P⁏ H. Ludwig (de Bonn), auteur de nombreux travaux si estimés sur les Échinodermes.

Ophiocten dubium Kœhler.

Ophiocten dubium, Kœhler (04), p. 30.

Nº 244. — Dragage VIII. — 20 janvier 1909. Baie Marguerite. Profondeur : 200 mètres. Roche, gravier et sable. Deux échantillons.

Le diamètre du disque mesure respectivement 9 millimètres et 9^{mm},5; les bras ont environ 35 millimètres de longueur, mais aucun d'eux n'est complet.

Ces exemplaires rappellent beaucoup le plus grand individu recueilli par la « Belgica », lequel était un peu plus petit. Les quelques différences que je relève tiennent sans doute à la différence de taille.

Sur l'un des exemplaires, on distingue une très grande plaque centrodorsale arrondie, et les cinq plaques radiales primaires ont une disposition assez régulière ; les boucliers radiaux restent tous contigus dans leur région externe. Sur le deuxième individu, la disposition de la rosette primaire est irrégulière, et, entre la centro-dorsale et les radiales primaires, se trouve un cercle intercalaire de plaques plus petites : les boucliers radiaux sont plus écartés que dans le premier individu : ils sont généralement séparés par un rang de petites plaques, et, dans l'une des paires, les deux boucliers sont largement écartés. Dans les deux individus, les contours des petites plaques qui séparent les grandes plaques de la face dorsale du disque sont bien distincts, et chacune d'elles porte un petit granule pointu et conique, qui, vers la périphérie, s'allonge en un piquant très net. Les boucliers buccaux sont plus larges que sur mon type. Les plaques brachiales ventrales deviennent aussi longues que larges au delà du disque, et elles prennent une forme pentagonale. Enfin les écailles tentaculaires sont un peu plus développées, et les pores de la troisième à la sixième paire offrent chacun deux écailles sur leur bord proximal.

Toutes ces différences sont peu importantes, et les deux échantillons recueillis par l'Expédition Charcot appartiennent bien à la même espèce que ceux de la « Belgica ». Ils proviennent d'ailleurs d'une région très voisine de celle où le type a été rencontré (70° S. et 85°-94° W. ; profondeur, 300 à 600 mètres).

Chez les individus vivants, le disque était d'un beau rouge avec des taches grises et les bras étaient rouges ; cette coloration a complètement disparu dans l'alcool.

Ophiocten megaloplax Kœhler.

Ophiocten megaloplax, Kœhler (01), p. 22.

N° 130. — Dragage VI. — 15 janvier 1909. 67°43′S., 70°45′42″ W. Entrée de la baie Marguerite, entre l'île Jenny et l'île Adélaïde. Profondeur : 254 mètres. Roche et gravier. Deux échantillons.

N° 247. — Dragage VIII. — 20 janvier 1909. Baie Marguerite. Profondeur : 200 mètres. Roche, gravier et sable. Quelques échantillons.

Tous ces individus sont de petite taille, et le diamètre du disque varie entre 3ᵐᵐ,5 et 5 millimètres. Chez les individus recueillis par la « Belgica » d'après lesquels j'ai établi l'espèce, le diamètre du disque mesurait, dans deux exemplaires, respectivement 7 et 11 millimètres, et les autres étaient beaucoup plus petits.

Les Ophiures recueillies par le « Pourquoi Pas? » sont bien conformes au type. La plaque centro-dorsale est énorme ; elle affecte toujours une position plus ou moins excentrique sur les petits individus, tandis qu'elle tend à occuper exactement la région centrale lorsque la taille augmente, et elle est entourée d'un rang de plaques plus petites qu'elle, mais qui restent encore très grandes : le nombre de ces plaques est variable, mais il est toujours supérieur à cinq, et on ne reconnaît ordinairement pas, parmi elles, de plaques spécialement placées en face des bras et qui représenteraient des radiales primaires.

Il est incontestable que la disposition de la face dorsale du disque présente, chez l'*O. megaloplax*, un caractère embryonnaire ; Kalischewsky a publié un dessin d'une jeune *O. sericeum*, qui, par la disposition des plaques, rappelle l'*O. megaloplax* (**07**, Pl. I, fig. 14 *a*). Il est possible que, sur les grands individus, les plaques de la face dorsale prennent une disposition différente de celle que j'ai indiquée en 1901 et que je retrouve de nouveau sur les individus recueillis par l'Expédition Charcot : en effet, les caractères de la face dorsale du disque n'ont pu être étudiés que sur de jeunes individus, car ceux chez lesquels le disque mesurait 7 et 11 millimètres n'avaient pas conservé cette face intacte. Quoi qu'il en soit, la validité de l'*O. megaloplax* me paraît certaine, et cette espèce ne saurait être confondue avec aucune autre *Ophiocten* australe.

D'après les notes de couleur prises sur les échantillons vivants, le disque était lie de vin, et les bras roses avec des taches lie de vin sur les côtés dans les exemplaires du n° 130 ; ceux du n° 247 avaient le disque violet foncé et les bras annelés de rose et de blanc.

Le type de la « Belgica » avait été recueilli par 70°30'S. et 94°42'W., à une profondeur de 350 mètres, dans une région assez rapprochée de celle où le « Pourquoi Pas? » a retrouvé l'espèce.

Amphiura Joubini nov. sp.
(Pl. XI. fig. 9 et 13.)

N° 241. — Dragage VIII. — 20 janvier 1909. Baie Marguerite. Profondeur : 200 mètres. Roche, gravier et sable. Un échantillon.

Le diamètre du disque est de 12 millimètres environ : les bras sont extrêmement longs, et ils dépassent 10 centimètres : ils sont plus ou moins circonvolutionnés.

Le disque est arrondi, légèrement échancré dans les espaces interradiaux. La face dorsale est couverte de plaques extrêmement petites, fines et imbriquées, qui ne sont un peu plus grandes qu'au voisinage des boucliers radiaux seulement ; dans les espaces interradiaux, elles deviennent au contraire encore plus petites, à mesure qu'on se rapproche de la périphérie du disque. Les plaques primaires sont complètement indistinctes. Les boucliers radiaux sont très petits et très étroits, avec un bord distal à peu près droit et un angle proximal extrêmement aigu. Les boucliers de chaque paire sont divergents et séparés par plusieurs rangées de plaques, mais ils se rapprochent en dehors et ne sont plus séparés l'un de l'autre que par une seule plaque.

La face ventrale est couverte de plaques extrêmement fines qui continuent celles de la face dorsale ; mais elles deviennent un peu plus grosses dans la moitié interne des espaces interradiaux, sans atteindre toutefois les boucliers buccaux, et il reste en dehors de ces derniers un petit espace nu.

Les boucliers buccaux sont petits, triangulaires, à peu près aussi larges que longs, avec les angles et les bords arrondis ; le bord distal est convexe. Les plaques adorales sont triangulaires, très élargies en dehors, fortement amincies en dedans et à peine contiguës, ou même séparées sur la ligne interradiale médiane. Les plaques orales sont petites, une fois et demie plus longues que larges ; elles portent chacune à leur extrémité une papille courte, épaisse et arrondie : une deuxième papille se trouve vers l'extrémité interne des plaques adorales : elle est assez forte, spiniforme et pointue. Entre ces deux pa-

pilles, mais plus près de la papille interne et sur un plan supérieur,
se trouve une autre papille petite et spiniforme.

Les premières plaques brachiales dorsales sont grandes, pentagonales,
beaucoup plus larges que longues, avec un angle proximal obtus et très
arrondi, des bords latéraux étroits et un bord distal droit ou très légèrement échancré en son milieu ; les angles latéraux sont arrondis. Toutes
ces plaques sont contiguës. Dans la deuxième partie des bras, les bords
latéraux se raccourcissent progressivement, et ils finissent par dispa-
raitre ; les plaques deviennent alors triangulaires avec un angle proximal
toujours très arrondi ou même demi-circulaire et un bord distal très
fortement convexe.

La première plaque brachiale ventrale est petite, triangulaire, avec un
angle distal tronqué. Les plaques suivantes sont pentagonales avec un
angle proximal très obtus et arrondi ; leur bord distal, légèrement excavé
en son milieu, se relie par des angles arrondis aux bords latéraux, qui
sont droits ; ces plaques sont un peu plus longues que larges.

Les plaques latérales portent chacune six piquants et parfois même sept
à la base des bras ; ces piquants sont élargis à la base, et leur pointe est
émoussée. Le premier piquant ventral est un peu plus long que l'article,
et la longueur diminue légèrement jusqu'au dernier dorsal. On remarque
que les deuxièmes, troisièmes et quatrièmes piquants des articles placés
en dedans du disque se terminent chacun par une petite pointe hyaline
légèrement recourbée, qui manque toujours sur les piquants des
articles suivants.

Les écailles tentaculaires, au nombre de deux, sont très petites et
arrondies ; l'externe, portée par la plaque brachiale latérale, est un peu
plus développée que l'autre.

Chez l'animal vivant, le disque était d'un beau rouge brique, et les bras
étaient plus clairs ; l'individu en alcool est gris assez foncé. .

Rapports et différences. — L'*A. Joubini* se distingue facilement par sa
taille, par la finesse des écailles du disque qui disparaissent sur la face
ventrale au voisinage des boucliers buccaux, par le nombre des piquants
brachiaux, par la forme des plaques brachiales dorsales et par la peti-

tesse des écailles tentaculaires, de toutes les espèces antarctiques connues appartenant au groupe *Amphiura* s. str., possédant deux écailles tentaculaires.

Je dédie cette espèce à mon excellent ami M. Louis Joubin, professeur au Muséum.

Amphiura Mortenseni Kœhler.

(Pl. XII. fig. 2.)

Amphiura Mortenseni, Kœhler (08), p. 76.

N° 7. — Dragage III. — 26 décembre 1908. 64° 48′ S., 65° 51′ W. Chenal de Roosen, au Nord de l'îlot Casabianca. Profondeur : 129 mètres. Cailloux, roche, vase et grès verdâtre. Quelques échantillons.

N° 586. — Dragage XIII. — 17 novembre 1909. Côte N.-E. de l'île Petermann. Profondeur : 40 à 70 mètres. Vase et petits cailloux. Un grand échantillon.

N° 649. — Dragage XV. — 26 novembre 1909. 64° 49′ 35″ S., 65° 49′ 18″ W. Chenal de Roosen, devant Port Lockroy. Profondeur : 70 mètres. Vase et cailloux. Un petit échantillon.

Le diamètre du disque varie entre 3 et 8 millimètres ; dans l'exemplaire n° 586, qui est le plus grand, il atteint même 9 millimètres. Les plus grands individus ne sont pas absolument conformes au type, mais les différences que j'observe tiennent évidemment à l'âge des sujets : ainsi les piquants sont au nombre de cinq ; le lobe distal des boucliers buccaux est moins gros et moins apparent ; les boucliers radiaux sont plus minces et plus allongés, et ils sont quelque peu enfoncés, enfin les plaques primaires du disque sont indistinctes. Je donne ici la photographie d'un de ces grands échantillons (Pl. XII, fig. 2).

Voici les notes de couleur prises sur les animaux vivants :

N° 7. — Disque gris bleuté, bras jaune orangé.

N° 586. — Disque rouge violacé, bras rouge brique, face ventrale pâle.

N° 649. — Disque rouge brique, bras rosés.

Les individus en alcool sont blancs ou gris clair.

Le type de l'*A. Mortenseni* a été découvert par la « Scotia » aux Orcades du Sud, sous une latitude moins élevée, par conséquent, que celle où le « Pourquoi Pas? » a retrouvé l'espèce.

Amphiura peregrinator nov. sp.
(Pl. XI, fig. 5, 11 et 12.)

N° 650. — Dragage XV. — 26 novembre 1909. 64° 49′ 35″ S., 65° 49′ 18″ W. Chenal de Roosen, devant Port Lockroy. Profondeur : 70 mètres. Vase et cailloux. Un échantillon.

Le disque est pentagonal, assez fortement excavé dans les espaces interbrachiaux : son diamètre atteint 7 millimètres. Les bras sont très longs et très circonvolutionnés : leur longueur dépasse certainement 70 millimètres.

La face dorsale du disque est couverte de plaques inégales, imbriquées et assez grandes. On reconnaît une très grande plaque centro-dorsale circulaire, et, à une certaine distance de celle-ci, cinq plaques radiales primaires plus petites, élargies transversalement et ovoïdes ; ces plaques sont séparées les unes des autres et de la centro-dorsale par quelques rangées de petites plaques. Les autres plaques de la face dorsale du disque sont imbriquées, et elles deviennent très petites vers la périphérie, dans les espaces interradiaux, tandis qu'elles sont plus grandes au voisinage des boucliers radiaux, et surtout dans l'intervalle qui sépare les deux boucliers de chaque paire. Ces boucliers sont petits, très allongés et très étroits, avec un bord externe court et droit et un angle interne très pointu : ils sont fortement divergents et séparés par plusieurs rangées de plaques, mais ils se rapprochent par leur angle externe, où ils ne sont plus séparés que par une seule plaque ; leur longueur est inférieure au tiers du rayon du disque, et ils sont environ quatre fois plus longs que larges.

La face ventrale est uniformément couverte de plaques petites, arrondies, imbriquées et toutes égales. Les fentes génitales sont étroites.

Les boucliers buccaux, plutôt petits, sont pentagonaux, avec un angle proximal obtus limité par deux côtés droits, deux bords latéraux convergents et se reliant par des angles très arrondis au côté distal, qui est petit et convexe; ils sont un peu plus larges que longs. Les plaques adorales sont triangulaires, élargies en dehors, rétrécies en dedans, à peine contiguës sur la ligne médiane interradiale. Les plaques orales sont assez hautes, deux fois plus longues que larges. Les papilles buccales sont au nombre de quatre et parfois de cinq : les deux papilles externes sont assez larges et obtuses; la troisième est peu saillante : la plus interne est courte et arrondie. La papille externe est parfois dédoublée en deux autres, dont la plus externe est plus petite.

Les plaques brachiales dorsales sont très grandes, beaucoup plus larges que longues et presque biconvexes. Le bord interne se décompose souvent en trois côtés; le bord distal est convexe, les angles latéraux sont larges et très arrondis. Toutes ces plaques sont contiguës.

La première plaque brachiale ventrale est assez grande et triangulaire avec un angle proximal; les deux angles latéraux sont arrondis, et le côté distal est lui-même légèrement arrondi. Les plaques suivantes sont grandes, pentagonales, avec un angle proximal tronqué et un bord distal arrondi; elles sont toutes contiguës.

Les plaques latérales portent trois piquants, assez épais, obtus à l'extrémité et subégaux; leur longueur égale à peu près celle de l'article.

Les écailles tentaculaires, au nombre de deux, sont inégales : l'écaille externe, portée par la plaque brachiale latérale, est large et demi-circulaire; l'interne, qui s'insère sur la plaque brachiale ventrale, est deux fois plus petite.

Rapports et différences. — L'*A. peregrinator* se distingue facilement de toutes les espèces du groupe *Amphioplus*, possédant trois piquants brachiaux et deux écailles tentaculaires : on sait que la plupart des espèces de ce groupe appartiennent au domaine Indo-Pacifique. On ne peut confondre l'*A. peregrinator* avec aucune des espèces antarctiques, d'ailleurs peu nombreuses, du groupe *Amphioplus* : l'*A. magnifica* ne possède qu'une seule écaille tentaculaire, et l'*A. consors* en est complètement dépourvue.

Chez l'animal vivant, le disque et les bras étaient d'un jaune brunâtre; le spécimen en alcool est gris clair.

Ophiacamax gigas Kœhler.

Ophiocamax gigas, Kœhler (**01**), p. 30.

N° 768. — Dragage XIX. — 12 janvier 1910. 70° 10' S., 80° 50' W. En bordure de la banquise. Profondeur : 460 mètres. Vase sableuse et cailloux. Deux fragments de bras dont les piquants sont presque tous brisés, mais qui permettent cependant de reconnaître l'espèce. Ces piquants, chez l'animal vivant, étaient d'un rouge orangé.

L'*O. gigas* a été découverte par la « Belgica » vers 70° S. et 83°-93° W., à des profondeurs variant de 300 à 475 mètres : la localité dans laquelle le « Pourquoi Pas ? » l'a retrouvée est extrêmement voisine.

Ophiacantha antarctica Kœhler.

Ophiacantha antarctica, Kœhler (**01**), p. 34.

N° 766. — Dragages XIX et XX. — 12 janvier 1910. 70° 10' S., 80° 50' W. En bordure de la banquise. Profondeur : 460 mètres. Vase sableuse et cailloux. Quelques échantillons.

La plupart des individus sont de petite taille, et le diamètre du disque est compris entre 4 et 6 millimètres ; dans les plus grands spécimens, il ne dépasse pas 8 millimètres. Les exemplaires recueillis par la « Belgica » étaient de plus grande taille, et le diamètre du disque atteignait 10 millimètres.

Chez les individus vivants, le disque était gris bleuté et les bras étaient pâles ; ils sont devenus grisâtres dans l'alcool.

L'*O. antarctica* a été recueillie par la « Belgica » vers 70°-71° S. et 83°-94° W., à des profondeurs variant entre 100 et 600 mètres, dans une localité par conséquent très voisine de celle où le « Pourquoi Pas ? » l'a retrouvée.

Ophiacantha polaris Kœhler.

Ophiacantha polaris, Kœhler (01), p. 32.

N° 245. — Dragage VIII. — 20 janvier 1909. Baie Marguerite. Profondeur : 200 mètres. Roche, gravier et vase. Un échantillon.

N° 765. — Dragage XIX. — 12 décembre 1910. 70° 10′ S., 80° 50′ W. Profondeur : 460 mètres. Vase sableuse. Un échantillon.

Le diamètre du disque varie entre 11 et 10 millimètres. L'exemplaire n° 245 est en bon état, tandis que, chez l'autre, la face dorsale du disque est en partie enlevée.

Voici les notes de couleur prises sur les échantillons vivants :

N° 245. — Disque gris, marbré de rouge vif et de blanc, bras rouges.

N° 765. — Disque rouge brique jaunâtre, bras annelés de rouge brique et de jaune légèrement orangé.

Les spécimens en alcool sont gris jaunâtre ou jaune clair.

Ces deux exemplaires sont identiques à ceux qui ont été recueillis par la « Belgica » entre 69°-71° S. et 83°-89° W., à des profondeurs variant de 100 à 300 mètres, tout près de la localité où le « Pourquoi Pas? » a retrouvé l'espèce.

Ophiacantha vivipara Ljungmann.
(Pl. XI, fig. 1, 2 et 10.)

Voir pour la bibliographie :
Ophiacantha vivipara, Kœhler (**08**), p. 84.
Ophiacantha vivipara, Bell (**08**), p. 13.

N° 128. — Dragage VI. — 15 janvier 1909. 67° 43′ S., 70° 45′ 42″ W. Entrée de la baie Marguerite, entre l'île Jenny et l'île Adélaïde. Profondeur : 254 mètres. Roche et gravier. Quinze échantillons.

N° 180. — Dragage VII. — 16 janvier 1909. 68° 34′ S., 72° 05′ W. Près de la Terre Alexandre Ier. Profondeur : 250 mètres. Roche. Trois échantillons.

Nos 238 et 239. — Dragage VIII. — 20 janvier 1909. Baie Marguerite. Profondeur : 200 mètres. Roche, gravier et sable. Quelques échantillons.

Nos 291, 292 et 293. — Dragage X. — 22 janvier 1909. 68° 35′ S., 72° 40′ W. Près de la Terre Alexandre Ier. Profondeur : 297 mètres. Roche et vase bleue. Quelques échantillons.

Voici les dimensions et le nombre des bras que je relève sur ces échantillons :

N° 128. — Les exemplaires se répartissent de la manière suivante :

onze à six bras chez lesquels le diamètre du disque varie entre 5^{mm},5 et 12 millimètres : je ne vois pas de jeunes ; un exemplaire à sept bras, chez lequel un jeune est en partie engagé dans les fentes génitales ; un exemplaire à cinq bras, chez lequel le diamètre du disque est de 6 millimètres, et enfin quatre très petits individus, tous à six bras.

N° 180. — Un petit exemplaire à six bras (diamètre du disque, 6 millimètres) et deux à cinq bras (diamètre du disque, 10 à 14 millimètres).

N° 238. — Deux grands exemplaires à cinq bras (diamètre du disque, 19 millimètres.)

N° 291. — Un exemplaire à six bras (diamètre du disque, 18 millimètres.)

N°ˢ 239 et 292. — Individus à six bras (diamètre du disque, 10 à 16 millimètres.)

N° 293. — Un individu à cinq bras (diamètre du disque, 8 millimètres).

Les échantillons du « Pourquoi Pas? » offrent certaines particularités intéressantes. L'armature de la face dorsale du disque présente d'assez grandes variations : certains granules peuvent s'allonger et constituer de véritables piquants dont le nombre et le développement varient suivant les exemplaires. D'une manière générale, ces piquants sont plus abondants dans les individus de grande taille, tandis qu'ils sont moins nombreux et moins forts, ou même font complètement défaut, dans les exemplaires plus jeunes. Cependant l'un des individus qui présente le plus de piquants est l'un des deux spécimens à cinq bras du n° 180, chez lequel le diamètre du disque mesure 10 millimètres seulement. Ces piquants se trouvent surtout placés dans la direction de chaque bouclier radial. Les granules qui ne sont pas soulevés en piquants sont arrondis ou en forme de cône à peine proéminent et à sommet très émoussé, et leur surface est garnie d'aspérités très fines. Dans beaucoup d'échantillons, les granules sont un peu moins serrés que dans les exemplaires du cap Horn auxquels j'ai pu les comparer, et les aspérités sont moins apparentes dans quelques individus : cependant les granules sont aussi serrés que d'habitude.

Une autre variation porte sur la forme des plaques brachiales dorsales. Dans certains exemplaires, le bord distal de la plaque est très convexe, et il peut se décomposer en deux petits côtés se réunissant suivant un angle obtus, de telle sorte que les plaques sont plutôt losangiques ; c'est la forme qui est indiquée par les auteurs chez l'*O. vivipara*. Dans d'autres individus, au contraire, le côté distal est simplement convexe et la plaque est nettement triangulaire, d'ailleurs toujours beaucoup plus large que longue. J'ai observé des variations analogues dans des exemplaires du cap Horn, et la forme triangulaire des plaques brachiales dorsales n'est pas rare. Les autres caractères sont bien conformes à ceux de l'*O. vivipara*.

Je donne ici des photographies de la face dorsale chez trois individus recueillis par le « Pourquoi Pas ? ». Dans le premier, qui a six bras (Pl. XI, fig. 10), toutes les plaques brachiales dorsales sont triangulaires avec le bord distal simplement arrondi ; la face dorsale du disque est dépourvue de piquants, et elle est garnie de granules seulement, comme dans les exemplaires typiques. Le deuxième exemplaire (Pl. XI, fig. 2), qui est également à six bras, offre, parmi les granules de la face dorsale du disque, quelques piquants peu abondants ; les plaques brachiales dorsales sont plutôt losangiques. Ces deux individus proviennent du nº 238 : le diamètre du disque est de 15 millimètres dans le premier et de 10 millimètres dans le second. Le troisième exemplaire, qui a cinq bras, est l'un des deux spécimens du nº 239 ; le diamètre du disque est de 19 millimètres ; les piquants de la face dorsale du disque sont assez nombreux, et les plaques brachiales dorsales ont une forme un peu variable, mais elles sont triangulaires sur la plus grande partie de la longueur des bras (Pl. XI, fig. 1).

La présence de piquants au milieu des granules de la face dorsale du disque donne à ces Ophiures un faciès particulier ; mais, comme j'observe tous les passages entre des individus offrant simplement des granules et d'autres portant de nombreux piquants, il n'y a pas lieu d'attribuer une bien grande importance à ce caractère, qui correspond d'ailleurs à ce que nous connaissons sur les variations dans l'armature de la face dorsale du disque chez les *Ophiacantha*, et l'on ne peut même pas l'invoquer pour en faire une variété distincte.

A part l'un des spécimens du n° 128 cité plus haut, aucun individu ne présente des jeunes : ce fait est sans doute en rapport avec l'époque de l'année à laquelle les échantillons ont été recueillis ; tous ont, en effet, été capturés en janvier.

L'examen microscopique que j'ai fait des glandes génitales chez un certain nombre d'exemplaires m'a montré que les éléments reproducteurs étaient dans un état de développement très peu avancé, ou même que ces glandes ne renfermaient que des éléments encore non différenciés. Toutefois j'ai pu observer des ovules très jeunes, et j'en ai rencontré notamment dans un des exemplaires à cinq bras du n° 180. Cette observation, que je m'empresse de faire connaître, réduit à néant l'hypothèse que j'avais émise, en 1907 (**07**, p. 21) sur le dimorphisme sexuel possible de l'*O. vivipara*, en suggérant que les individus à cinq bras étaient des mâles, tandis que les individus à bras plus nombreux étaient des femelles.

La paroi des bourses génitales renferme de très nombreux dépôts calcaires sous forme de plaques perforées, de forme variable, identiques à celles qui ont été déjà indiquées par les auteurs.

Chez les individus vivants, le disque était gris et les bras étaient blancs ; les spécimens en alcool sont grisâtres ou blancs.

L'*O. vivipara* était surtout connue à l'extrémité méridionale de l'Amérique du Sud ; elle a aussi été rencontrée à l'île du Prince Albert et à Kerguelen. Le « Challenger » l'a recueillie à une latitude relativement peu élevée (37° S.), au large des côtes Argentines, mais à une profondeur de 1097 mètres. La « Scotia » a retrouvé l'*O. vivipara* au banc de Burdwood (54° 25′ S., 59° 54′ W.). On a vu, par les indications de stations du « Pourquoi Pas ? », que l'espèce peut se trouver abondamment vers 68° S. et 72°-74° W., à une profondeur maxima de 297 mètres. Enfin un exemplaire a été signalé par la « Discovery » au cap Wadsworth (Terre Victoria du Sud), par conséquent dans une localité très éloignée de toutes celles que je viens de citer. L'*O. vivipara* doit donc avoir une très vaste extension géographique ; elle peut également descendre à une grande profondeur (1 097 mètres) ; il n'y a donc rien d'étonnant à ce qu'elle présente certaines variations.

Ophiodiplax disjuncta Kœhler.

Ophiodiplax disjuncta, Kœhler (11), p. 48.

N° 129. — Dragage VI. — 15 janvier 1909. 67° 43′ S., 70° 45′ 42″ W. Entrée de la baie Marguerite, entre l'île Jenny et l'île Adélaïde. Profondeur : 254 mètres. Roche et gravier. Plusieurs échantillons.

J'ai décrit récemment cette espèce d'après les exemplaires trouvés par l'Expédition Shackleton au cap Royds ; j'ai mentionné dans ma description les échantillons recueillis par l'Expédition Charcot : je prie le lecteur de vouloir bien s'y reporter.

Les animaux vivants avaient le disque gris bleuté et les bras rose orangé ; ils se sont complètement décolorés dans l'alcool.

Le type recueilli par le « Nimrod » avait été rencontré par 70° S. et 163° 52′ E., dans une localité par conséquent très éloignée de celle où le « Pourquoi Pas? » a retrouvé l'*O. disjuncta*.

Astrochlamys nov. gen.

J'ai cru devoir créer ce nouveau genre pour une Ophiure représentée par un exemplaire unique et qui me paraît pouvoir rentrer dans les *Gorgonocephalidæ* de Döderlein.

Les bras, au nombre de cinq, sont très allongés et circonvolutionnés, mais ils ne sont pas ramifiés. Les téguments sont tout à fait lisses, excessivement minces, et ils laissent apercevoir, par transparence, les plaques sous-jacentes. Sur la face dorsale, les côtes radiales sont très développées, et elles ne laissent libres que des espaces peu importants recouverts de très petites plaques. Les espaces interradiaux de la face ventrale sont aussi munis de très petites plaques arrondies et non contiguës. La plaque madréporique, unique, est petite et présente quelques petits pores. Les dents, les papilles dentaires et les papilles buccales ont à peu près toutes la même forme : les dents sont nombreuses et bien développées, et elles constituent plusieurs rangées verticales irrégulières ; les papilles buccales et dentaires sont peu nombreuses. Les papilles tentaculaires, qui apparaissent dès le troisième pore, sont grosses et fortes, et elles portent plusieurs piquants. Chaque article brachial offre une couronne de crochets très développés : ces couronnes apparaissent dès la base des bras.

Par la présence sur les bras de couronnes de crochets très développés, le genre *Astrochlamys* appartient aux *Gorgonocephalidæ*, tels que Döderlein les a définis récemment dans son bel ouvrage sur les *Euryalæ* (**11**, p. 22), et, en raison de ses bras non ramifiés, il doit être classé dans la sous-famille des *Astrochelinæ*. Toutefois il se présente une difficulté : dans le genre *Astrochlamys*, les aires interradiales ventrales sont recouvertes de petites plaques, tandis que Döderlein caractérise les *Astrochelinæ* par l'absence de plaques accessoires sur les aires interradiales ventrales. Je ferai remarquer, à ce sujet, que ces plaques sont petites, non contiguës, et qu'elles ne forment pas un revêtement important, comparable à celui que l'on connait chez les *Gorgonocephalinæ*. J'ai communiqué l'exemplaire à M. Döderlein, qui a bien été d'avis de le placer dans les *Astrochelinæ*, malgré la présence de plaques sur les aires interradiales ventrales. Je ne vois d'ailleurs aucun genre dont on pourrait rapprocher le nouveau genre *Astrochlamys* : celui-ci est surtout caractérisé par ses téguments tout à fait lisses et transparents, par les papilles tentaculaires très développées et par la présence de plaques dans les aires interradiales ventrales, tandis que les bras portent des couronnes de crochets très développés.

Astrochlamys bruneus nov. sp.
(Pl. XI, fig. 3, 4, 6, 7, 14 et 15.)

N° 246. — Dragage VIII. — 20 janvier 1909. Baie Marguerite. Profondeur : 200 mètres. Roche, gravier et sable. Un seul échantillon.

Le disque est fortement excavé dans les espaces interradiaux, et sa région centrale est profondément déprimée. Il mesure environ 11 millimètres de diamètre. Les bras sont tout à fait distincts du disque à leur base, dont la largeur ne dépasse pas 2 millimètres; ils sont très longs, mais les nombreuses circonvolutions qu'ils décrivent empêchent de mesurer exactement leur longueur : je l'estime à 70 ou 80 millimètres environ.

La face dorsale du disque est couverte d'un tégument extrêmement mince, parfaitement lisse et laissant apercevoir les côtes radiales, qui sont très développées, allongées et larges; elles sont aplaties, mais elles font néanmoins une légère saillie au-dessus de la face dorsale. Ces côtes sont assez fortement incurvées, et elles décrivent une courbe qui suit celle de la face dorsale du disque. Elles ne se rejoignent pas au centre du disque, et la région centrale, d'ailleurs très peu étendue et fortement déprimée, est recouverte de très petites plaques. Les deux côtes de chaque paire partent en divergeant de cette région centrale, et le plus souvent elles s'incurvent l'une vers l'autre dans leur partie distale, mais sans se toucher cependant. Chacune d'elles est constituée par plusieurs plaques qui se suivent en s'imbriquant et dont les limites sont très apparentes. Les espaces interradiaux sont extrêmement réduits ; ils sont occupés, ainsi que les espaces qui restent libres entre les boucliers radiaux de chaque paire, par de petites plaques arrondies, subégales et se touchant par leurs bords, tout en laissant entre elles de petits vides, et dont les contours sont très apparents.

Sur la face ventrale, les espaces interradiaux sont également occupés par des plaques arrondies, plus petites que sur la face dorsale, et qui deviennent beaucoup plus réduites à mesure qu'on se rapproche des pièces buccales. En général, ces plaques ne sont pas absolument contiguës. Les fentes génitales sont très petites et courtes, et leur longueur ne dépasse pas celle de l'article brachial voisin, soit environ 1 millimètre. Les plaques génitales sont larges et fortes, et elles atteignent surtout leur développement en dehors de ces fentes, notamment la plaque interradiale, qui rejoint, à la périphérie du disque, l'extrémité distale de la côte radiale correspondante. Le faible développement des fentes génitales peut faire supposer qu'elles n'ont pas atteint tout leur développement et que l'animal est un jeune.

On distingue plus ou moins nettement, à travers le tégument, les con-

tours des pièces buccales. Les boucliers buccaux sont extrêmement
petits et compris entre les extrémités distales et internes des plaques adorales ; ils sont irrégulièrement arrondis ou triangulaires, avec un sommet
proximal très arrondi et un peu plus large que long ; l'un de ces boucliers
est transformé en une plaque madréporique qui offre quelques petits orifices. Les plaques adorales sont relativement grandes, allongées avec les
angles arrondis ; leurs extrémités sont très rapprochées l'une de l'autre sur
la ligne interradiale médiane, mais sans se toucher. Les plaques orales
sont petites et étroites, dirigées obliquement l'une vers l'autre ; elles
laissent entre elles et les plaques adorales un espace membraneux. Les
dents, ainsi que les papilles dentaires et buccales, ont toutes à peu près la
même forme, c'est-à-dire qu'elles sont coniques avec la pointe émoussée.
Les dents, nombreuses, forment deux ou trois rangées verticales très
irrégulières ; il existe quelques papilles dentaires, et, en dehors, deux ou
trois papilles buccales de chaque côté, qui se confondent plus ou moins
avec ces dernières. Toutes ces formations sont rugueuses, et même elles
offrent vers leur extrémité de petites aspérités.

On peut reconnaître à travers les téguments les contours de certaines
plaques brachiales. Les plaques brachiales dorsales paraissent rudimentaires, et elles ne se montrent que sur les premiers articles sous
forme de petites plaques arrondies. Les plaques brachiales ventrales
sont rectangulaires et élargies transversalement ; elles sont complètement
séparées par les plaques latérales, qui se réunissent sur la ligne médiane
ventrale ; la première plaque ventrale, aussi longue que large, est beaucoup plus grande que les suivantes. Les plaques latérales prennent un
développement considérable ; chacune d'elles se soulève en une crête
transversale qui se continue avec sa congénère sur la face dorsale du
bras et porte deux rangées de crochets. Ceux-ci, minces et allongés, se
terminent par une longue pointe recourbée à angle droit, en dessous de
laquelle se montre une petite pointe accessoire (Pl. XI, fig. 15). Ces crochets mesurent $0^{mm},25$ à $0^{mm},28$ de longueur.

Les pores tentaculaires de la première paire sont très rapprochés de
la bouche, et ils ne portent pas de papilles tentaculaires ; ceux de la
deuxième paire, qui sont très éloignés des précédents, en sont également

dépourvus. Celles-ci apparaissent sur les pores de la troisième paire, et elles sont au nombre de deux de chaque côté. Les pores de la quatrième paire portent déjà trois papilles chacun : ce chiffre se continue sur une grande partie de la longueur des bras, puis le nombre des papilles tombe à deux, et finalement il n'en reste plus qu'une seule. Ces papilles sont très fortes, assez allongées, et elles vont en s'élargissant de la base à l'extrémité ; leur moitié terminale porte, sur sa face tournée vers le bas, une série de piquants coniques, parmi lesquels on distingue une rangée marginale principale de cinq ou six piquants, dont la longueur augmente à mesure qu'on se rapproche de l'extrémité de la papille, et qui sont accompagnés d'autres piquants plus petits, irrégulièrement disposés (Pl. XI, fig. 3 et 7).

ÉCHINIDES.

Eurocidaris Geliberti nov. sp.
(Pl. XIV, fig. 1 à 8).

N° 236. — Dragage VIII. — 20 janvier 1909. Baie Marguerite. Profondeur : 200 mètres. Roche, gravier et vase. Un échantillon qui est très vraisemblablement un mâle.

Voici les dimensions principales que je relève sur cet exemplaire :

Diamètre du test (sans les piquants)	30	millimètres.
Hauteur mesurée entre l'appareil apical et le bord du péristome	14	—
Diamètre de l'appareil apical	13	—
Diamètre du péristome	14	—
Diamètre du périprocte	13	—
Longueur des plus grands radioles	64	—
Largeur des zones ambulacraires	3	—
Largeur des zones interambulacraires	15	—

Le test est très aplati, et la hauteur, entre le bord du péristome et le pôle apical, est légèrement inférieure à la moitié du diamètre du test.

La membrane buccale forme une saillie assez notable, et la face dorsale est légèrement convexe (Pl. XIV, fig. 7).

Les zones ambulacraires, très étroites, sont légèrement sinueuses ; le nombre des plaques est en moyenne de trente-huit (fig. 2, 3 et 4). Les tubercules primaires que chaque plaque porte en son milieu forment une rangée très régulière, en dedans de laquelle il existe une autre rangée, presque aussi régulière qu'elle, au moins à l'ambitus, et comprenant des tubercules ayant à peu près la même taille que ceux de la précédente. Les tubercules de la rangée interne sont contigus à ceux de la rangée externe, et ils sont également très rapprochés de leurs congénères sur la ligne médiane, laquelle n'offre aucun espace nu. Entre les tubercules successifs, on rencontre souvent, mais non constamment, un très petit tubercule secondaire sur chaque plaque. En dessous de l'ambitus, les tubercules internes se continuent régulièrement jusqu'au péristome, en diminuant légèrement de diamètre ; au-dessus de l'ambitus, ils deviennent beaucoup plus petits, cessent de former une rangée régulière, et ils disparaissent sans atteindre l'appareil apical. Les pores sont disposés obliquement, et ils sont à peine séparés dans chaque paire par une lame calcaire très mince, ou ils sont même confluents comme chez l'*E. nutrix*.

Les zones interambulacraires sont larges ; la suture médiane est bien apparente ; il n'existe pas d'intervalle nu. Ces plaques sont au nombre de six dans chaque zone. Les aréoles sont larges ; les deux premières aréoles ventrales sont confluentes, et souvent la troisième est séparée de la seconde par une saillie très incomplète. Les aréoles suivantes sont séparées complètement les unes des autres par une saillie portant un seul rang de tubercules à l'ambitus et deux rangs au-dessus. Les tubercules primaires ne sont pas crénelés. Entre le bord de l'aréole et la suture médiane, il existe généralement deux rangées irrégulières de tubercules, les internes plus gros que les externes.

Le contour de l'appareil apical est légèrement polygonal (fig. 2). Aucune des plaques ocellaires n'est contiguë au périprocte : ces plaques sont petites, beaucoup plus larges que longues, pentagonales, avec un angle proximal très obtus et arrondi ; elles portent, en dedans de l'orifice, un amas de petits tubercules, et leur partie externe reste nue. Les plaques génitales sont irrégulièrement polygonales, de forme inconstante et légèrement plus larges que longues ; l'orifice, très petit et arrondi, est voisin du bord. Ces plaques portent plusieurs petits tubercules rapprochés, mais non contigus, qui laissent à nu la partie périphérique de la plaque. Les faibles dimensions des orifices génitaux de l'exemplaire font supposer que c'était un mâle.

Le périprocte comprend un premier cercle irrégulier de grosses plaques polygonales et inégales, portant chacune quelques tubercules, et, en dedans, il existe des plaques très petites et inégales, munies aussi d'un tubercule chacune.

Le diamètre du peristome est légèrement supérieur à celui de l'appareil apical. La membrane buccale forme une sorte de cône très surbaissé, de telle sorte que l'extrémité des dents se trouve à 3 millimètres environ au-dessous du bord du péristome. Les plaques ambulacraires qui recouvrent cette membrane sont au nombre de sept dans chaque série, et chacune d'elles porte une petite rangée de deux ou trois tubercules.

Les radioles sont très longs et plutôt grêles, et leur longueur s'accroit très rapidement du premier radiole ventral au quatrième. Voici les longueurs que je relève sur les radioles d'une série interambulacraire :

Premier radiole	6 millimètres.
Deuxième —	12 —
Troisième —	25 —
Quatrième —	47 —
Cinquième —	63 —

Les radioles ventraux, portés par les tubercules des deux premières plaques, sont ordinairement un peu aplatis et élargis à l'extrémité ; les autres sont très régulièrement cylindriques avec l'extrémité légèrement amincie et obtuse. Leur surface (fig. 4) est couverte de très petites aspérités coniques, fines et courtes, assez écartées les unes des autres et disposées en rangées longitudinales, qui, sur les grands piquants, ne se développent pas davantage vers l'extrémité ; sur les petits radioles ventraux (fig. 1 et 3), l'extrémité aplatie offre, au contraire, des aspérités plus fortes et plus saillantes que sur le reste de la longueur. Toute la surface du piquant est couverte de très fines soies, ainsi que cela arrive chez l'*E. nutrix*.

Les piquants secondaires qui entourent la base des radioles sont assez forts, aplatis, et leur longueur atteint 5 millimètres ; leur surface est striée longitudinalement. Ceux des zones ambulacraires, plus petits, sont cylindriques, et ils offrent une très légère tendance à s'épaissir à l'extrémité libre.

Les pédicellaires tridactyles font défaut comme chez l'*E. nutrix*, et je n'ai trouvé qu'une seule sorte de pédicellaires globifères qui rappellent ceux qu'on connaît dans cette dernière espèce. La longueur des valves est de $0^{mm},60$ à $0^{mm},75$ environ. Il n'y a pas de dent terminale, et l'orifice est étroit et allongé (Pl. XIV, fig. 8).

Chez l'animal vivant, le test était jaune pâle et les piquants mauve pâle ; dans l'alcool, l'échantillon est devenu uniformément jaunâtre.

RAPPORTS ET DIFFÉRENCES. — Je suis absolument d'accord avec Mortensen pour placer l'ancien *Goniocidaris nutrix* dans un genre à part, où ne peut rentrer le *G. canaliculata* qui a été classé dans le genre *Austrocidaris*. Le Cidaridé que je viens de décrire rentre parfaitement dans le genre *Eurocidaris*, dont il présente tous les caractères, sauf les très longs radioles : c'est d'ailleurs surtout par la forme de ces radioles qu'il se distingue de l'unique espèce que renferme, jusqu'à présent, le genre *Eurocidaris* ; il s'en écarte aussi par la disposition des tubercules dans les zones ambulacraires et par la forme un peu différente des pédicellaires. J'ai été très heureux que mon excellent ami, M. le Dʳ Mortensen, voulût bien examiner cet exemplaire, et je l'en remercie.

L'*E. nutrix* est, comme on le sait, spécial à l'île de Kerguelen. La découverte d'une deuxième espèce du genre *Eurocidaris* dans les mers antarctiques est fort intéressante.

Je dédie cette espèce à mon beau-frère, M. le Dʳ A. Gélibert, à Lyon.

Ctenocidaris Perrieri nov. sp.

(Pl. XII, fig. 4 à 8 ; Pl. XIII, fig. 2 à 8 ; Pl. XIV, fig. 9 à 14 ; Pl. XV, fig. 1 à 10.)

N° 121. — Dragage VI. — 15 janvier 1909. 67° 43′ S., 70° 45′42″ W. Entrée de la baie Marguerite, entre l'île Jenny et l'île Adélaïde. Profondeur : 254 mètres. Roche et gravier. Un fragment de test.

N°ˢ 161 et 162. — Dragage VII. — 16 janvier 1909. 68° 34′ S., 72° 05′ W. Près de la Terre Alexandre Iᵉʳ. Profondeur : 250 mètres. Roche. Deux échantillons.

N° 163. — Dragage VII. — Sept échantillons de très petite taille. Trois sont normaux, et leur diamètre mesure respectivement 18, 16 et 4 millimètres ; les quatre autres sont infestés par l'*Echinophyces mirabilis*.

N° 231. — Dragage VIII. — 20 janvier 1909. Baie Marguerite. Profondeur : 200 mètres. Roche, gravier et vase. Six échantillons de petite taille. L'un est normal, et son diamètre mesure 24 millimètres ; les autres sont parasités, et leurs diamètres respectifs sont de 22, 21, 17 et 11 millimètres.

N°ˢ 232 à 235. — Dragage VIII. — Quatre échantillons adultes.

N°ˢ 264. — Dragage IX. — 21 janvier 1909. 68° 00′5″ S., 70° 02′ W. Au Sud de l'île Jenny. Profondeur : 250 mètres. Sable vert et roche. Un échantillon.

Voici les dimensions que je relève sur les grands individus :

NUMÉROS.	DIAMÈTRE.	HAUTEUR.	LONGUEUR des plus grands piquants.
161	31 millim.	21 millim.	90 millim.
162	28 —	16 —	84 —
232	45 —	30 —	96 —
233	32 —	23 —	85 —
234	40 —	24 —	80 —
235	25 —	16 —	72 —
264	33 —	22 —	(Piquants incomplets.)

Le *Ct. Perrieri* est voisin du *Ct. speciosa*, dont Mortensen vient de publier une description très détaillée ; j'insisterai surtout ici sur les différences que présentent les deux espèces, et je décrirai le test du *Ct. Perrieri* d'après l'exemplaire n° 264, qui est desséché (Pl. XIII, fig. 2 et 3).

Le test est aplati, mais la hauteur est toujours plus grande que la moitié du diamètre du test ; comme on peut le voir par les chiffres donnés plus haut, les régions dorsale et ventrale sont aplaties.

Les zones ambulacraires sont légèrement ondulées au-dessus de l'ambitus, et leur plus grande largeur atteint 5 millimètres. Je compte quarante-cinq à quarante-six plaques dans l'exemplaire n° 264. La région porifère est un peu plus étroite que le reste de la plaque. Les tubercules ambulacraires ont une disposition un peu différente de celle que présente le *Ct. speciosa*. En dedans d'un premier tubercule, voisin de la paire de pores, chaque plaque porte à l'ambitus deux tubercules successifs un peu plus petits que le précédent, et ces derniers constituent une rangée très régulière. Il existe ainsi deux rangées bien distinctes de tubercules, et ceux de la rangée interne sont deux fois plus nombreux que ceux de la rangée externe. Quelques tubercules peu abondants se montrent vers la suture. Les pores de chaque paire sont confluents et reliés par un canal très étroit.

Les zones interambulacraires atteignent une largeur de 18 millimètres à l'ambitus, et elles comprennent chacune huit plaques. Les dispositions sont à peu près les mêmes que chez le *Ct. speciosa* : cependant je remarque que les trois premières aréoles ventrales seules sont confluentes ; les autres sont séparées par une crête sur laquelle les tubercules sont toujours fort peu nombreux ; ceux-ci ne forment de double rangée qu'entre la septième et la huitième plaque.

Le système apical a un diamètre de 18 millimètres. Toutes les plaques ocellaires sont exclues du périprocte, bien que deux d'entre elles touchent par leur sommet interne le sommet externe d'une des plaques périproctales. Ces plaques sont un peu saillantes dans la partie qui porte le pore, mais on ne peut pas dire que celui-ci soit entouré par une bordure distincte ; ce pore, bien apparent, n'est pas exactement circulaire, mais sa forme est un peu irrégulière, et il est légèrement allongé dans le sens radial. Les plaques génitales ont une forme irrégulièrement polygonale, mais elles ne sont pas beaucoup plus larges que longues, et leur longueur est même le plus souvent égale à leur largeur, contrairement à ce qui arrive chez le *Ct. speciosa*. Dans l'exemplaire n° 264, qui est représenté Pl. XIII, fig. 3, l'orifice est grand : il est placé tout à fat au bord de la plaque, et il empiète parfois quelque peu sur la plaque interambulacraire voisine. Cet orifice est triangulaire, plus long que large, avec le sommet interne assez aigu et la base très convexe ; il mesure 2 millimètres de longueur sur $1^{mm},3$ de largeur : la forme est donc différente de celle qui a été représentée par Mortensen chez le *Cl. speciosa* (10, Pl. XIII, fig. 2). L'orifice femelle subit sans doute des modifications avec l'âge : dans l'exemplaire n° 235, qui est également une femelle et que j'ai représenté Pl. XII, fig. 5, les orifices sont encore assez gros, bien que leur diamètre ne dépasse guère 1 millimètre : ils sont circulaires, et ils ne touchent pas le bord externe de la plaque. Dans l'exemplaire n° 162, qui est un mâle, le pore génital, très petit et arrondi, est situé à une certaine distance du bord externe de la plaque (Pl. XII, fig. 4).

Le périprocte, pentagonal, offre un cercle externe de grandes plaques, puis, en dedans, un deuxième cercle de plaques beaucoup plus petites ; enfin le reste est occupé par d'autres plaques très réduites, qui ne forment pas de cercles distincts.

Le péristome, dont le diamètre mesure 16 millimètres, offre les mêmes dispositions que chez le *Cl. speciosa*.

Les radioles sont remarquables par leur grande longueur, mais ils restent toujours très minces ; ils diffèrent beaucoup de ceux du *Cl. speciosa* (Pl. XII, fig. 4, 5, 6 et 7 ; Pl. XIII, fig. 6 et 7). Les plus grands dépassent considérablement le diamètre du disque, et la longueur de certains d'entre eux peut atteindre presque trois fois le diamètre du disque (Pl. XIII. fig. 6), tandis que leur largeur ne dépasse guère 2 millimètres chez l'adulte. Ces grands radioles présentent à leur surface plusieurs rangées longitudinales de dents coniques et larges (Pl. XII, fig. 8), qui sont bien plus fortes que chez le *Cl. speciosa* : elles commencent à se montrer presque à la base du piquant, en ne laissant lisse qu'une longueur de quelques millimètres seulement. L'extrémité est peu amincie, et généralement elle offre des cannelures longitudinales séparées par des lignes saillantes. Sur la face ventrale, les radioles sont beaucoup plus courts, et ils prennent une forme voisine de celle qui est indiquée par Mortensen chez le *Cl. speciosa* : les dents deviennent plus fortes, et les cannelures de l'extrémité sont plus marquées. Sur les radioles portés par les deux premiers tubercules primaires, les deux rangées latérales de dents sont beaucoup plus grandes, et même elles se développent à l'exclusion des autres séries, le piquant paraît alors aplati avec une rangée de grosses dents arrondies sur les bords. Je représente ici un certain nombre de ces radioles (Pl. XIII, fig. 4).

Dans l'individu n° 233, l'un des grands radioles est bifurqué à l'extrémité : cette anomalie s'est produite à la suite d'un processus de régénération (Pl. XIII, fig. 5).

Parmi les cinq petits exemplaires qui portent les n°ˢ 163 et 231, le diamètre du test ne dépasse pas 21 millimètres chez le plus grand, et les plus grands radioles atteignent 40 millimètres de longueur (Pl. XV, fig. 6 et 7) ; dans un deuxième exemplaire, chez lequel le diamètre du test est de 13 millimètres, les plus grands piquants ont encore 33 millimètres de longueur. Les radioles de la face ventrale des trois plus grands individus ont une forme analogue à celle que je viens d'indiquer chez l'adulte : ils sont aplatis et munis, sur leurs bords, de très fortes denticulations, mais dans les trois plus petits exemplaires, chez lesquels le diamètre respectif du disque est de 12, 11 et 4 millimètres seulement, ces piquants sont très faibles, petits, à peu près cylindriques et munis de denticulations peu développées (Pl. XV, fig. 5). Nous retrouverons un caractère analogue dans les exemplaires parasités par l'*Echinophyces mirabilis*, dont je parlerai plus loin.

Les piquants secondaires qui entourent la base des radioles sont aplatis ; les autres, plus courts, sont cylindriques, et ils sont souvent très légèrement renflés en massue à l'extrémité.

Les pédicellaires sont d'une seule sorte : ils sont extrêmement voisins de ceux du *Cl. speciosa*, et parfois même ils leur sont complètement identiques ; en général, cependant, l'ouverture terminale est un peu plus allongée. On rencontre d'ailleurs quelques variations dans la forme de cet orifice ainsi que dans les contours des valves, qui sont plus ou moins amincies vers l'extrémité ; la longueur de ces valves varie de $0^{mm},7$ à $0^{mm},9$ dans les grands échantillons.

Les spicules des tubes ambulacraires offrent la forme habituelle.

Chez les spécimens vivants, le test était violet ou brun violet ; les piquants étaient plus pâles et même presque blancs. Les individus en alcool ont le test brun plus ou moins foncé et les piquants grisâtres.

De même que chez le *Ct. speciosa*, les radioles sont recouverts par différentes espèces d'organismes et qui se montrent plus ou moins abondants : ce sont surtout des Éponges, des Bryozoaires et un petit Lamellibranche voisin de celui que Mortensen a déjà indiqué chez le *Ct. speciosa*. Certains piquants disparaissent complètement sous le recouvrement des Bryozoaires, comme on le voit Pl. XII, fig. 6 et 7, et Pl. XIII, fig. 7. Les Éponges sont surtout représentées par de jeunes individus d'une *Axinella* pédonculée appartenant probablement à l'*A. supratumescens*. Cette faune parasite paraît cependant un peu moins abondante que chez le *Ct. speciosa*.

RAPPORTS ET DIFFÉRENCES. — Le *Ct. Perrieri* est évidemment très voisin du *Ct. speciosa*, mais il s'en distingue nettement par la très grande longueur des radioles, qui lui donnent un facies tout à fait différent, et il est nécessaire de l'en distinguer. On peut se demander si la forme *Perrieri* doit être considérée comme une espèce distincte ou comme une simple variété du *Ct. speciosa* : pour ma part, je suis d'avis de l'élever au rang d'espèce, car, indépendamment de l'arrangement des radioles, j'observe quelques différences dans les ambulacres et dans la forme des plaques génitales.

Une dizaine d'individus portant les n°s 163 et 231 présentent des modifications remarquables produites par la présence dans le tissu des piquants d'un curieux parasite qui a été étudié par Mortensen sous le nom d'*Echinophyces mirabilis* : ces individus sont tous d'assez petite taille, et, dans le plus grand, le diamètre du disque atteint 20 à 21 millimètres ; chez les autres, ce diamètre oscille entre 11 et 18 millimètres.

Je rappellerai que l'*Echinophyces mirabilis*, que Mortensen a rapproché des Myxomycètes, a été trouvé par ce savant dans les piquants de deux Cidaridés antarctiques, les *Rhynchocidaris triplopora* et *Ctenocidaris speciosa*. Ce parasite se manifeste extérieurement par la présence de nombreux tubes allongés et pointus qui se montrent entre les saillies ou denticulations de la surface du piquant, et dont il a provoqué l'hypertrophie, tandis que les denticulations sont moins accusées que chez les individus normaux. Les masses plasmodiales qui constituent le parasite lui-même se développent dans les couches superficielles du piquant.

La présence du parasite provoque chez les Échinides contaminés des changements vraiment extraordinaires et qui sont dus au retentissement du parasite sur différents organes auxquels il paraît absolument étranger. Mortensen a noté surtout un changement dans la forme extérieure et dans les caractères des pédicellaires, ainsi que l'absence de pores sur les plaques génitales. En ce qui concerne ce dernier caractère, il est à remarquer que les glandes génitales ne sont pas atrophiées, mais elles fournissent chacune un nouveau canal efférent qui va s'ouvrir, chez le *Rhynchocidaris*, très loin des plaques génitales, près du bord du péristome, et chez le *Ctenocidaris*, sur la ligne interambulacraire médiane, au-dessus de l'ambitus. De telles modifications sont absolument sans exemple dans l'histoire des Échinodermes.

Les *Ctenocidaris* parasités des n°⁸ 163 et 231 présentent plusieurs modifications externes qui les font facilement reconnaître ; mais ces modifications ne se présentent pas toujours avec la même intensité. L'une des plus constantes porte sur le caractère des radioles. Les grands radioles de l'ambitus sont plus grêles et comparativement plus courts que les radioles d'exemplaires normaux ayant la même taille (Pl. XV, fig. 1 et 2) ; les denticulations de ces radioles sont aussi moins apparentes. Mais ce sont surtout les radioles de la face ventrale qui se montrent particulièrement modifiés : au lieu d'être aplatis et munis de dents latérales extrêmement fortes, ces piquants restent grêles, cylindriques et pointus, et les dents qu'ils portent à leur surface sont très fines ; il en résulte que l'aspect de la face ventrale est complètement différent de celui qu'on observe chez les exemplaires normaux, et qu'au premier abord, on croirait avoir affaire à une tout autre espèce. J'ai représenté (Pl. XV, fig. 1 et 2) un exemplaire de *Ct. Perrieri* parasité avec ses piquants, chez lequel le diamètre du disque est de 20 millimètres, et un autre exemplaire

normal (fig. 6 et 7) chez lequel ce diamètre est de 18 millimètres.
Les plus grands radioles atteignent 45 millimètres de longueur chez
ce dernier, et leurs denticulations sont très visibles à l'œil nu ; les
radioles ventraux montrent d'une manière très nette leur forme
caractéristique. Dans l'exemplaire parasité, au contraire, la longueur
des grands radioles ne dépasse guère le diamètre du test ; quant
aux radioles de la face ventrale, on voit qu'on a peine à les reconnaître au milieu des piquants secondaires : ils sont courts, cylindriques, et leurs denticulations sont peu développées. Lorsqu'on
examine les radioles parasités au microscope, on aperçoit facilement,
entre les denticulations, de nombreux tubes identiques à ceux que
Mortensen a décrits et figurés chez le *Rhynchocidaris*.

Dans certains individus, les grands radioles sont un peu plus épais et
un peu plus longs ; ils rappellent davantage les exemplaires normaux,
mais les petits radioles de la face ventrale offrent toujours les mêmes
modifications caractéristiques que je viens de signaler. Il me semble que
les radioles sont comparativement plus longs et plus épais chez les
jeunes : ainsi, dans l'exemplaire parasité représenté Pl. XV, fig. 5, et dont
le diamètre n'est que de 11 millimètres, les radioles atteignent encore
20 millimètres de longueur, et ils sont presque aussi épais que chez
l'individu normal représenté fig. 6 et 7.

Les pédicellaires subissent également des modifications très caractéristiques, identiques à celles que Mortensen a signalées chez le *Cl. speciosa* ;
les valves deviennent plus courtes et plus larges, en même temps que
l'orifice terminal grossit. Ces modifications sont frappantes quand on
compare l'une des valves d'un pédicellaire provenant d'un spécimen
parasité, comme celle qui est représentée Pl. XIV, fig. 12, à une valve
provenant d'un individu normal (Pl. XIV, fig. 10 et 11). Dans l'exemplaire
normal, la longueur de la valve atteint $0^{mm},45$ à $0^{mm},6$ de longueur,
et la structure est la même que chez l'adulte ; dans l'exemplaire parasité au contraire, les valves ne dépassent pas $0^{mm},25$ à $0^{mm},6$ de longueur, et, indépendamment de modifications dans leur forme et dans leur
ouverture terminale, on remarque que le tube glandulaire est le plus
souvent déjeté de côté et qu'il est asymétrique. La valve de pédicellaire

du *Ct. speciosa* parasité, qui a été représentée par Mortensen (**11**, Pl. XIII, fig. 9), offre une forme analogue à celle que nous trouvons chez le *Ct. Perrieri* : elle est cependant un peu plus élargie.

Comme Mortensen l'a déjà fait remarquer, l'enveloppe membraneuse du pédicellaire est plus ou moins épaissie chez les échantillons parasités, mais parfois elle présente chez le *Ct. Perrieri* un épaississement vraiment remarquable des tissus mous de la tige et qui atteint son maximum vers le milieu de la hauteur de cette dernière. La région épaissie, qui est souvent asymétrique, est envahie par des granules pigmentaires extrêmement foncés (Pl. XIV, fig. 14). Ces pédicellaires se reconnaissent facilement quand on examine les Oursins parasités à la loupe. Cependant ces pédicellaires, à tige épaissie et fortement pigmentée, ne sont pas les plus fréquents, et l'on en rencontre beaucoup d'autres chez lesquels les tissus mous de la tige sont simplement un peu plus épais que chez les individus normaux, mais n'offrent pas de pigmentation particulière. J'ai représenté comparativement (Pl. XIV, fig. 13 et 14) deux pédicellaires provenant, l'un d'un individu parasité et l'autre d'un individu normal, chez lesquels le diamètre du test était de 20 millimètres, et l'on peut juger des différences. Un autre pédicellaire (Pl. XIV, fig. 9) montre aussi un épaississement des parties molles, mais sans pigmentation. Quel que soit d'ailleurs l'état de la pigmentation et l'épaisseur des téguments dans ces pédicellaires, les valves présentent toujours les mêmes modifications, qui sont très constantes et tout à fait caractéristiques. Ces modifications sont déjà complètes dans les deux plus petits individus parasités que j'ai pu étudier et chez lesquels le diamètre du test mesure respectivement 7 et 9 millimètres.

En général, la région apicale des individus parasités présente une pigmentation particulière qui porte surtout sur les plaques génitales, de telle sorte que ces individus offrent, sur leur face dorsale, un anneau foncé et en dedans duquel le test reste clair. Cette pigmentation est due au développement dans les téguments de granules noirâtres analogues à ceux que l'on rencontre sur les pédicellaires, mais ces granules n'atteignent pas les piquants. Cette pigmentation peut même se prolonger, à des degrés très variables d'ailleurs, sur les zones ambulacraires ainsi que sur les zones interambulacraires, et elle atteint même le péristome : chez certains individus elle est très marquée, comme dans les deux que j'ai représentés Pl. XV, fig. 2 et 9, tandis que sur d'autres elle est à peine apparente, ou même tout à fait nulle.

Si nous étudions maintenant le test dénudé, nous verrons que la disposition des plaques de l'appareil apical est conforme à celle que j'ai indiquée plus haut chez l'adulte, mais aucune plaque génitale n'offre la moindre trace de pore (Pl. XV, fig. 3). Pour trouver celui-ci, il faut suivre la suture interradiale médiane : on le voit alors sous forme d'un orifice arrondi et très fin, à 4 millimètres environ du bord externe de la plaque génitale (Pl. XV, fig. 4), dans un exemplaire chez lequel le diamètre du test mesure 18 millimètres : ce pore est placé au même niveau dans chaque zone interradiale, toujours sur la ligne médiane, ordinairement au point de réunion de trois plaques. On remarque, d'autre part, que les pores ocellaires ont une forme spéciale : ils sont grands, élargis et recourbés en arc de cercle, au lieu d'être petits et circulaires (fig. 3).

Pour permettre la comparaison, je reproduis ici la photographie de la face dorsale d'un exemplaire normal chez lequel le diamètre du disque est de 16 millimètres (Pl. XV, fig. 10) : on peut voir que les orifices génitaux sont déjà formés et se montrent dans leur position normale ; les pores ocellaires sont très petits et circulaires.

La dissection d'un exemplaire parasité de *Cl. Perrieri* (Pl. XV, fig. 8) montre que les glandes génitales, au lieu d'être situées vers le pôle apical, sont reportées plus loin vers l'ambitus et se trouvent à peu près au niveau du pore que j'ai signalé plus haut, auquel elles sont reliées par un canal excréteur de nouvelle formation ; elles ont perdu toute relation avec les plaques génitales.

Les exemplaires parasités ont exactement la même couleur que les jeunes exemplaires normaux ; le test est d'un brun violacé plus ou moins foncé, et les piquants sont blanchâtres ou grisâtres.

Mortensen a observé des *Rhynchocidaris triplopora* parasités de toutes tailles, depuis les stades très jeunes jusqu'aux spécimens ayant 15 millimètres de diamètre. Or le diamètre relevé par Mortensen chez les individus normaux varie entre 10 et 22 millimètres ; l'espèce est donc de petite taille, et l'on ne peut pas dire que le parasite ne s'attaque qu'aux jeunes ou qu'il empêche le développement de l'Oursin. Chez le *Ct. spe-ciosa*, dont le test peut atteindre un diamètre de 53 millimètres, les deux seuls exemplaires parasités que Mortensen a rencontrés avaient 23 milli-mètres de diamètre seulement. Or, en ce qui concerne le *Ct. Perrieri*, qui atteint aussi une assez grande taille, puisque son diamètre peut avoir 45 millimètres, tous les individus parasités sont de très petite taille, et le diamètre de leur test varie entre 7 et 20 millimètres. Je ne puis que signaler le fait sans pouvoir en tirer encore une conclusion définitive.

Je prie M. le P' Perrier, Directeur du Muséum, de vouloir bien accep-ter la dédicace de cette nouvelle espèce.

Sterechinus antarcticus Kœhler.

Voir pour la bibliographie :
Sterechinus antarcticus, Mortensen (**10**), p. 75.

N° 289. — Dragage X. — 22 janvier 1909. 68°35' S., 72° 40' W. Près de la Terre Alexandre I . Profondeur : 297 mètres. Roche et vase bleue. Deux échantillons.

Le diamètre du test mesure 30 et 31 millimètres ; les exemplaires ne sont pas en très bon état : l'un est en partie brisé, et chez l'autre les piquants sont mal conservés.

La couleur, qui était rose chez les individus vivants, est devenue gri-sâtre dans l'alcool.

Le type de la « Belgica » avait été rencontré à une profondeur de 100 à 200 mètres, par 70° S. et 72°-80° W., dans une localité peu éloignée de celle où le « Pourquoi Pas ? » a retrouvé l'espèce. L'Expédition sud-polaire allemande a rencontré également le *St. antarcticus* dans les régions antarctiques à des profondeurs de 35 à 385 mètres, mais Mortensen, qui le signale, n'indique pas la localité.

Il se pourrait que l'Échinide, trouvé par la « Discovery » à la Terre Victoria du Sud et nommé par J. Bell *Echinus margaritaceus* (**08**, p. 4), fût aussi un *Sterechinus antarcticus*. Mais l'auteur indiquant, comme synonymes de l'*Echinus margaritaceus*, à la fois les *E. diadema* Studer, *horridus* A. Agassiz et le *St. antarcticus* Kœhler, il est impossible de savoir de quelle espèce il s'agit.

Sterechinus Neumayeri (Meissner).

(Pl. XIII, fig. 1.)

Voir pour la bibliographie :
Sterechinus Neumayeri, Mortensen (10), p. 64.
Sterechinus Neumayeri, Kœhler (10), p. 51.

N° 2. — Dragage I. — 24 décembre 1908. 62° 55 S., 62° 55′ W. Port Foster, île Déception. Profondeur : 35 mètres. Roche, vase et sable. Plusieurs échantillons.

N° 5. — Dragage II. — 24 décembre 1908. Port Foster, île Déception. Profondeur : 36 mètres. Plusieurs petits échantillons.

N° 36. — Dragage IV. — 28 décembre 1908. 64° 51′ S., 65° 50′ W. Chenal Peltier, le long de l'île Wiencke, près de l'îlot Gœtschy. Profondeur : 30 mètres. Roche et gravier. Quelques échantillons.

N° 68. — Dragage V. — 29 décembre 1908. Chenal Peltier, entre l'îlot Gœtschy et l'île Doumer. Profondeur : 92 mètres. Vase grise et gravier. Un échantillon.

N° 120. — Dragage VI. — 15 janvier 1909. 67° 43′ S., 70° 45′ 42″ W. Entrée de la baie Marguerite, entre l'île Jenny et l'île Adélaïde. Profondeur : 254 mètres. Roche et gravier. Dix échantillons de très petite taille.

N° 164. — Dragage VII. — 16 janvier 1909. 68° 34′ S., 72° 05′ W. Près de la Terre Alexandre Ier. Profondeur : 257 mètres. Roche. Cinq échantillons de très petite taille.

N° 230. — Dragage VIII. — 20 janvier 1909. Baie Marguerite. Profondeur : 200 mètres. Roche, gravier et sable. Six échantillons de très petite taille.

N° 324. — 24 janvier 1909. Plateau continental de l'île Jenny, baie Marguerite. Profondeur : 5 mètres. Cailloux. Deux échantillons.

N°ˢ 471 et 472. — Dragage XI. — 1er février 1909. 66° 50′ 5″ S., 69° 30′ W. Baie Matha. Profondeur : 380 mètres. Vase grise et gravier. Quelques échantillons.

Nᵒˢ 583 et 584. — Dragage XIII. — 17 novembre 1909. Côte Nord-Est de l'île Petermann. Quelques échantillons.

Nᵒ 637. — Dragage XV. — 26 novembre 1909. 64° 49′ 35″ S., 65° 49′ 18″ W. Devant Port Lockroy. Chenal de Roosen. Profondeur : 70 mètres. Vase et cailloux. Un échantillon.

Nᵒ 756. — Dragage XVIII. — 27 décembre 1909. Anse Ouest de la baie de l'Amirauté, Shetland du Sud. Profondeur : 75 mètres. Vase grise et cailloux. Quatre échantillons.

Nᵒ 769. — Dragage XX. — 12 décembre 1910. 70° 10′ S., 80° 50′ W. Bordure de la banquise. Profondeur : 460 mètres. Vase sableuse. Quelques petits échantillons.

Le *St. Neumayeri* a déjà été étudié avec beaucoup de soin, et je n'ai rien à ajouter au sujet de cette espèce. Dans la plupart des exemplaires recueillis par le « Pourquoi Pas ? », le diamètre du test oscille entre 30 et 55 millimètres. Un certain nombre d'individus sont plus petits. Un exemplaire du nᵒ 230, dont le diamètre mesure 21 millimètres, et un autre du nᵒ 769, dont le diamètre est de 20 millimètres, ont le périprocte très nettement ovalaire ; Mortensen a déjà indiqué cette particularité (**10**, p. 67 ; Pl. IX, fig. 15), et il a noté que l'allongement avait le plus souvent lieu dans la direction de la plaque ocellaire 1 à la plaque génitale 3. Dans les deux exemplaires que je signale, l'allongement s'est fait dans le même sens, mais il est plus marqué que sur l'individu représenté par Mortensen. Je reproduis ici la photographie de la face dorsale du spécimen nᵒ 769 (Pl. XIII, fig. 1).

Voici les couleurs notées chez les individus vivants:

Nᵒˢ 36, 120 et 756. — Rouge violacé.

Nᵒˢ 68 et 769. — Rose violacé.

Nᵒ 230. — Violet.

Nᵒ 324. — Violet foncé.

Nᵒ 383. — Rouge violacé, piquants plus pâles.

Dans l'alcool, la plupart des échantillons sont d'un brun violacé ou jaunâtre plus ou moins foncé, avec les piquants plus clairs ; les petits individus sont grisâtres ou gris jaunâtre.

Le *Sterechinus Neumayeri* avait été rapporté en assez nombreux exemplaires de l'île Booth Wandel par la première Expédition Charcot. Il est connu dans les terres Magellanes, à la Géorgie du Sud, aux Orcades du Sud et à la Terre de Graham. Le « Nimrod » l'a capturé au cap Royds (77° 32′ S. et 163° 52′ E.). Il a donc une aire de distribution géographique très vaste. Il se trouve également à des profondeurs très différentes : bien que littoral en général, il peut descendre, en effet, jusqu'à 460 mètres (dragage XX).

Loxechinus albus (Molina).

Voir pour la bibliographie :
Loxechinus albus, Mortensen (**11**), p. 52.

N° 783. — 3 février 1910. Tuesday Bay, Terre Désolation (détroit de Magellan). Un échantillon.

L'exemplaire est en excellent état, et son diamètre mesure 71 millimètres sans les piquants. A l'état vivant, le test était rouge violacé foncé, et les piquants vert olive ; ces colorations ne se sont pas beaucoup modifiées dans l'alcool.

J'avais commencé à faire différentes photographies et une description détaillée de cet individu, lorsque j'ai reçu le travail de Mortensen : *Echiniden der swedischen sud-polar Expedition*. Ce travail renferme une étude très complète, accompagnée d'excellentes photographies, du *L. albus*, et il devient dès lors inutile de revenir sur cette espèce.

La synonymie, assez complexe, du *L. albus*, a été parfaitement éclaircie par Mortensen, qui a établi l'identité des *Strongylocentrotus albus* A. Agassiz, *gibbosus* A. Agassiz et *bullatus* J. Bell. Dans son mémoire sur les Échinodermes du Pérou (**10**, p. 346), L. Clark maintient la distinction des *Strongylocentrotus gibbosus* et *albus*.

Le *L. albus* appartient surtout à la faune du Pérou et du Chili : on le connaît à Callao et peut-être remonte-t-il encore davantage vers le Nord. L'Expédition sud-polaire suédoise l'a rencontré dans une station plus méridionale encore que la Terre Désolation, par 54° 43′ S., à une profondeur de 3 mètres. Sur la côte Atlantique de la Patagonie, il ne dépasse pas l'entrée du détroit de Magellan. C'est une espèce essentiellement littorale.

Abatus Shackletoni Kœhler.

Abatus Shackletoni, Kœhler (11) p. 51.

N° 636. — Dragage XV. — 26 novembre 1909. 64° 40′ 35″ S., 65° 49′ 18″ W. Chenal de Roosen, devant Port Lockroy. Profondeur : 70 mètres. Vase et cailloux. Un échantillon.

Cet exemplaire est plus grand que le plus grand des individus recueillis par l'Expédition Shackleton, chez lequel la longueur du test ne dépassait pas 36 millimètres.

Voici les dimensions que je relève sur l'échantillon recueilli par l'Expédition du D⟨r⟩ Charcot :

Longueur	47 millimètres.
Largeur	41 —
Hauteur au niveau de l'appareil apical	23 —

Le spécimen n'est pas en très bon état, et une partie de la face ventrale manque ; c'était une femelle dont les poches incubatrices étaient très profondes.

Cet échantillon est bien conforme, par les caractères du test et par les pédicellaires, au type qui a été recueilli par le « Nimrod » : la seule différence que je relève est que la dépression formée par les poches incubatrices commence à la quatrième paire de pores seulement, tandis que dans le type elle commençait à la troisième paire. Cette différence tient évidemment à l'âge du sujet.

Les pédicellaires rostrés montrent, plus nettement que sur le type, quelques denticulations très fines et très courtes à leur extrémité.

Chez l'individu vivant, la couleur était brun violacé ; dans l'alcool, l'exemplaire a passé au violet pâle.

L'*A. Shackletoni* a été recueilli au cap Royds par l'Expédition Shackleton ; la station dans laquelle le « Pourquoi Pas ? » l'a retrouvé est séparée de cette localité par plus de 120° en longitude.

Parapneustes nov. gen.

Le test est allongé et cordiforme, et il n'est pas très élevé ; il se rétrécit plus ou moins fortement dans sa partie postérieure, qui se termine
par une petite face postérieure verticale portant le périprocte. Les ambulacres sont peu enfoncés dans les deux individus recueillis, qui appartiennent d'ailleurs à deux espèces différentes et qui paraissent tous
deux être des mâles. Les ambulacres latéraux sont pétaloïdes et étroits ;
les antérieurs et les postérieurs ont à peu près la même longueur. Il
existe un fasciole péripétale extrèmement étroit et peu apparent ; dans
l'une des deux espèces du genre, il y a, en plus, un fasciole latéral dont
il n'existe pas la moindre indication dans l'autre espèce. L'appareil apical
est subcentral, quoiqu'il soit toujours un peu reporté en avant. Les orifices génitaux sont au nombre de trois : deux à gauche et un à droite.
La plaque génitale de droite est séparée des deux plaques gauches par
la plaque madréporique. Les pédicellaires appartiennent aux trois formes
tridactyle, rostrée et globifère. Les valves des pédicellaires globifères
sont terminées par cinq pointes très longues.

Le genre *Parapneustes* renferme deux espèces différentes, mais la
collection rapportée par le Dr J. Charcot ne renferme malheureusement
qu'un exemplaire unique de chacune d'elles.

Ce nouveau genre est voisin des genres *Tripylaster*, *Parabatus* et
Amphipneustes ; mais il se distingue de tous les genres connus par la
forme allongée du test, qui est même très particulière dans l'une des
deux espèces ; il se caractérise en outre par ses pétales antérieurs et
postérieurs subégaux, par l'appareil apical reporté légèrement en avant,
par l'ambulacre antérieur dorsal impair peu enfoncé, par les pédicellaires
globifères dont les valves sont terminées par cinq très longs crochets,
et surtout par la grande minceur du fasciole péripétale. Il se distingue
particulièrement des genres *Parabatus* et *Amphipneustes* par la forme du
test, par la présence d'un fasciole péripétale, par les caractères des
pédicellaires et par le périprocte situé sur la face postérieure.

Parapneustes cordatus nov. sp.
(Pl. XVI, fig. 15 à 27.)

N° 764. — Dragage XX. — 12 janvier 1910. 70° 10′ S., 80° 50′ W. Bordure de la banquise. Profondeur : 460 mètres. Vase sableuse et cailloux. Un échantillon.

Il y avait encore plusieurs spécimens du même Oursin dans le chalut, malheureusement ils étaient tous écrasés ; l'exemplaire qui a été conservé avait la face ventrale assez endommagée : j'ai pu néanmoins en raccorder les morceaux.

Voici les principales dimensions que je relève sur cet individu :

Longueur	52	millimètres.
Largeur	44	—
Hauteur	20	—
Distance entre le bord antérieur du test et le bord antérieur de la lèvre postérieure	12,5	—
Périprocte :		
Hauteur	7,5	—
Largeur	6	—
Distance entre le bord antérieur et l'appareil apical.	22	—
Pétale antérieur :		
Longueur	23	—
Largeur	4	—
Pétale postérieur :		
Longueur	21	—
Largeur	4	—

(Les longueurs sont mesurées depuis le centre de l'appareil apical.)

Le test est cordiforme et surbaissé. Il se rétrécit fortement et brusquement au niveau de l'extrémité des pétales postérieurs, et il forme alors une sorte de prolongement (fig. 20, 21, 26 et 27) qui se termine par une petite face postérieure portant le périprocte (fig. 23). Vu d'en haut, le contour est nettement anguleux. L'on peut distinguer (fig. 26) un bord antérieur qui s'étend de part et d'autre du sillon antérieur, puis vient un petit côté oblique qui rejoint un bord latéral antérieur au milieu duquel arrive le pétale antérieur ; à la suite de ce bord, et formant avec lui un angle très obtus, se trouve un côté ayant la même longueur que ce dernier et correspondant à l'intervalle entre les deux pétales latéraux. A partir de ce moment, la largeur du test diminue rapidement : le côté latéral est suivi d'un côté latéral postérieur qui prend une direction très oblique de manière à se rapprocher rapidement de l'axe antéro-postérieur, et finalement, ce côté se réunit à un bord postérieur très étroit et droit, dont la longueur ne dépasse guère 8 millimètres. Le test a donc, dans son ensemble, un contour décagonal, mais les côtés de ce décagone sont inégaux, le bord antérieur et trois bords latéraux étant plus grands que les autres.

Vu de côté (Pl. XVI, fig. 23), le contour du test suit une courbure qui s'élève régulièrement jusqu'à l'appareil apical, au niveau duquel la hauteur maxima n'est pas encore atteinte ; l'interradius postérieur forme, en effet, une légère saillie au delà de laquelle il se continue régulièrement jusqu'à l'extrémité postérieure, à laquelle il se réunit assez brusquement ; cette extrémité est tronquée verticalement, et elle passe à la face ventrale en suivant une courbe arrondie.

La face ventrale est presque plane entre l'extrémité postérieure du test et la lèvre postérieure. Le péristome est très déprimé, et il est situé plus haut que la lèvre postérieure et que l'extrémité antérieure du corps. Ce péristome est très rapproché du bord antérieur du test, car son bord antérieur n'en est séparé que par un intervalle de 12 millimètres (fig. 26).

L'appareil apical est rapproché de l'extrémité antérieure (fig. 27). La ligne qui réunit les centres des deux orifices génitaux postérieurs est située à 21 millimètres du bord antérieur du test et à 31^{mm},5 de l'extrémité postérieure. Les orifices génitaux sont très petits et circulaires ; les centres des deux orifices postérieurs sont séparés par un intervalle de 4^{mm},5 et l'orifice antérieur, distant de l'orifice postérieur gauche de 2^{mm},7, est placé plus près que ce dernier de l'axe antéro-postérieur. Les contours des plaques de l'appareil apical sont assez distincts (fig. 15). Les plaques génitales sont petites. Les deux plaques gauches sont hexagonales, un peu plus larges que longues, et elles sont séparées sur la moitié de leur longueur par la plaque ocellaire de l'ambulacre antérieur gauche ; l'orifice de la plaque génitale antérieure est un peu plus rapproché du bord antérieur et latéral, tandis que, dans la plaque postérieure, cet orifice est un peu plus voisin de l'angle postérieur ; il est situé à peu près vers le milieu de la plaque droite. Les plaques ocellaires sont petites, triangulaires, avec un orifice très réduit. La plaque madréporique, deux fois plus longue que large, est très élargie dans sa moitié postérieure ; ses pores sont extrêmement fins, et ils laissent libre une assez large bordure dans les régions antérieure et postérieure.

L'ambulacre antérieur impair forme, à la face dorsale du test, un sillon assez étroit et peu profond, dont les bords passent progressivement aux régions interambulacraires voisines et s'atténuent progressivement pour disparaître finalement avant d'atteindre le bord antérieur du test ; ce bord n'offre donc pas d'échancrure en son milieu (fig. 27). Le sillon antérieur a 4 millimètres environ de largeur, et il est à peu près aussi large que les ambulacres latéraux, auxquels il ressemble d'ailleurs, tout en étant un peu moins profond. Les deux zones porifères, situées sur les côtés légèrement obliques du sillon, sont étroites et parallèles l'une à l'autre, sauf au commencement du sillon, où elles vont en divergeant ; elles sont peu écartées l'une de l'autre en raison de la faible largeur du sillon. Les paires de pores qui se succèdent sont très rapprochées : j'en compte vingt-six jusqu'au fasciole, et les trois ou quatre dernières sont un peu plus écartées que les autres ; les deux dernières enfin sont rudimentaires. Les trois premières paires sont extrêmement petites avec les pores très rapprochés ; puis les dimensions augmentent progressivement jusqu'à la sixième ou la septième paire. Les deux premières paires de pores sont placées obliquement par rapport à l'axe du sillon, et il en est de même des dernières ; les autres sont exactement perpendiculaires à cet axe. Entre les paires successives, on ne distingue que des granules fins et peu nombreux, disposés irrégulièrement ; d'autres granules analogues aux précédents, peut-être un peu plus gros, se montrent au fond du sillon, et ils forment une petite bande dans laquelle ils sont assez serrés.

Les ambulacres latéraux ou pétales antérieurs et postérieurs présentent à peu près la même longueur, bien que la longueur des antérieurs soit un peu plus grande ; les pétales antérieurs sont droits, tandis que les postérieurs sont très légèrement incurvés. Les deux ambulacres antérieurs forment ensemble un angle très obtus (Pl. XVI, fig. 27), tandis que les deux ambulacres postérieurs, très rapprochés, forment un

angle aigu ; ces derniers sont séparés par la proéminence interradiale
dont la saillie est assez marquée. L'ambulacre antérieur forme avec
l'ambulacre postérieur du même côté un angle ayant environ 90°. Les
ambulacres antérieurs ne sont pas très déprimés ; la dépression qu'ils
offrent est un peu plus marquée que celle de l'ambulacre antérieur
impair, et cette dépression est surtout marquée dans les deux tiers
extérieurs du pétale. Je compte vingt-deux paires de pores jusqu'au
fasciole, et les deux premières sont très peu développées. En dehors
du fasciole, on reconnaît deux paires de pores très petits, puis il
n'existe plus que des pores simples très espacés.

Les ambulacres postérieurs sont un peu plus déprimés et plus courts
que les antérieurs : je compte vingt et une paires de pores jusqu'au fasciole, et la première est très petite ; au delà du fasciole, on ne distingue
plus de pores.

Des petits granules se montrent entre les paires successives de pores :
ces granules sont peu nombreux et irrégulièrement disposés, et ils ne
deviennent pas plus abondants sur le fond des pétales. Le bord même des
pétales ne porte pas de granules, et il constitue une petite arête obtuse
assez distincte.

Les régions interradiales antérieures et latérales du test sur la face
dorsale sont uniformément couvertes de petits granules primaires, entre
lesquels se montrent de nombreux granules extrêmement fins (fig. 23
et 27). En s'approchant du bord du test, les granules primaires deviennent
légèrement plus gros et plus saillants ; ils sont également un peu plus
grands au voisinage du bord des pétales. On retrouve les mêmes caractères sur la proéminence interradiale postérieure.

Sur la face ventrale, l'ambulacre antérieur est très court, et il n'est
pas déprimé (fig. 26) ; il n'offre à sa base que deux gros pores entourés
chacun d'une aréole très marquée ; ensuite viennent quelques pores très
espacés. Les ambulacres antérieurs latéraux sont exactement placés sur
le prolongement l'un de l'autre, de chaque côté du péristome. Ces ambulacres ne sont déprimés que dans leur partie proximale triangulaire, qui
offre sur chacun de ses bords quatre gros pores entourés chacun d'une
aréole bien marquée. Au delà de cette région, les ambulacres arrivent à

fleur du test. Les ambulacres postérieurs constituent de larges avenues n'offrant que des granules miliaires, sauf au voisinage de l'extrémité postérieure, où les granules primaires font leur apparition.

Les régions interradiales latérales antérieures et postérieures de la face ventrale sont uniformément couvertes de granules primaires, séparés par des granules miliaires, et légèrement plus gros que ceux de la face dorsale, avec lesquels ils se continuent à l'ambitus. Le plastron sternal, très étroit, est garni de tubercules primaires identiques à ceux des régions interradiales et formant de petites rangées obliques plus ou moins apparentes ; à son extrémité postérieure, le plastron sternal est simplement arrondi, sans la moindre trace de proéminence.

Le péristome est très rapproché du bord antérieur du test, et il est plus voisin de ce bord que du milieu de la face ventrale. Il est assez profondément situé, assez étroit, et ses bords sont fortement recourbés. Le bord antérieur du labre est large et fortement convexe, mais il ne forme pas une saillie très marquée, et il ne cache qu'une partie du péristome ; ce labre mesure 13 millimètres dans sa plus grande longueur, et il dépasse le niveau du bord postérieur de la deuxième plaque ambulacraire voisine.

L'extrémite postérieure, tronquée, forme une petite face verticale très étroite, plus haute que large, de forme ellipsoïdale et un peu plus étroite vers le haut que vers le bas (fig. 23 et 25). Le périprocte est situé sur la partie supérieure de cette face, et il en occupe presque toute la largeur : ce périprocte est un peu plus haut que large, et il mesure $6^{mm},8$ sur $6^{mm},3$; il est piriforme avec la petite extrémité tournée vers le côté dorsal, et il renferme un cercle périphérique de plaques plus grandes et rectangulaires, développées surtout dans la partie dorsale du périprocte, en dedans duquel se trouvent deux cercles de plaques beaucoup plus petites. Il n'y a pas de tubes ambulacraires particulièrement différenciés au voisinage du périprocte.

Le fasciole est extrêmement fin, et il est impossible de le reconnaître quand le test n'est pas dépouillé de ses piquants. Sur le test nu (fig. 23), il apparaît comme une ligne très étroite, un peu plus marquée que les lignes de séparation des plaques du test, et il n'offre que trois rangées de granules très fins ; en certains points même il est très peu apparent.

En avant, le fasciole est très rapproché du bord antérieur du test, et il se dirige à peu près parallèlement à ce bord jusqu'à l'extrémité du pétale antérieur, puis, à une certaine distance de ce pétale, il fait un angle brusque et court parallèlement au bord postérieur du pétale, sur une longueur qui correspond aux quatre dernières paires de pores ambulacraires; il fait alors un nouvel angle en changeant brusquement de direction et se continue, parallèlement au bord du test, jusqu'à l'extrémité du pétale postérieur ; de là, il traverse l'interradius postérieur vers le milieu de sa longueur.

Les tubercules primaires sont perforés et finement crénelés. Les piquants de la face dorsale du disque sont très fins et courts, cylindriques (fig. 21); ils ne dépassent guère 2 à 2^{mm},5 de longueur. Ils atteignent 4 millimètres au voisinage du bord des pétales : ils s'aplatissent alors et s'élargissent un peu vers leur extrémité, en même temps qu'ils se dirigent horizontalement vers leurs congénères du bord opposé, de manière à recouvrir les pétales. Sur la face ventrale, les piquants sont un peu plus longs que sur la face dorsale, et ils peuvent atteindre 4 ou 5 millimètres (fig. 20).

Les pédicellaires sont de trois sortes : tridactyles, rostrés et globifères.

Les valves des pédicellaires tridactyles atteignent une longueur de 0^{mm},55 à 0^{mm},6 (fig. 16, 17 et 18) ; ces valves, qui se rétrécissent beaucoup à la fin de la partie basilaire, s'élargissent assez rapidement jusque vers le milieu du limbe; puis elles se rétrécissent plus lentement jusqu'à leur extrémité, en offrant ainsi la forme d'une cuillère. Les bords offrent de très fines denticulations, et les perforations sont grandes et allongées. Ces pédicellaires rappellent, par leur forme, ceux de l'*Abatus cavernosus*.

Les valves des pédicellaires rostrés ont à peu près la même longueur que les précédentes (fig. 22) ; elles sont étroites et recourbées, et elles se rétrécissent graduellement jusqu'à l'extrémité, qui est munie de deux ou trois dents très courtes et peu marquées; elles offrent, sur leurs bords, quelques dents coniques, assez larges, mais courtes et espacées. Ces pédicellaires rappellent aussi la forme que l'on observe chez l'*Abatus cavernosus*; mais les valves sont plus recourbées et plus amincies à l'extrémité.

Les pédicellaires globifères (fig. 24) rappellent ceux du *Tripylaster*

Philippii ; mais ils en diffèrent par les nombreuses pointes très allongées qui les terminent. Les valves ont une longueur de $0^{mm},3$ environ : elles sont très larges à la base, et leur partie tubulaire, légèrement arquée, se termine par cinq grands crochets, recourbés et très allongés, atteignant tous à peu près la même longueur, et beaucoup plus longs que ceux que l'on connaît dans les autres formes ; en dessous et en arrière des crochets, se trouve un orifice très grand et très allongé.

Les spicules des tubes ambulacraires ne présentent pas de caractères particuliers ; ils ont la forme de petits bâtonnets inégaux et recourbés, munis sur leurs côtés, et spécialement sur le côté convexe, de dents et d'épines plus ou moins nombreuses, qui, parfois, peuvent se réunir pour limiter de petits orifices.

A l'état vivant, le test était d'un brun rougeâtre et les piquants d'un vert olive légèrement jaunâtre. Dans l'alcool, l'échantillon est devenu uniformément verdâtre.

Parapneustes reductus nov. sp.
(Pl. XVI, fig. 6 à 14.)

N° 328. — Dragage XI. — 1ᵉʳ février 1909. 66°50′ 5″ S., 69°30′ W. Baie Matha. Profondeur : 380 mètres. Vase grise et gravier. Un échantillon.

Cet individu, unique, qui paraît être un mâle, n'est pas tout à fait intact, et la face ventrale manque en partie.

Voici les dimensions principales que je relève :

Longueur du test	35	millimètres.
Largeur —	31	—
Hauteur —	21	—
Distance entre le bord antérieur du péristome et le bord antérieur du test	9,5	—
Distance entre la ligne joignant les deux orifices génitaux postérieurs et le bord antérieur du test.	17	—
Longueur des pétales antérieurs et postérieurs	16	—
Périprocte :		
Hauteur	5	—
Largeur	3,6	—

Le test est haut et allongé ; vu d'en haut, son contour est ovalaire, le bord antérieur est presque droit, et les côtés sont arrondis (fig. 12). Le corps se rétrécit assez rapidement en arrière, mais beaucoup moins brusquement et moins rapidement que dans l'espèce précédente, et il se termine par une extrémité tronquée et verticale, qui se réunit graduellement aux faces dorsale, ventrale et latérales par des parties arrondies. Vu de côté, le contour du test suit, depuis le bord antérieur, une courbe régulière qui est arrondie jusqu'à l'appareil apical, et celui-ci est un peu plus rapproché de l'extrémité antérieure que de l'extrémité postérieure (fig. 14). En arrière de l'appareil apical, l'interradius postérieur se soulève en une proéminence assez saillante, qui se continue jusqu'à la petite face postérieure verticale, à laquelle elle se relie par un angle obtus ; cette face postérieure, qui mesure environ 8 millimètres de hauteur, passe à son tour à la face ventrale par un angle très arrondi. La face ventrale est à peu près plane (fig. 11).

Les plaques génitales et ocellaires sont disposées comme dans l'espèce précédente. Les plaques génitales sont plutôt petites, tandis que les ocellaires sont relativement assez grandes. Les orifices génitaux sont très petits et circulaires. Les centres des deux orifices postérieurs sont séparés par une distance de $2^{mm},8$, et l'intervalle entre l'orifice antérieur et l'orifice postérieur gauche est de $1^{mm},3$. L'orifice antérieur est plus rapproché de l'angle interne de la plaque génitale, tandis que l'orifice postérieur gauche est plus rapproché du bord externe ; sur la plaque droite, l'orifice se trouve à peu près au milieu. La plaque madréporique, très allongée, sépare largement la plaque génitale droite des deux autres ; les perforations de cette plaque n'occupent qu'une plage assez restreinte de sa surface, et toute la partie gauche est dépourvue d'orifices.

L'ambulacre antérieur dorsal impair est très légèrement enfoncé, et la dépression qu'il forme s'efface bien avant d'atteindre le bord antérieur du test, qui n'est nullement excavé (fig. 12). Je compte vingt-deux plaques entre l'appareil apical et le fasciole qui est très rapproché du bord antérieur du test, mais les cinq dernières plaques ne présentent que des pores simples ; les autres pores, qui sont géminés, sont fins, et les paires successives sont rapprochées les unes des autres ; elles sont disposées un peu obliquement, et les deux bandes porifères vont en divergeant légèrement. Les plaques portent un certain nombre de granules très fins et, en plus, un granule plus gros que les autres, qui est généralement placé entre les pores et la suture ; au delà du fasciole, ces tubercules deviennent plus nombreux, et ils acquièrent la taille des tubercules primaires.

Les ambulacres latéraux antérieurs et postérieurs présentent à peu près la même longueur, et leur structure est identique ; ils sont plus profondément déprimés que l'ambulacre antérieur impair, sans cependant être bien enfoncés, ainsi que cela arrive d'ailleurs chez les individus mâles. Je compte vingt paires de pores dans chacun d'eux. Chaque plaque porte un certain nombre de granules assez fins : la plupart d'entre eux forment une rangée transversale, séparant les paires successives de pores, et quelques autres se montrent vers le bord externe de la plaque. Les ambulacres antérieurs font ensemble un angle obtus extrêmement ouvert, tandis que les ambulacres postérieurs sont très peu divergents, et ils forment un angle aigu dont les côtés sont séparés par la proéminence interradiale postérieure.

Les régions interradiales latérales antérieures et postérieures de la face dorsale sont uniformément recouvertes de granules primaires qui sont assez fins, mais qui deviennent un peu plus gros vers les bords des pétales et à mesure qu'on se rapproche de l'ambitus. Sur la proéminence interradiale postérieure, les granules sont d'abord très fins au voisinage de la suture ; puis leur taille augmente en se rapprochant des pétales. Des granules extrêmement fins se montrent entre ces tubercules primaires.

Sur la face ventrale, l'ambulacre antérieur, assez court, est un peu excavé au voisinage du péristome, mais il arrive à fleur du test avant d'en atteindre le bord antérieur (fig. 11) ; on ne remarque que des granules petits et peu nombreux entre les pores ; puis, vers le bord du test, les granules deviennent plus gros, et ils passent aux tubercules primaires de la face dorsale. Les ambulacres latéraux antérieurs sont aussi légèrement déprimés dans leur moitié proximale, qui porte les pores ; les granules sont très fins dans cette région, tandis que la moitié extérieure est couverte de tubercules primaires qui apparaissent assez brusquement. Les avenues ambulacraires postérieures, assez larges, sont uniformément couvertes de granules miliaires, mais les tubercules primaires y font leur apparition à une certaine distance en avant de leur extrémité postérieure.

Les régions interradiales latérales antérieures et postérieures sont garnies de tubercules primaires plus gros que sur la face dorsale et moins rapprochés ; sur le plastron sternal, ces tubercules sont plus serrés, et ils deviennent de plus en plus petits et plus rapprochés à mesure qu'on s'avance vers l'extrémité postérieure.

Le péristome n'est pas déprimé ; il est assez grand, recourbé et recouvert de grandes plaques qui portent des pédicellaires et de petits piquants ; il est visible presque tout entier quand on regarde l'Oursin par la face ventrale, car la lèvre postérieure n'est pas très proéminente. Le bord postérieur du labre arrive presque au même niveau que le bord postérieur de la deuxième plaque ambulacraire correspondante.

Le périprocte occupe la partie supérieure de la face postérieure du test, et il est séparé par un espace de 4 millimètres environ du bord ventral (fig. 13). Il est plus haut que large, ovalaire, avec une petite pointe inférieure et une autre supérieure moins marquée. Il offre une bordure externe de plaques beaucoup plus larges que hautes, et, en dedans, de nombreuses petites plaques irrégulièrement disposées.

Il existe deux fascioles distincts qui sont extrêmement étroits et peu apparents, et, comme cela arrive dans l'espèce précédente, il est impossible de les reconnaître lorsque le test n'est pas dépouillé de ses piquants ; ces deux fascioles peuvent être considérés comme représentant, l'un, un fasciole latéral, et l'autre, un fasciole péripétale, mais ces deux fascioles ne sont pas réunis l'un à l'autre. Voici la disposition que j'observe sur mon unique exemplaire (fig. 14). L'un des fascioles part de l'extrémité antérieure, mais sans traverser l'ambulacre antérieur impair, et il se dirige parallèlement au bord antérieur du test, en formant une courbe dirigée vers le côté ventral ; il passe ensuite beaucoup en dehors de l'extrémité des ambulacres latéraux antérieurs et postérieurs, en restant toujours parallèle au bord du test ; puis il s'infléchit vers la face ventrale dans la direction du bord inférieur du périprocte, qu'il n'atteint pas, et il disparaît avant d'arriver sur la ligne médiane interradiale postérieure ; il se reconstitue de l'autre côté du périprocte. Cette branche représente le fasciole latéral. Quant au fasciole péripétale, il apparaît un peu en avant de l'extrémité de l'ambulacre antérieur latéral sans se raccorder

au fasciole précédent, s'infléchit en dedans en formant un arc un peu
concave avant d'atteindre l'extrémité de l'ambulacre latéral postérieur,
et arrive sur la proéminence interradiale postérieure sans cependant la
traverser : son trajet s'interrompt à ce niveau, sur une longueur de
quelques millimètres, puis il se reconstitue de l'autre côté.

Les piquants de la face dorsale sont courts et fins; ils deviennent,
comme dans l'espèce précédente, plus forts et plus longs au voisinage
des pétales, mais c'est à peine s'ils s'aplatissent vers leur extrémité
(fig. 8). Sur les interradius antérieurs et latéraux de la face ventrale, les
piquants sont un peu plus longs et plus épais que sur la face dorsale
(fig. 9 et 10).

Les pédicellaires ressemblent complètement à ceux de l'espèce précédente ; ils n'en diffèrent guère que par leurs dimensions. Les valves
des pédicellaires tridactyles ont une longueur d'environ 0,4 à 0^{mm},45.
Les pédicellaires rostrés, dont les valves ont la même longueur que chez
le *P. cordatus*, présentent à leur extrémité quatre ou cinq dents extrêmement fines et à peine apparentes (Pl. XVI, fig. 7). Les pédicellaires
globifères sont très répandus sur la face dorsale, et ils frappent immédiatement la vue par leur couleur très foncée due à la présence d'un
pigment dans les tissus mous qui entourent les valves (Pl. XVI, fig. 6) ;
celles-ci ont une longueur de 0^{mm},4 : elles sont donc comparativement
beaucoup plus grandes que chez le *P. cordatus*, puisque la longueur
du corps est de 52 millimètres dans cette dernière espèce, tandis qu'elle
ne dépasse pas 35 millimètres chez le *P. reductus*. Ces valves sont également terminées par cinq crochets très longs et subégaux.

Les spicules des tubes ambulacraires ne présentent pas de caractères
particuliers.

Chez l'animal vivant, la couleur était rose violacé; le spécimen en alcool
est devenu brun rougeâtre.

RAPPORTS ET DIFFÉRENCES. — Le *P. reductus* est bien différent, par sa forme
extérieure, de l'espèce précédente, mais il rentre incontestablement dans
le même genre : il présente en effet la même structure générale, et les
pédicellaires sont identiques. Indépendamment de la forme du test, qui
est plus haut et plus court, il se distingue du *P. cordatus* par la présence

d'un fasciole latéral, qui manque chez ce dernier ; dans les deux espèces, d'ailleurs, les formations fasciolaires sont peu développées.

Amphipneustes Mortenseni nov. sp.
(Pl. XV, fig. 11 à 17; Pl. XVI, fig. 1 à 5.)

N° 290. — Dragage X. — 22 janvier 1909. 68° 35′ S., 72° 40′ W. Près de la Terre Alexandre Ier. Profondeur : 297 mètres. Roche et vase bleue. Un échantillon.

L'exemplaire est une femelle dont les poches incubatrices sont très développées.

Voici les dimensions principales que je relève :

Longueur	48	millimètres.
Largeur	40	—
Hauteur	29	—
Distance entre le bord antérieur du test et la lèvre postérieure	13	—
Distance entre le bord antérieur du test et des deux orifices génitaux postérieurs	26	—
Distance entre le bord antérieur du péristome et le bord antérieur du test	12	—
Périprocte :		
Hauteur	7	—
Largeur	5,5	—
Poches incubatrices antérieures :		
Longueur	12 à 13	—
Largeur	4,5	—
Poches incubatrices postérieures :		
Longueur	10 à 11	—
Largeur	4,5	—

Le test est haut et conique (Pl. XV, fig. 16 et 17). Le contour de la face ventrale est ovalaire (fig. 12 et 13), élargi en avant, et il se rétrécit à partir du milieu du corps jusqu'à l'extrémité postérieure, qui est arrondie et non tronquée; la largeur maxima s'observe un peu en avant de l'appareil apical, qui est un peu plus rapproché du bord antérieur que du bord postérieur. Vu de profil (fig. 16), le contour de la face dorsale suit une courbe régulière depuis l'extrémité antérieure jusqu'à l'appareil apical, qui est horizontal; puis le test se relève très légèrement, la région postérieure formant une très faible saillie au delà de laquelle le contour reprend sa courbe régulière jusqu'à l'extrémité postérieure, qui est arrondie ; la face ventrale est à peu près plane. Le péristome est fortement enfoncé (fig. 12 et 13), et il est très rapproché de l'extrémité antérieure.

L'appareil apical est un peu plus éloigné du bord antérieur que du bord postérieur (fig. 14); la ligne qui réunit les deux orifices génitaux postérieurs est située à 26 millimètres du bord antérieur et à 20 millimètres de l'extrémité postérieure. Les orifices génitaux sont très grands et arrondis (Pl. XV, fig. 14, et Pl. XVI, fig. 1): ils mesurent $1^{mm},25$ de diamètre; les centres des deux orifices postérieurs sont séparés par une distance de $4^{mm},5$. Le centre de l'orifice antérieur est séparé de celui de l'orifice, postérieur gauche par $2^{mm},5$ et il est plus rapproché que lui de l'axe antéro-postérieur du corps.

L'appareil apical n'est pas très grand dans son ensemble. Les plaques génitales ne forment en somme qu'une mince bordure autour de leur orifice respectif. La plaque antérieure est un peu plus grande que la postérieure gauche, et elle est un peu plus longue que large ; son orifice est plus rapproché du bord externe que du bord interne ; la plaque postérieure gauche est aussi longue que large et son orifice est un peu plus rapproché du bord postérieur que du bord antérieur : ces deux plaques sont séparées sur la moitié de leur longueur par la plaque ocellaire. La plaque génitale postérieure droite est un peu plus large que longue. Ces plaques portent plusieurs tubercules secondaires assez serrés, qui ne forment guère qu'une seule rangée. Les plaques ocellaires sont petites, triangulaires avec le sommet arrondi et la base excavée ; leur orifice est très petit. La plaque madréporique est extrêmement développée : elle est rétrécie dans ses parties antérieure et postérieure, tandis qu'elle s'élargit au contraire dans sa région moyenne, qui est saillante et convexe, et présente des pores très fins et serrés.

L'ambulacre antérieur dorsal impair offre une très légère dépression à peine apparente dans sa moitié postérieure (Pl. XV, fig. 14), et il reste ensuite absolument à fleur du test. Les zones porifères, qui sont droites, vont en s'écartant légèrement l'une de l'autre. Les paires successives de pores sont assez éloignées, sauf les quatre ou cinq premières ; je compte dix-huit paires distinctes de pores, mais les quatre premières sont extrêmement réduites ; au delà de la dix-huitième paire, il n'existe plus que des pores isolés. On n'observe sur le sillon que de rares tubercules secondaires très espacés et très bas : les tubercules primaires ne font leur apparition que sur les plaques dont les pores sont devenus simples.

Les ambulacres latéraux antérieurs et postérieurs présentent tous à peu près la même structure ; la dépression qui constitue la poche marsupiale commence à 2 millimètres de l'origine de l'ambulacre pour la poche antérieure et à $2^{mm},5$ pour la poche postérieure. Cette dépression se produit très brusquement, et la paroi proximale de la poche est même dirigée un peu obliquement en dedans : cependant l'angle qui réunit cette paroi à la face dorsale du test n'est pas vif, mais il est arrondi. La profondeur maxima atteinte par les poches est de 5 à $5^{mm},5$: cette profondeur n'existe que dans leur partie proximale, sur une longueur de 2 ou 3 millimètres seulement, car le plancher de la poche se relève progressivement, et il revient peu à peu au niveau de la face dorsale, sans qu'il y ait de ligne de démarcation bien définie, de telle sorte qu'il est presque impossible de dire où la poche finit exactement ; sa longueur ne peut donc être indiquée que d'une manière approximative. Au delà des poches, les plaques ambulacraires s'élargissent et s'allongent rapidement ; trois ou quatre d'entre elles présentent encore des pores géminés, puis ceux-ci deviennent simples.

Les poches postérieures, comme l'indiquent les chiffres donnés plus haut, sont sensiblement plus courtes que les poches antérieures. Dans l'*Amphipneustes Kœhleri* Mortensen, les poches incubatrices ont une structure analogue, mais les postérieures sont au contraire un peu plus longues que les antérieures.

Les deux poches antérieures font ensemble un angle très obtus ; les poches postérieures sont au contraire beaucoup moins divergentes, et elles forment un angle aigu. La région interradiale postérieure, qui sépare ces dernières, est d'abord très étroite, et elle est peu proéminente.

Les régions interradiales latérales antérieures et postérieures (Pl. XV, fig. 14 et 16) sont couvertes de tubercules primaires assez petits et peu saillants ; ceux-ci sont peu serrés, et, dans les espaces qui les séparent, on trouve des tubercules très fins, qui sont eux-mêmes assez espacés.

Les tubercules primaires deviennent un peu plus gros et plus saillants au voisinage des poches incubatrices et le long du sillon antérieur, mais leurs dimensions n'augmentent pas sensiblement à l'ambitus. Ces tubercules sont perforés et finement crénelés.

Sur la face ventrale (fig. 12), l'ambulacre antérieur impair est court ; il est élargi et légèrement déprimé à la base, mais il arrive à fleur du test avant d'atteindre le bord antérieur de celui-ci, lequel n'offre pas la moindre trace d'échancrure. On observe dans la région élargie deux lignes convergentes de pores au nombre de quatre dans chaque rangée, entourés chacun d'une auréole très marquée. Les ambulacres latéraux antérieurs sont situés presque exactement sur le prolongement l'un de l'autre : ils sont légèrement déprimés à leur origine, mais non élargis, et ils renferment, de chaque côté, cinq pores entourés de leur cercle aréolaire. Ces ambulacres, de même que l'ambulacre antérieur, ne portent que des tubercules secondaires, peu nombreux et peu serrés ; ce n'est qu'à la périphérie du test qu'on voit apparaître quelques tubercules primaires.

Les ambulacres postérieurs forment d'assez larges avenues, qui sont légèrement déprimées à leur origine, et qui n'offrent sur toute leur longueur que des granules très fins et d'ailleurs peu abondants : c'est à peine si l'on voit apparaître quelques rares granules primaires vers leur extrémité postérieure.

Les tubercules des régions interradiales latérales de la face ventrale sont un peu plus gros que sur la face dorsale, mais ils ne sont pas plus rapprochés les uns des autres. Sur le plastron sternal, les tubercules atteignent d'abord des dimensions voisines de ceux des autres régions, mais ils deviennent de plus en plus petits et plus serrés à mesure qu'on se rapproche du périprocte.

Le péristome, fortement enfoncé, est assez étroit, très recourbé et garni de très grandes plaques. Le labre forme en avant une lèvre postérieure qui est extrêmement allongée et saillante, et dont le bord antérieur arrive au même niveau que le bord antérieur du péristome. Ce labre est très allongé, et son bord postérieur se prolonge jusqu'au niveau de l'extrémité de la deuxième plaque ambulacraire voisine.

Le périprocte se trouve entièrement situé sur la face ventrale, immédiatement en avant de l'extrémité postérieure arrondie du test. Il est plus long que large, piriforme, avec une pointe antérieure. Les plaques de la périphérie, plus grandes que les autres, forment un premier cercle assez régulier, en dedans duquel les autres sont disposées sans ordre.

Les piquants ne sont ni nombreux ni bien développés. Comme les tubercules primaires sont très écartés, le revêtement que ces piquants constituent est peu important. Ils sont fins et courts sur la face dorsale et ils ne prennent quelque développement que vers les bords des poches incubatrices : en ces régions, ils s'allongent, comme d'habitude, s'aplatissent vers leurs extrémités et se dirigent obliquement à la rencontre de leurs congénères, avec lesquels ils s'enchevêtrent. Les piquants deviennent un peu plus forts sur les régions interambulacraires latérales antérieures et postérieures de la face ventrale, mais ils sont peu nombreux et courts sur le plastron sternal.

J'ai rencontré trois sortes de pédicellaires. Les plus abondants, qui sont répandus sur tout le test mais se montrent surtout sur la face ventrale, sont des pédicellaires didactyles, et la longueur de leur tête atteint $0^{mm},55$ à $0^{mm},6$; cette longueur peut même arriver dans les plus grands à $0^{mm},7$. Les valves (Pl. XVI, fig. 2, 3 et 4) sont assez fortement recourbées et très étroites ; elles s'élargissent vers leurs deux extrémités, et leurs bords en contact présentent de très fines denticulations ; les perforations sont petites.

Les pédicellaires de la deuxième sorte sont de petits pédicellaires tridactyles dont les valves atteignent $0^{mm},26$ à $0^{mm},28$ de longueur (fig. 5) ; ces valves, qui sont rétrécies près de leur partie basilaire, s'élargissent en un limbe assez large qui s'adosse à son congénère sur plus de la moitié de la longueur de la valve à l'aide de bords finement denticulés.

Il existe enfin des pédicellaires rostrés dont les valves ont $0^{mm},40$ à $0^{mm},45$ de longueur. La moitié inférieure de ces valves est large et triangulaire, tandis que le limbe est étroit et recourbé ; il s'élargit très légèrement vers son extrémité, qui est arrondie et porte de très fines denticulations.

Les spicules des tubes ambulacraires consistent en petits bâtonnets à peu près droits, munis d'épines latérales ; ces dernières s'allongent souvent en se recourbant, et elles se réunissent de manière à former de petites plaques perforées à contours irréguliers et de dimensions variables.

La couleur notée à l'état vivant était d'un rose violacé ; dans l'alcool, le spécimen est devenu très foncé, presque noirâtre.

RAPPORTS ET DIFFÉRENCES. — J'ai établi le genre *Amphipneustes* pour une espèce, l'*A. Lorioli*, représentée par un échantillon unique, qui était un mâle, et qui avait été recueilli par la « Belgica » à une profondeur de 600 mètres, par 70° 33′ S. et 89° 22′ W. Une deuxième espèce, l'*A. Kœhleri* Mortensen, a été capturée par l'Expédition sud-polaire suédoise à des profondeurs variant de 75 à 160 mètres, par 53°-54° S. et 36°-43° W. L'espèce nouvelle découverte par le « Pourquoi Pas? » a une forme différente de celle de l'*A. Kœhleri*, et elle se rapproche surtout de l'*A. Lorioli*, qu'elle rappelle par la forme conique du test et par l'ambulacre antérieur dorsal non déprimé. La comparaison est cependant rendue un peu difficile par ce fait qu'on connaît seulement un exemplaire mâle de l'*A. Lorioli* et seulement aussi un exemplaire femelle de l'*A. Mortenseni*; en tout cas, l'*A. Mortenseni* se distingue nettement de l'*A. Lorioli*, comme aussi de l'*A. Kœhleri* par les caractères de ses pédicellaires.

Je dédie cette espèce à mon excellent ami, le D^r Th. Mortensen, bien connu par ses beaux travaux sur les Échinodermes.

LISTE DES ESPÈCES RECUEILLIES AUX DIFFÉRENTES STATIONS

Dragage I. — 24 décembre 1908. — 62°55′ S., 62° 55′ W. Au fond de Port Foster, île Déception. Profondeur : 35 mètres. Roche, vase et sable.

Odontaster validus.	*Sterechinus Neumayeri.*
Ophionotus Victoriæ.	

Dragage II. — 24 décembre 1908. — Port Foster, le long de la côte Ouest de l'île Déception. Profondeur : 30 mètres. Petit gravier et sable.

Odontaster validus.	*Sterechinus Neumayeri.*

Dragage III. — 26 décembre 1908. 64° 48′ S., 65° 51′ W. Chenal de Roosen, au Nord de l'ilot Casabianca. Profondeur : 129 mètres. Cailloux, roche, vase et grès verdâtre. Température de l'eau au fond : — 0°,55.

Labidiaster radiosus.	*Ophioglypha gelida.*
Asterias antarctica.	*Ophioglypha Rouchi.*
Odontaster validus.	*Amphiura Mortenseni.*

Dragage IV. — 28 décembre 1908. — 64° 51′ S., 65° 50′ W. Chenal Peltier, le long de l'île Wiencke, près de l'ilot Gœtschy. Profondeur : 30 mètres. Roche et gravier. Température de l'eau au fond : 0°,0.

Odontaster validus.	*Sterechinus Neumayeri.*
Ripaster Charcoti.	

Dragage V. — 29 décembre 1908. Chenal Peltier, entre l'ilot Gœtschy et l'île Doumer. Profondeur : 92 mètres. Vase grise et gravier. Température de l'eau au fond : — 0°,1.

Cryaster antarcticus.	*Ophionotus Victoriæ.*
Perknaster aurantiacus.	*Sterechinus Neumayeri.*
Cycethra verrucosa.	

Dragage VI. — 15 janvier 1909. — 67° 43′ S., 70° 45′ 42″ W. Entrée de la baie Marguerite, entre l'île Jenny et l'île Adélaïde. Profondeur : 254 mètres. Roche et gravier. Température de l'eau au fond : — 1°,18.

Perknaster aurantiacus.	*Porania antarctica.*
Lophaster antarcticus.	*Odontaster elegans.*
Leucaster involutus.	*Odontaster capitatus.*
Cycethra verrucosa.	*Ophioglypha gelida.*

Ophiosteira Senouqui.
Ophionotus Victoriæ.
Ophiocten megaloplax.
Ophiacantha vivipara.

Ophioplax disjuncta.
Ctenocidaris Perrieri.
Sterechinus Neumayeri.

Dragage VII. — 16 janvier 1909. — 68° 34' S., 72° 05' W. Près de la Terre Alexandre 1ᵉʳ. Profondeur : 250 mètres. Roche. Température de l'eau au fond : — 1°,6.

Perknaster aurantiacus.
Lophaster antarcticus.
Solaster Godfroyi.
Leucaster involutus.

Ophiacantha vivipara.
Ctenocidaris Perrieri.
Sterechinus Neumayeri.

Dragage VIII. — 20 janvier 1909. Baie Marguerite. Profondeur : 200 mètres. Roche, gravier et vase.

Odontaster elegans.
Ophioglypha gelida.
Ophiosteira Senouqui.
Ophionotus Victoriæ.
Ophiocten dubium.
Ophiocten megaloplax.
Ophiacantha polaris.

Ophiacantha vivipara.
Amphiura Joubini.
Astrochlamys bruneus.
Eurocidaris Geliberti.
Ctenocidaris Perrieri.
Sterechinus Neumayeri.

Dragage IX. — 21 janvier 1909. — 68° 00' 5" S., 70° 02' W. Au Sud de l'ile Jenny. Profondeur : 250 mètres. Sable vert et roche. Température de l'eau au fond : — 0°,5.

Perknaster aurantiacus.
Porania antarctica.
Leucaster involutus.

Pseudontaster marginatus.
Ctenocidaris Perrieri.

Dragage X. — 22 janvier 1909. — 68° 35' S., 72° 40' W. Près de la Terre Alexandre 1ᵉʳ. Profondeur : 297 mètres. Roche et vase bleue. Température de l'eau au fond : — 0°,6.

Diplasterias Brandti.
Notasterias armata.
Lophaster antarcticus.
Porania antarctica.
Odontaster elegans.

Ophioglypha gelida.
Ophiacantha vivipara.
Sterechinus antarcticus.
Amphipneustes Mortenseni.

Dragage XI. — 1ᵉʳ février 1909. — 66°50' 5" S., 69° 30' W. Baie Matha, Profondeur : 380 mètres. Vase grise et gravier. Température de l'eau au fond : — 1°.

Ophioglypha gelida.
Sterechinus Neumayeri.

Parapneustes reductus.

Dragage XII. — 9 novembre 1909. Le long de l'île Petermann, au Sud de Port Circoncision. Profondeur : 15-40 mètres.

Odontaster validus.

Dragage XIII. — 17 novembre 1909. — Le long de la côte Nord-Est de l'île Petermann, entre Krogmann (Howgaard) et Petermann, et dans le chenal Lemaire. Profondeur : 15-80 mètres.

Diplasterias Brandti.
Porania antarctica.
Priamaster magnificus.
Ophionotus Victoriæ.
Amphiura Mortenseni.
Sterechinus Neumayeri.

Dragage XIV. — 18 novembre 1909. — Mêmes parages qu'au dragage XIII. Profondeur : 40-80 mètres.

Odontaster validus.
Ophionotus Victoriæ.

Dragage XV. — 26 novembre 1909. — 64° 49′ 35″ S., 63° 49′ 18″ W. Chenal de Roosen, devant Port Lockroy. Profondeur : 70 mètres. Vase et cailloux.

Coscinasterias Victoriæ.
Cryaster antarcticus.
Remaster Gourdoni.
Porania antarctica
Odontaster validus.
Odontaster elegans.
Ripaster Charcoti.
Ophioglypha Rouchi.
Ophioperla Ludwigi.
Amphiura Mortenseni.
Amphiura peregrinator.
Sterechinus Neumayeri.
Abatus Shackletoni.

Dragage XVI. — 9 décembre 1909. — Île Déception, au milieu de Port Foster. Profondeur : 150 mètres. Vase. Température de l'eau au fond : —1°,3.

Ophionotus Victoriæ.

Dragage XVII. — 26 décembre 1909. — 62° 12′ S., 60° 55′ W. Milieu de la baie de l'Amirauté, île du Roi George (Shetland du Sud). Profondeur : 420 mètres. Vase et cailloux. Température de l'eau au fond : 0°,5.

Anasterias tenera.
Autasterias Bongraini.
Cribrella parva.
Lophaster Gaini.
Bathybiaster Liouvillei.
Ophionotus Victoriæ.

Dragage XVIII. — 27 décembre 1909. — Anse Ouest de la baie de l'Amirauté. Profondeur : 75 mètres. Vase grise et cailloux.

Leucaster involutus.
Odontaster validus.
Bathybiaster Liouvillei.
Ripaster Charcoti.

Ophionotus Victoriæ.
Ophioperla Ludwigi.
Sterechinus Neumayeri.

Dragage XIX. — 12 janvier 1910. — 70° 10′ S., 80° 50′ W. En bordure de la banquise. Profondeur : 460 mètres. Vase sableuse et nombreux cailloux.

Ophiopyren regulare.
Ophiacantha polaris.

Ophiacantha antarctica.
Ophiocamax gigas.

Dragage XX. — Mêmes parages qu'au dragage XIX.

Solaster Godfroyi.
Ophiacantha antarctica.

Sterechinus Neumayeri.
Parapneustes cordatus.

Ile Petermann : 65° 10′ 34″ S., 66° 32′ 30″ W.

Sur les rochers :

Anasterias tenera.
Diplasterias papillosa.

Granaster biseriatus.
Odontaster validus.

Sur les plages :

Granaster biseriatus.
Cryaster Charcoti.

Odontaster validus.
Odontaster elegans.

Port Circoncision :

Diplasterias papillosa.
Granaster biseriatus.

Odontaster validus.

Côte Nord :

Odontaster validus.

Ile Jenny :

Priamaster magnificus.

Sterechinus Neumayeri.

Anse Est de la baie de l'Amirauté, île du Roi George (Shetland du Sud) :

Bathybiaster Liouvillei.

Ile Déception :

Odontaster validus.
Sterechinus Neumayeri.

Ophionotus Victoriæ.

Terre Désolation, Tuesday Bay :

Cosmasterias lurida.

Loxechinus albus.

DEUXIÈME PARTIE

LES ASTÉRIES, OPHIURES ET ÉCHINIDES ANTARCTIQUES

La belle collection d'Échinodermes recueillie par le « Pourquoi Pas? »
nous fournit des documents fort importants pour l'étude de la faune des
mers antarctiques. Si nous ajoutons les espèces recueillies pendant les
deux campagnes du Dr Charcot à celles que d'autres explorations nous
ont déjà fait connaître, nous obtenons un total très imposant d'espèces
observées en différentes localités de ces mers. Il est incontestable que
l'étendue des parages explorés est extrêmement restreinte par rapport à
ceux dans lesquels l'homme n'a pas encore pénétré, et des expéditions
nouvelles viendront certainement augmenter de beaucoup le nombre des
espèces que nous connaissons actuellement. Néanmoins, il devient déjà
possible de jeter un coup d'œil d'ensemble sur la composition de la faune
échinodermique dans les différentes régions du domaine antarctique, d'en
rechercher l'origine, de comparer cette faune à celle d'autres parties du
globe et d'établir quelques conclusions offrant un certain intérêt.

Je n'envisagerai, naturellement, dans cette étude comparative, que les
trois groupes d'Échinodermes dont je me suis occupé ici, c'est-à-dire les
Astéries, les Ophiures et les Échinides. Je dois dire qu'en ce qui concerne
ce dernier groupe le lecteur trouvera d'importants renseignements dans
le mémoire de Mortensen (**10**) sur les Échinides de l'Expédition sud-
polaire allemande.

Tous les zoologistes et les hydrographes sont d'accord pour distinguer,
dans le vaste domaine qui entoure le pôle Sud de notre globe, deux régions
distinctes appelées respectivement « Antarctique » et « Subantarctique »;
bien que les écarts ne soient pas très grands, les limites assignées à ces deux
régions varient quelque peu avec les auteurs, et il importe de les préciser.

Dans mon travail sur les Échinodermes de la « Scotia » (**08**, p. 330),
j'ai adopté, après d'autres, comme limite septentrionale de l'Antarctique.

la ligne d'extension maxima de la banquise. Cette ligne correspond sensiblement à celle des minima absolus de — $1°,11$ C. (= $30°$ F.) pour l'eau
superficielle de la mer, ou à l'isotherme de $0°$ C. pour l'air, qui ont été
indiqués par certains auteurs. Pelseneer, dans son travail sur les Mollusques de la « Belgica » (**08**, p. 57), avait proposé de limiter l'Antarctique
« au continent supposé, Antarctide ou Antarctica, c'est-à-dire aux terres
australes, à l'intérieur du cercle polaire, avec les pointes de ce continent
faisant saillie au dehors, et les îles immédiatement voisines qui n'en sont
séparées que par de faibles profondeurs ». C'est cette définition que Mortensen a adoptée dans le mémoire cité plus haut. Pelseneer fait remarquer
qu'elle s'accorde bien avec la ligne des minima absolus de — $1°,11$ C. pour
l'eau superficielle de la mer, ainsi qu'avec l'isotherme de $0°$ pour l'air.

Qu'on applique le nom de région antarctique soit au continent antarctique avec ses dépendances, soit à toute la partie australe de notre globe
limitée par la ligne d'extension extrême de la banquise ou par la ligne
des minima de — $1°,11$ C. pour l'eau superficielle, ou encore par l'isotherme atmosphérique de $0°$ C., les différences ne sont pas bien grandes.
On pourra les apprécier en étudiant la carte très intéressante que
Pelseneer a publiée, dans le travail que je viens de citer (p. 56). On
constatera que la ligne marquant la limite extrême de la banquise se
confond presque avec celle des minima de — $1°,11$ C. pour la surface de
la mer. Au niveau de $90°$ long. W., ces deux lignes passent entre $60°$ et
$65°$ lat. S. ; puis elles se rapprochent du 50e degré de lat. S., qu'elles
coupent vers $0°$ long., en passant ainsi beaucoup au Nord des îles Bouvet ;
elles s'écartent ensuite notablement de ce parallèle vers $45°$ E., et elles
dépassent $60°$ S. à la hauteur de la Terre d'Enderby, puis, vers $80°$ E., elles
se rapprochent du 55e parallèle, qu'elles suivent assez longtemps ; elles
atteignent de nouveau $60°$ S. à la hauteur de la Terrre Victoria du Sud ;
elles remontent ensuite un peu vers le Nord et courent vers le détroit
de Drake avec quelques inflexions entre $55°$ et $60°$ S. En résumé, ces lignes
suivent à peu près le 60e degré de lat. S. dans l'Océan Pacifique, et elles
offrent, sur le reste de leur parcours, deux parties plus convexes : l'une
dans l'Océan Atlantique et dans la direction du Sud de l'Afrique, l'autre dans
l'Océan Indien et dans la direction de la partie occidentale de l'Australie.

Sur la carte de Pelseneer, la ligne marquant la limite extrême de la banquise passe immédiatement au Nord de la Géorgie du Sud, qui devrait, par conséquent, être placée dans la région antarctique si l'on s'en tenait à une limite rigoureuse. En réalité, la Géorgie du Sud, située par 54° S. et 40° W., fait partie, au point de vue de sa faune marine, de la région subantarctique telle que celle-ci sera définie tout à l'heure : cette faune se rattache plutôt à celle de la pointe de l'Amérique du Sud, bien qu'elle renferme quelques types spéciaux : d'ailleurs cette île se relie à la Terre de Feu par les îles Falkland et par des bas-fonds tels que le banc des Shag Rocks.

L'isotherme de 0°C. pour l'air présente un tracé beaucoup plus régulier que celui des deux lignes que j'ai indiquées plus haut, et il se trouve presque toujours placé en dedans d'elles, c'est-à-dire au Sud de ces lignes ; il suit à peu près le 60° degré de lat. S. et il laisse en dehors de lui la Géorgie du Sud.

Quant aux îles Bouvet, qui se trouvent situées à peu près sur la même latitude que la Géorgie du Sud (55° 30′ S. et 7° 30′ W.), elles se trouvent au Sud de la limite extrême de la banquise, qui, dans ces parages, s'avance vers le Nord. Mortensen les place dans la région subantarctique, mais elles me paraissent devoir plutôt se rattacher à la région antarctique. La faune de ces îles est encore inconnue actuellement : heureusement la « Valdivia » s'y est arrêtée au cours de son voyage dans les mers australes, et nous ne tarderons pas à en connaître la faune (1).

Un tracé de la limite extrême de la banquise analogue à celui qu'indique Pelseneer est donné sur l'excellente carte des régions australes de notre globe publiée en 1909 par le Philosophical Institut of Canterbury (Nouvelle-Zélande) et qui accompagne le bel ouvrage *The subantarctic Islands of New Zealand.* Au contraire, sur les cartes de la *Deutsche sud-polar Expedition*, telles que celles publiées par Enderlein dans son ouvrage *Die biologische Bedeutung der Antarktis* (Bd. X. Heft 4, p. 330), la ligne qui indique la limite d'extension extrême de la banquise passe au Sud de

(1) Chun (*Aus den Tiefen des Weltmeeres*, p. 402) annonce que plusieurs Échinodermes ont été recueillis dans les parages des îles Bouvet et que les Astéries appartiennent aux genres suivants : *Brisinga, Asterius, Solaster, Porania, Gnathaster, Luidia, Bathybiaster* et *Pontaster.*

la Géorgie du Sud et laisse, par conséquent, celle-ci en dehors de la région antarctique qui est entourée par cette ligne. Ce tracé me paraît plus correct que les précédents, et c'est celui que j'adopterai (Voir la carte placée après la page 192).

Quel que soit le tracé choisi pour la ligne marquant la limite septentrionale de la région antarctique, le continent supposé que cette ligne entoure reste toujours assez éloigné d'elle, sauf en face de l'extrémité de l'Amérique du Sud, dans la direction de laquelle il se prolonge jusque vers 64-65° S. ; de nombreuses îles se détachent de ce continent, et elles en restent très voisines. D'autres îles, telles que les Orcades du Sud, les Sandwich du Sud, qui en sont plus éloignées, font aussi partie de la même région.

Ces remarques faites, on peut observer que les deux définitions principales données de la région antarctique, la première la limitant au continent antarctique avec ses prolongements et les îles qui s'y rattachent, et l'autre englobant toute la région comprise au Sud de la limite d'extension de la banquise, sont à peu près identiques. En effet, bien que cette dernière ligne se trouve en général à une grande distance du continent antarctique, il n'existe entre elle et ce continent d'autres terres émergées que les îles avoisinant la Terre de Graham d'une part et les îles Bouvet d'autre part. J'adopterais volontiers la première définition, dont l'énoncé est plus simple, si elle n'offrait l'inconvénient de s'appliquer exclusivement à la zone littorale. Or, il existe une faune antarctique abyssale, très distincte, comme nous le verrons plus loin, de la faune antarctique littorale ainsi que de celle des régions plus septentrionales, faune abyssale dont il est utile de fixer la limite vers le Nord : pour cette raison, il me paraît préférable d'arrêter la région antarctique à la ligne où la banquise s'arrête elle-même, cette définition ayant l'avantage de s'appliquer aussi bien à la zone littorale qu'à la zone abyssale (1).

____

(1) Les limites que je viens d'indiquer ne concernent, bien entendu, que la faune marine. Si l'on considérait la faune terrestre, la région antarctique aurait une autre configuration : ainsi sur la carte d'Enderlein, la limite de cette région suit la ligne d'extension extrême de la banquise dans l'Océan Pacifique et dans l'Océan Atlantique, mais elle s'en écarte assez fortement dans l'Océan Indien pour remonter vers le Nord, de manière à enfermer les îles Marion, Crozet, Kerguelen, etc., et elle fait même un brusque crochet au niveau du 73ᵉ degré de long E., pour envelopper les îles Saint-Paul et Amsterdam. Au point de vue entomologique, toutes ces îles sont considérées comme antarctiques par l'auteur, tandis que, comme nous le verrons tout à l'heure, elles appartiennent à la région subantarctique par leur faune marine.

Nos connaissances sur la faune des régions antarctiques sont naturellement limitées aux parties visitées par les explorateurs, et, à l'heure actuelle, ces parties sont encore relativement peu étendues. On peut dire qu'elles se restreignent à deux provinces presque diamétralement opposées. Si nous nous dirigeons de l'Est à l'Ouest, en partant des Orcades du Sud, situées vers 50° long. W., et sur la faune desquelles nous avons des renseignements assez précis, nous rencontrons ce prolongement du continent antarctique qui s'avance vers le cap Horn et que nous pourrions appeler la province occidentale ou magellane de la région antarctique : cette partie s'étend depuis 60° jusqu'à 75° long. W., entre les 62° et 70° lat. S., et elle comprend d'abord les Terres de Graham, de Danco, etc., puis, plus loin, la Terre Alexandre Ier avec de très nombreuses îles adjacentes. Tout ce territoire a été particulièrement étudié par le Dr Charcot, auquel nous devons de très précieux documents. La « Belgica » a exploré également les parages situés sur les mêmes latitudes ; de plus elle a étendu ses investigations du 80e au 94e degré de long. W., et elle a même effectué un dragage à 104° 35′ W. Mais, à partir du 90e degré de long. W., s'étendent, sur de très vastes espaces, des parages qui nous sont à peu près totalement inconnus. Il faut parcourir une centaine de degrés en longitude pour atteindre la Terre Victoria du Sud, qui a été, en ces derniers temps, l'objet d'explorations très importantes, notamment celles de la « Southern-Cross », de la « Discovery », du « Nimrod », dont les recherches se sont étendues sur toute la côte du continent antarctique comprise entre 71°-78° S. et 160°-170° E. La « Discovery » a même longé la Grande Barrière depuis 160° E. jusqu'à 170° W., c'est-à-dire jusqu'à la Terre du Roi Édouard VII. Ce territoire représente, vers l'Est, une deuxième province antarctique qu'on pourrait appeler la province orientale ou victorienne, mais la partie qui en a été explorée est relativement faible.

Au delà de la Terre Victoria, nous tombons dans l'inconnu. La faune qui vit au voisinage des quelques fragments de côtes reconnus, Terres Adélie, de Sabrina, de Knox, etc., n'a jamais été étudiée. Fort heureusement, le « Gauss », qui a installé ses quartiers d'hiver par 66° 2′ S. et 87° 18′ E., et qui a effectué des dragages à des profondeurs allant de 2 450 à 3 500 mètres, par 64°-67° S. et 80°-90° E., a rapporté des collections dont l'étude sera très intéressante ; en ce qui concerne les Échinodermes, les Échinides seuls ont fait l'objet d'une publication. A partir du 90e degré de long. E., et jusqu'aux environs des 40e ou 45e degrés de long. W., s'étendent de nouveau d'immenses espaces dont la faune nous est complètement inconnue, et dans lesquels on n'a relevé que quelques rares côtes, comme les Terres de Kemp, d'Enderby, etc., situées vers 50e long. E.

En revanche, nous possédons quelques renseignements très précis sur la faune abyssale de l'Océan Antarctique dans les parages qui s'étendent de 12° à 43° long. W., et qui sont compris entre 71° et 48° lat. S., où Bruce, à bord de la « Scotia », a effectué plusieurs dragages à des profondeurs variant de 2515 à 4740 mètres. C'est aux explorations de ce savant que nous devons la plus grande partie de nos connaissances sur la faune antarctique abyssale, car les seuls documents que nous possédions auparavant avaient été fournis par le « Challenger », qui n'a effectué que quelques dragages vers 60°-65° S. et 80°-95° E. Les explorations du « Gauss », dont je parlais plus haut, ont eu lieu dans une région très voisine. Enfin la « Valdivia », qui est allée du Cap aux iles Bouvet, puis est redescendue au Sud de Kerguelen (jusqu'à 64° 14′ S. et 50° 11′ E.), a rapporté d'importantes collections ; mais les travaux sur les Échinodermes n'ont pas encore été publiés.

La limite septentrionale de la région antarctique constitue évidemment la limite méridionale de la région subantarctique qui lui fait suite ; mais cette dernière ne présente pas, vers le Nord, une limite septentrionale aussi nettement marquée que vers le Sud. Cette limite a été souvent fixée aux environs de 50° S., mais plutôt un peu au-dessus de ce parallèle. Pelseneer a proposé d'adopter la ligne des minima de + 4°,44 C. pour la surface de la mer, qui est très voisine de l'isotherme de + 4°,44 C. pour l'air en juillet, c'est-à-dire pour le mois le plus froid dans l'hémisphère austral ; les tracés de ces deux lignes sont indiqués sur la carte que je citais plus haut, et la première a un tracé beaucoup plus onduleux que la seconde. Ces deux lignes coupent l'extrémité de l'Amérique du Sud un peu au-dessus de 50° S., et elles remontent un peu plus haut sur la côte Pacifique que sur la côte Atlantique.

Le 50ᵉ parallèle passe à 2° environ au Nord des îles Falkland; il coupe la côte Atlantique de l'Amérique du Sud vers Santa-Cruz, et, sur la côte Pacifique, il passe à l'extrémité méridionale de l'île Wellington. Il ne peut représenter exactement la limite septentrionale de la région subantarctique. En effet, certaines espèces du cap Horn et du détroit de Magellan remontent assez haut vers le Nord : le *Notechinus magellanicus* dépasse Callao; le *Labidiaster radiosus* atteint 38° S.; l'*Abatus cavernosus* va jusqu'à Juan Fernandez; les *Ophiacantha vivipara* et *Ophiactis asperula* sont connues à 37° ou 38° S. Certaines espèces que l'on rencontre dans la région antarctique, telles que les *Diplasterias Brandti*, *Asterias antarctica*, *Porania antarctica* et *Arbacia Dufresnii*, atteignent, les trois premières 41° à 44° S., et la dernière 37° S.

D'autre part, certaines espèces du Chili et du Pérou, ou même appartenant aux régions équatoriales, se développent en direction inverse et descendent vers le Sud, plus ou moins loin des parages où elles se montrent le plus fréquemment. L'*Ophioceramis Januarii* atteint 40° 45′ S.; le *Loxechinus albus* a été trouvé au Sud de la Terre de Feu, au delà de 54° S., et l'*Encope emarginata* à 51° 35′ S.; l'*Ophionereis Shayeri* et l'*Asterina stellifer* sont connues au détroit de Magellan. Il y a donc, en plusieurs points des côtes du Chili et de la Patagonie, entre 40° et 50° S., un mélange de certaines formes provenant de deux faunes très différentes; mais les éléments appartenant à la faune australe dominent, et les espèces du Nord sont beaucoup plus rares : je ne connais guère que celles que je viens de citer.

La limite qu'on pourra tracer sera donc toujours arbitraire, et il doit être entendu, en outre, qu'elle sera assez élastique. Je crois qu'on peut fixer cette limite septentrionale de la région subantarctique sur la côte orientale de l'extrémité de l'Amérique du Sud, au cap Blanco, vers 48° S., et sur la côte occidentale, à l'île Chiloé, vers 43° S. : ces deux points ne sont en effet pas dépassés par la plupart des espèces subantarctiques.

La faune subantarctique de l'extrémité de l'Amérique du Sud se relie à celle des îles Falkland et de la Géorgie du Sud, bien que cette dernière renferme quelques espèces spéciales accompagnées d'autres qui appar-

Ad. Cap Adare.

Ak. Ile Auckland.

AL. Terre Alexandre Ier.

Am. Ile Amsterdam.

At. Iles Antipodes.

Bl. Iles Ballery.

Bo. Cap Blanco.

Bv. Iles Bouvet.

Bw. Banc de Burdwood.

Ch. Ile Chiloe.

Cm. Ile Chatham.

Cp. Ile Campbell.

CR. Cap Royds.

Cz. Iles Crozet.

D. Ile Daugherty.

DD. Détroit de Drake.

El. Ile Éléphant.

Em. Ile Emerald.

ET. Monts Erebus et Terror.

F. Iles Falkland.

G. Ile Gough.

GS. Géorgie du Sud.

Hd. Ile Heard.

Hn. Cap Horn.

Kg. Kerguelen.

MB. Mer de Biscoe.

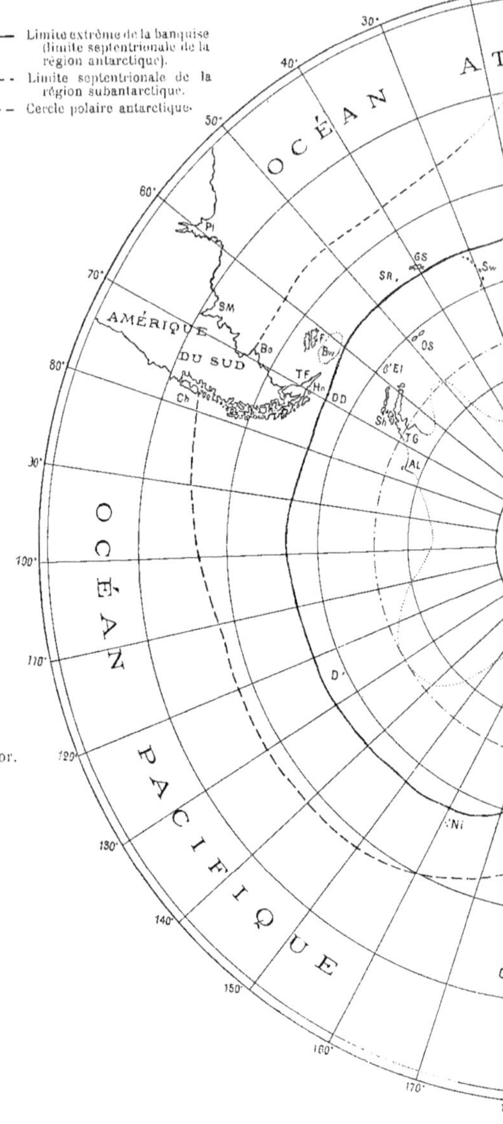

CARTE

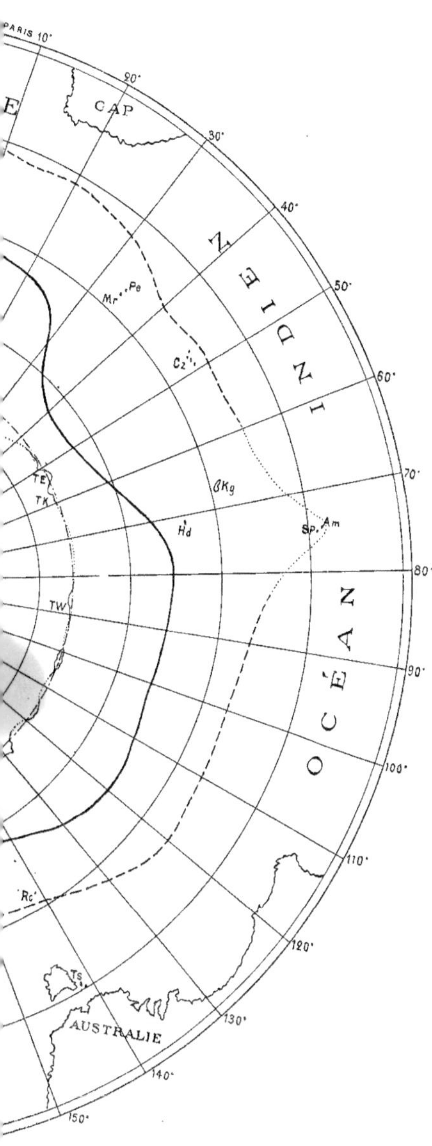

Mq. Ile Macquarie.

Mr. Ile Marion.

MW. Mer de Weddell.

Ni. Iles Nimrod.

NZ. Nouvelle-Zélande.

OS. Orcades du Sud.

Pe. Ile du Prince Édouard.

Pl. La Plata.

Rc. Ile de la Compagnie royale.

Sh. Iles Shetland du Sud.

SM. Golfe San Mathia.

SP. Ile Saint-Paul.

SR. Shag Rocks.

St. Ile Stewart.

Sw. Iles Sandwich du Sud.

TA. Terre Adélie.

TD. Terre du roi Édouard VII.

TE. Terre d'Enderby.

TF. Terre de Feu.

TG. Terre de Graham.

TK. Terre de Kemp.

Tn. Tristan d'Acunha.

Ts. Tasmanie.

TW. Terre de l'Empereur Guillaume II.

VS. Terre Victoria du Sud.

tiennent à la région antarctique proprement dite. La faune des îles Falkland est à peu près identique à celle de la pointe de l'Amérique du Sud, et elle a un caractère essentiellement subantarctique ; la Géorgie du Sud se trouve à la limite des deux régions, et sa faune présente ainsi un caractère mixte sur lequel je reviendrai un peu plus loin.

D'autre part, la région subantarctique comprend le groupe formé par les îles Kerguelen, Heard (ou Mac Donald), Crozet, Marion et du Prince Édouard, qui sont toutes situées sur une latitude voisine, entre 53° et 46° S. Enfin on peut encore rattacher à la région subantarctique quelques îles occupant une position plus septentrionale que celles que je viens de citer, car elles se trouvent au voisinage de 40° S., mais dont la faune, bien que très incomplètement connue, se rattache encore à celle de la région subantarctique ; ce sont les deux groupes des îles Gough (ou Diego Alvarez) et Tristan d'Acunha : le premier groupe est situé vers 40° S. et le deuxième un peu plus au Nord, vers 38°. Évidemment leur position géographique seule n'autoriserait pas à les placer dans la région subantarctique, mais nous verrons que leur faune échinologique renferme quelques types réellement subantarctiques. Remarquons d'ailleurs que ces îles sont relativement assez rapprochées de la limite d'extension extrême de la banquise, qui, à leur niveau, s'avance vers le Nord et dépasse 50° lat. S. (Voir la carte placée après la page 192). Or ce n'est pas seulement la situation en latitude qui doit déterminer le tracé des régions zoologiques, car les courants sous-marins jouent incontestablement un rôle très important dans la répartition géographique des animaux.

Quant aux îles Saint-Paul et Amsterdam, situées dans l'Océan Indien au Nord de Kerguelen, et qui se trouvent à peu près sur la même latitude que Tristan d'Acunha, elles pourront peut-être, elles aussi, être rattachées à la région subantarctique, lorsque leur faune sera mieux connue.

Je diviserai donc la région subantarctique en deux provinces : la province sud-américaine ou magellane, et la province kergueléenne. Ces deux provinces ont toujours été distinguées par les auteurs qui se sont occupés de la géographie zoologique dans la région subantarctique ; mais ils en ajoutaient deux autres : la province capique et la province australienne ou australo-zélandaise. Je ne puis faire figurer ici ces deux dernières divisions, qui n'appartiennent pas à la région subantarctique. En effet, comme nous le verrons plus loin, les faunes échinologiques de l'Australie et de la Nouvelle-Zélande, ainsi que celle du Sud de l'Afrique d'ailleurs, n'ont pas, dans leur ensemble, un caractère subantarctique, et leurs affinités avec celles de l'extrémité de l'Amérique du Sud ou de Kerguelen sont très peu marquées. Pour le moment du moins, nous n'avons à nous occuper que de ces deux dernières régions; peut-être y aura-t-il lieu plus tard d'y ajouter une troisième, lorsque la faune des îles situées au Sud de la Nouvelle-Zélande (îles Campbell, Macquarie et Emerald) sera connue et nous permettra de décider définitivement si ces îles appartiennent à la région subantarctique, ou font partie du district néo-zélandais : d'après les quelques renseignements que nous avons sur la faune des îles Auckland et Campbell, celles-ci paraissent se rattacher plutôt à la Nouvelle-Zélande, et elles n'appartiendraient pas à la région subantarctique.

Dans chacune des deux régions antarctique et subantarctique, j'étudierai successivement les formes littorales et abyssales. Il me paraît inutile, et je dirai même qu'il est souvent impossible, d'établir une séparation entre des espèces littorales, c'est-à-dire vivant entre 0 et 180 à 200 mètres, et des espèces archibenthales ou continentales, vivant entre 200 et 900 à 1 000 mètres de profondeur (1). Beaucoup d'espèces antarctiques ou subantarctiques, trouvées à de faibles niveaux dans certaines localités, descendent ailleurs à 400, 500 ou même 600 mètres. Par exemple les dragages de la « Belgica » ont ramené certaines espèces littorales de profondeurs très variables jusqu'à 600 mètres : ainsi les *Ophioglypha gelida*, *Amphiura polita*, *Ophiacantha antarctica*, *Sterechinus antarcticus*, *Amphiura Belgicæ*, ont été trouvés à des niveaux variant de 100 à 500 ou 600 mètres, et la dernière espèce a été observée par la « Discovery » à une profondeur de 12 mètres seulement; l'*Ophiactis asperula*, entre 0 et 576 mètres; la *Cosmasterias lurida*, entre 0 et 630 mètres, etc.

(1) Ces chiffres, indiqués par Agassiz, sont admis par beaucoup d'auteurs; quelques-uns cependant font descendre la faune littorale plus bas. Ainsi, dans son récent mémoire sur les *Priapulids and Sipunculids dredged by the swedish antarctic Expedition*, Theel appelle littorale la faune comprise entre 0 et 400 mètres (**11**, p. 7).

En général, la plupart des formes non abyssales connues ne dépassent guère ces profondeurs moyennes, surtout quand on les considère dans les parages où elles se montrent le plus fréquemment. Les dragages effectués dans les régions antarctique et subantarctique entre 600 ou 700 mètres et 2 500 mètres de profondeur sont très rares ; de telle sorte que nous passerons brusquement d'une faune littorale ou sublittorale à une faune abyssale, vivant entre 2 500 et 4 000 mètres.

C'est ce qui arrive plus particulièrement dans la région antarctique. La « Belgica » n'a pas dépassé 600 mètres, sauf un dragage au cours duquel fut recueillie la *Belgicella racovitzana*, à 2 800 mètres ; le « Pourquoi Pas? », le « Nimrod », la « Discovery » ont opéré dans des régions encore moins profondes, tandis que les dragages de profondeur effectués dans l'Océan Antarctique, et qui sont principalement dus à la « Scotia », ont débuté à 2 515 mètres. Il ne faut donc pas s'étonner de voir la faune antarctique littorale et sublittorale que nous connaissons actuellement former un ensemble extrêmement distinct de la faune antarctique abyssale, et c'est à peine si nous trouverons une ou deux espèces communes à ces deux faunes. La différence sera moins marquée dans la région subantarctique, où les explorations ont été plus nombreuses, mais là encore il n'y aura pas grand inconvénient à réunir en une même division les espèces littorales et archibenthales, au moins celles qui ne dépassent pas 500 à 600 mètres, et à les opposer aux formes abyssales. Il ne faut pas oublier d'ailleurs que nos divisions bathymétriques, pas plus que les divisions géographiques, ne peuvent rien avoir d'absolu, surtout dans des régions où l'eau superficielle est souvent aussi froide que dans les grandes profondeurs. Il n'y aura donc rien de surprenant à constater de grands écarts de profondeur chez certaines espèces : la *Porania antarctica* a été trouvée entre 0 et 2 928 mètres, l'*Ophiocten amitinum* entre 46 et 3 566 mètres, le *Brisaster Moseleyi* entre 75 et 2 515 mètres, etc.

Il sera également très utile, et cela à titre de comparaison, de faire un relevé des espèces d'Astéries, Ophiures et Échinides connues à la Nouvelle-Zélande et au Cap. En effet, si l'on jette les yeux sur une carte de l'hémisphère austral de notre globe (Voir la carte placée après la page 192), on voit que trois continents se prolongent directement ou

indirectement dans la direction du pôle austral : l'Amérique du Sud par
la Patagonie et la Terre de Feu, l'Afrique méridionale par le cap de
Bonne-Espérance, l'Australie par la Tasmanie, et, à une certaine distance,
par la Nouvelle-Zélande. L'Amérique du Sud s'avance, par le cap Horn,
jusque près de 56° S., tandis que la région du Cap ne dépasse guère
35° S. ; la Nouvelle-Zélande atteint, par l'île Stewart, 47° S., et elle se
développe entre 35° et 47° S. Ces terres avancées forment trois éléments
d'un cercle entourant la région antarctique, le Cap par 17° long. E., l'île
Stewart par 166° E., et le cap Horn par 70° W. C'est en raison de ces
circonstances géographiques que les auteurs ajoutaient, aux provinces
magellane et kergueléenne, les deux provinces capique et australienne
pour constituer la région subantarctique telle qu'ils la comprenaient.

La Nouvelle-Zélande est plus rapprochée du pôle austral que le Cap ;
de plus, elle paraît se continuer dans la direction du continent antarctique
par toute une série d'îles : les îles Auckland (51° S.), Campbell (52° S.),
Macquarie (55° S.) et Emerald (57° S.). Néanmoins, entre cette dernière
et les îles Ballery, situées au Nord de la Terre Victoria du Sud, il reste
encore un très vaste espace d'une dizaine de degrés en latitude et dans
lequel les profondeurs paraissent être assez grandes.

Ce n'est pas seulement en raison de la situation géographique actuelle
de l'extrémité de l'Amérique du Sud, du Cap et de la Nouvelle-Zélande
que la faune échinologique de ces trois régions avancées doit être exa-
minée. On sait qu'on a souvent émis l'idée qu'un vaste continent reliait,
aux époques géologiques, et sans doute même à plusieurs reprises, ces
différents territoires à la Terre Antarctique. Je rappellerai que l'étude
comparative des faunes et des flores terrestres, ainsi que celle des animaux d'eau douce existant actuellement, a fourni, à l'appui de cette
hypothèse, des preuves indiscutables. La distribution des diverses faunes
marines a également apporté quelques arguments en faveur de cette
opinion, mais d'une manière beaucoup moins nette. Il sera donc
intéressant de rechercher si la faune des Échinodermes actuels fournit
quelques indications relatives à ces anciennes relations entre les terres
australes.

Nous ne pouvons pas admettre que la région antarctique ait été le point de départ de la faune qui a peuplé les mers australes ; ce sont au contraire des formes venues des régions septentrionales plus chaudes qui se sont progressivement avancées vers le Sud, et quelques-unes d'entre elles ont pu s'adapter aux conditions nouvelles d'existence qu'elles rencontraient dans leur migration vers le pôle austral. Nous devons donc rechercher si ces formes ont émigré de l'extrémité de l'Amérique du Sud, de la région du Cap ou enfin de la Nouvelle-Zélande. L'étude respective des faunes de ces trois régions va nous fournir une réponse à cette question en nous donnant les éléments nécessaires pour une comparaison avec la faune antarctique.

Il reste encore une dernière hypothèse à envisager. Il se pourrait, en effet, que cette faune provint, au moins en partie, de l'immigration, dans les eaux moins profondes, d'espèces habitant les zones abyssales à une certaine distance du continent antarctique, entre 50° et 40° lat. S., dans les régions australes des trois grands Océans : Atlantique, Pacifique et Indien, qui se réunissent dans l'Océan Antarctique, au delà du cap Horn, du cap de Bonne-Espérance et de la Nouvelle-Zélande. Une étude de la faune abyssale subantarctique devra donc s'ajouter nécessairement à l'étude des faunes littorales dans les régions que j'ai indiquées plus haut, pour nous permettre de rechercher l'origine de la faune antarctique.

I. — RÉGION ANTARCTIQUE

1° FAUNE ANTARCTIQUE LITTORALE

J'ai dit plus haut que la région antarctique littorale comprenait deux provinces géographiquement distinctes et très éloignées l'une de l'autre : une province magellane ou occidentale, rapprochée de la pointe de l'Amérique du Sud et qui comprend les Orcades du Sud, les Shetland du Sud, les Sandwich du Sud, les Terres de Graham, de Danco, la Terre Alexandre Ier avec les îles voisines jusque vers 90° long. W., et une province

victorienne ou orientale qui ne comprend, pour le moment, que la Terre
Victoria du Sud. Les faunes échinologiques de ces deux provinces sont
très voisines l'une de l'autre, et la plupart des espèces de la Terre Victoria du Sud sont connues dans la province occidentale : je les réunis
dans la liste générale qui suit, mais j'indiquerai plus loin celles qui sont
spéciales à chaque province.

Cette liste renferme les espèces littorales et archibenthales observées
dans la région antarctique. Quelques-unes des espèces signalées se
retrouveront dans la région subantarctique, où elles peuvent même
devenir très communes : elles doivent être considérées plutôt comme
des formes subantarctiques pénétrant dans l'Antarctique que comme
des formes antarctiques remontant vers le Nord ; leur distribution sera
indiquée plus loin.

ESPÈCES ANTARCTIQUES LITTORALES

ASTÉRIES

    Labidiaster radiosus Lütken.
× *Anasterias Belgicæ* Ludwig.
× *Anasterias chirophora* Ludwig.
× *Anasterias cupulifera* Kœhler.
× *Anasterias lactea* Ludwig.
× *Anasterias tenera* Kœhler.
    Diplasterias Brandti (Bell).
× *Diplasterias induta* Kœhler.
× *Diplasterias papillosa* Kœhler.
× *Diplasterias Turqueti* Kœhler.
    Asterias antarctica Lütken.
× *Asterias Longstaffi* Bell.
× *Asterias (Stolasterias) candicans* Ludwig.
× *Coscinasterias Brucei* (Kœhler).
× *Coscinasterias Victoriæ* Kœhler.
× *Notasterias armata* Kœhler.
× *Autasterias Bongraini* Kœhler.
× *Pedicellaster antarcticus* Ludwig.
× *Granaster biseriatus* Kœhler.
× *Echinaster Smithii* Ludwig.
× *Cryaster antarcticus* Kœhler.
× *Cryaster Charcoti* Kœhler.
× *Heuresaster Hodgsoni* Bell.
    Cribrella Pagenstecheri Studer.

× *Cribrella parva* Kœhler.
× *Perknaster aurantiacus* Kœhler.
× *Lophaster antarcticus* Kœhler.
× *Lophaster Gaini* Kœhler.
    Lophaster stellans Sladen.
× *Solaster Godfroyi* Kœhler.
× *Solaster octoradiatus* Ludwig.
× *Leucaster involutus* Kœhler.
× *Remaster Gourdoni* Kœhler.
    Cycethra verrucosa (Philippi).
    Porania antarctica Smith.
    Pteraster Lebruni Perrier.
× *Hymenaster perspicuus* Ludwig.
× *Odontaster capitatus* Kœhler.
× *Odontaster cremeus* Ludwig.
× *Odontaster elegans* Kœhler.
× *Odontaster validus* Kœhler.
× *Pentagonaster incertus* Bell.
× *Pseudontaster marginatus* Kœhler.
    Mimaster cognatus Sladen.
    Leptoptychaster kerguelensis Smith.
× *Priamaster magnificus* Kœhler.
× *Bathybiaster Liouvillei* Kœhler.
    Ripaster Charcoti Kœhler.
× *Cheiraster Gerlachei* Ludwig.

OPHIURES

× *Ophiopyren regulare* Kœhler.
× *Ophiozona inermis* Bell.
Ophioconis antarctica Lyman.
× *Ophiopyrgus australis* Kœhler.
× *Ophiomastus Ludwigi* Kœhler.
× *Ophioglypha carinifera* Kœhler.
Ophioglypha Döderleini Kœhler.
× *Ophioglypha flexibilis* Kœhler.
× *Ophioglypha frigida* Kœhler.
× *Ophioglypha gelida* Kœhler.
× *Ophioglypha innoxia* Kœhler.
× *Ophioglypha Kœhleri* (Bell).
× *Ophioglypha resistens* Kœhler.
× *Ophioglypha Rouchi* Kœhler.
× *Ophioperla Ludwigi* Kœhler.
× *Ophionotus Victoriæ* Bell.
× *Ophiosteira antarctica* Bell.
× *Ophiosteira Senouqui* Kœhler.
× *Ophiocten dubium* Kœhler.

× *Ophiocten megaloplax* Kœhler.
× *Amphiura algida* Kœhler.
× *Amphiura Belgicæ* Kœhler.
× *Amphiura Joubini* Kœhler.
× *Amphiura Mortenseni* Kœhler.
× *Amphiura peregrinator* Kœhler.
× *Amphiura polita* Kœhler.
Amphiura tomentosa Lyman.
× *Amphilepis antarctica* Kœhler.
× *Ophiocamax gigas* Kœhler.
× *Ophiacantha antarctica* Kœhler.
Ophiacantha cosmica Lyman.
Ophiacantha imago Lyman.
× *Ophiacantha polaris* Kœhler.
Ophiacantha vivipara Ljungman.
× *Ophiodiplax disjuncta* Kœhler.
× *Astrochlamys bruneus* Kœhler.
Astrotoma Agassizii Lyman.

ÉCHINIDES

× *Eurocidaris Geliberti* Kœhler.
× *Notocidaris gaussensis* Mortensen.
Notocidaris Mortenseni (Kœhler).
× *Ctenocidaris Perrieri* Kœhler.
Ctenocidaris speciosa Mortensen.
× *Rhynchocidaris triplopora* Mortensen.
× *Aporocidaris incerta* (Kœhler).
Arbacia Dufresnii (Blainville).
× *Sterechinus antarcticus* Kœhler.
Sterechinus Neumayeri (Meissner).

Notechinus magellanicus (Philippi).
Plexechinus Nordenskjöldi Mortensen.
× *Abatus elongatus* Kœhler.
× *Abatus Shackletoni* Kœhler.
× *Pseudabatus Nimrodi* Kœhler.
× *Parapneustes cordatus* Kœhler.
× *Parapneustes reductus* Kœhler.
× *Amphipneustes Lorioli* Kœhler.
× *Amphipneustes Mortenseni* Kœhler.
× *Brisaster antarcticus* (Döderlein).

Les espèces propres à la région antarctique littorale sont marquées d'une croix.

Avant d'examiner les caractères de cette faune littorale antarctique, il me paraît utile d'indiquer les espèces qui ont été rencontrées à la fois dans la province antarctique occidentale et à la Terre Victoria du Sud. Elles sont au nombre de dix-neuf, qui sont :

Asterias antarctica.
Diplasterias Brandti.
Coscinasterias Brucei.
Coscinasterias Victoriæ.
Notasterias armata.

Cryaster antarcticus.
Cribrella Pagenstecheri.
Solaster octoradiatus.
Cycethra verrucosa.
Porania antarctica.

Odontaster validus.	*Ophiodiplax disjuncta.*
Amphiura Belgicæ.	*Astrotoma Agassizii.*
Ophionotus Victoriæ.	*Sterechinus Neumayeri.*
Ophiacantha cosmica.	*Abatus Shackletoni.*
Ophiacantha vivipara.	

(Je désigne sous le nom de *Cribrella Pagenstecheri* une *Cribrella* trouvée par la « Discovery » à la Terre Victoria du Sud et que Bell a appelée *C. ornata*, en ajoutant que ce terme était synonyme de *C. simplex* : il est possible que le rapprochement soit exact, mais, pour le moment du moins, je ne puis considérer cette synonymie comme parfaitement établie.)

Les *Leptoptychaster kerguelensis*, *Ophioconis antarctica* et *Ophiacantha imago* sont connues hors de la Terre Victoria du Sud, mais seulement dans la région subantarctique, et toutes trois dans les parages de Kerguelen exclusivement. D'autre part, les espèces suivantes peuvent être, jusqu'à maintenant, considérées comme spéciales à la Terre Victoria du Sud :

Asterias Longstaffi.	*Ophioglypha Kœhleri.*
Heuresaster Hodgsoni.	*Ophioglypha resisten*
Pentagonaster incertus.	*Amphiura algida.*
Ophiozona inermis.	*Pseudabatus Nimrodi.*
Ophioglypha flexibilis.	

Si nous considérons la liste générale de nos espèces antarctiques littorales, nous constaterons qu'elle comprend quarante-neuf Astéries, trente-sept Ophiures et vingt Échinides, en tout cent six espèces.

Un certain nombre d'entre elles peuvent être considérées comme des formes subantarctiques qui pénètrent accidentellement dans la région antarctique, mais ne constituent pas des formes caractéristiques de celle-ci : ainsi, parmi les Astéries, les *Labidiaster radiosus*, *Asterias antarctica*, *Diplasterias Brandti*, *Cribrella Pagenstecheri*, *Cycethra verrucosa*, *Porania antarctica*, *Lophaster stellans*, *Leptoptychaster kerguelensis*, *Mimaster cognatus* et *Pteraster Lebruni*, sont des types subantarctiques. J'ai indiqué, dans la première partie de ce travail, les principales stations et la distribution géographique des six premières de ces espèces, avec les particularités qu'elles présentent. Je n'y reviendrai pas (Voir respectivement pages 7, 11, 19, 41, 64 et 66).

Le *Lophaster stellans* n'a encore été signalé qu'une seule fois dans la région antarctique : la « Belgica » l'a trouvé par 71° S. et 89°-91° W., à une profondeur de 450 mètres. Il a été observé en différents points de la région subantarctique, à la fois dans des stations littorales, archibenthales et abyssales. La mission du cap Horn l'a rencontré à la Terre de Feu, à 200 mètres de profondeur (*L. pentactes* Perrier). Le « Challenger » l'a trouvé sur les côtes occidentales de l'Amérique du Sud, à Puerto Bueno (50° 56' S.) par 73 mètres de profondeur, au Sud de l'île Wellington (50° 8' S.) par 312 mètres, et enfin à l'archipel Chonos (45° 31' S.) par 2 424 mètres de profondeur. Le *L. stellans* peut donc offrir, dans sa distribution bathymétrique, des écarts supérieurs à plus de 2 250 mètres.

Le *Mimaster cognatus* a été trouvé par la « Belgica » à 70° S. et 85° W. et à une profondeur de 450 mètres ; l'espèce n'est connue que dans deux autres stations, l'une littorale à Smyth Channel (52° S., 76° W., profondeur 450 mètres), et l'autre abyssale dans l'archipel Chonos (45° 31' S., profondeur 2 424 mètres).

Le *Leptoptychaster kerguelensis* est surtout connu dans la province kerguelécnne de la région subantarctique : je le fais figurer dans la liste des espèces antarctiques, parce que Bell l'a signalé parmi les Échino dermes recueillis par la « Discovery » à la Terre Victoria du Sud, où il aurait été rencontré à une profondeur de 175-183 mètres. L'auteur anglais a réuni le *L. kerguelensis* au *L. antarcticus* Sladen.

Le *Pteraster Lebruni* n'a encore été rencontré que dans deux stations, l'une antarctique, par 71° 24' S., profondeur 450 mètres (« Belgica »), et l'autre subantarctique, dans le canal Washington, à 80 mètres (Expédition du Cap Horn).

Le *Ripaster Charcoti* est une des rares espèces qui ont été rencontrées, dans la région antarctique, à la fois dans des stations littorales et dans des stations abyssales (Voir p. 101).

L'*Ophioconis antarctica* a été observée à la Terre Victoria du Sud par la « Discovery » à son quartier d'hiver. L'espèce n'était connue jusqu'alors que dans la région kergueléenne (îles du Prince Édouard et Marion).

L'*Ophioglypha Döderleini* a été découverte par la « Belgica », à 70° 21' S., par 475-500 mètres de profondeur ; je l'ai retrouvée parmi les Ophiures de l'Expédition du Cap Horn (il n'y avait pas d'indication de profondeur, mais les stations étaient littorales).

L'*Ophiacantha cosmica* peut être placée parmi les formes littorales, parce que la « Discovery » l'a trouvée à la Terre Victoria du Sud, à des profondeurs comprises entre 183 et 549 mètres ; mais elle se rencontre généralement à de plus grandes profondeurs, jusqu'à 4740 mètres, et elle a été draguée dans différentes localités des mers australes. J'indiquerai sa répartition plus loin, en étudiant les espèces subantarctiques abyssales (p. 231).

L'*Ophiacantha imago* a été trouvée par la « Discovery » à la Terre Victoria du Sud, à de faibles profondeurs (55-183 mètres) ; le « Challenger » avait découvert l'espèce dans les parages de Kerguelen à des profondeurs variant de 46 à 210 mètres.

Ophiacantha vivipara (Voir p. 141 au sujet de la distribution géographique de cette espèce).

L'*Amphiura Mortenseni* a été découverte par la « Scotia » aux Orcades du Sud, à une très faible profondeur (16 à 18 mètres) ; elle a été retrouvée par le D' Charcot dans des stations comprises entre 64° et 65° S., à des profondeurs variant de 40 à 129 mètres : elle reste donc toujours antarctique.

L'*Amphiura tomentosa* a été également trouvée par la « Scotia » aux Orcades du Sud, à une très faible profondeur (16 à 18 mètres). Elle prend, dans cette localité, des caractères un peu différents de ceux du type qui provient de Kerguelen ; mais il ne m'a pas paru nécessaire d'en faire une espèce à part (Voir Kœhler, **08**, p. 607).

L'*Astrotoma Agassizii* a été rencontrée par la « Discovery » à la Terre Victoria du Sud, dans différentes localités comprises entre 73° et 77° S., à des profondeurs variant de 4 à 220 mètres ; on la connaît également au banc de Burdwood (102 mètres), dans le détroit de Magellan (274 mètres), etc. Des exemplaires trouvés par la « Discovery » à l'île Coulmann, à une profondeur de 4 mètres, sont considérés par Bell comme constituant une variété distincte du type ; mais l'auteur ne fournit aucun renseignement à ce sujet.

Le *Notocidaris Mortenseni* a, de même que le *Ripaster Charcoti*, été trouvé dans la région antarctique, à la fois dans des stations littorales et dans une station abyssale : en effet, la « Belgica » l'avait rencontré entre 100 et 600 mètres, tandis que la « Scotia » l'a dragué à 2 580 mètres.

Le *Ctenocidaris speciosa* a été recueilli par l'Expédition sud-polaire suédoise, à la Terre de Graham, par 64° 20′ S., ainsi que dans des stations subantarctiques, à la Géorgie du Sud et au banc des Shag Rocks (53° 34′ S., 43° 43′ W.), à des profondeurs variant de 75 à 400 mètres.

Arbacia Dufresnii. — Cette espèce n'a encore été rencontrée que dans une seule station antarctique : c'est à l'île Booth-Wandel, où elle a été signalée par la première Expédition Charcot ; elle est surtout subantarctique, et elle est connue sur les deux côtés de l'extrémité de l'Amérique du Sud où elle peut remonter assez haut vers le Nord : sur la côte Pacifique, elle s'étend jusqu'à Puerto Montt (42° S.), et, sur la côte Atlantique, jusqu'à La Plata (37° 42′ S.), à des profondeurs comprises entre 0 et 330 mètres.

Sterechinus Neumayeri. — (Voir p. 162 pour la distribution géographique de cette espèce.)

Notechinus magellanicus. — Cette espèce n'a encore été signalée que dans une seule station antarctique : l'Expédition sud-polaire suédoise l'a, en effet, rencontrée à la Terre de Graham (64° 20′ S.), à une profondeur de 150 mètres. Elle est surtout répandue dans la région subantarctique, où on l'a observée dans différentes stations, à la Terre de Feu, aux îles Falkland, sur le banc de Burdwood, etc., et elle est également connue à Kerguelen, à Tristan d'Acunha, aux îles Gough, Amsterdam, etc. Le *N. magellanicus* remonte sur la côte Pacifique de l'Amérique du Sud jusqu'à Ancon, un peu au-dessus de Callao, et sur la côte Atlantique jusqu'à l'embouchure de La Plata. Il vit à une profondeur de 0 à 300 mètres.

Le *Plexechinus Nordenskjöldi* a été rencontré dans une station antarctique (62° 2′ S., 87° 18′ E.) par l'Expédition sud-polaire allemande, à 380 mètres de profondeur, et dans une station subantarctique également littorale par l'Expédition sud-polaire suédoise, au banc des Shag Rocks, à une profondeur de 160 mètres.

D'après les remarques qui précèdent, nous voyons donc que dix Astéries, sept Ophiures et cinq Échinides, soit en tout vingt-deux espèces, se trouvent à la fois dans la région antarctique et dans la région subantarctique ; toutes les autres espèces, soit en tout quatre-vingt-quatre (en y comprenant les *Ripaster Charcoti* et *Notocidaris Mortenseni*), peuvent être considérées jusqu'à présent comme étant spéciales à la première région. Toutefois, en plus de ces espèces communes, il est bon de remarquer que certaines espèces antarctiques sont extrêmement voisines d'espèces subantarctiques, qu'elles représentent vraisemblablement sous une latitude un peu différente, et dont elles proviennent sans doute. Voici les plus importantes de ces espèces :

Espèces antarctiques.	Espèces subantarctiques.
Granaster biserialus.	*Granaster nutrix.*
Perknaster auranliacus.	*Perknaster densus* et *fuscus.*
Lophaster antarclicus.	*Lophaster stellans.*
Odontaster validus.	*Odontaster penicillatus.*
Odontaster cremeus.	*Odontaster granuliferus.*
Bathybiaster Liouvillei.	*Bathybiaster loripes.*
Ophioglypha Rouchi.	*Ophioglypha ambigua.*
Eurocidaris Geliberti.	*Eurocidaris nutrix.*
Sterechinus antarcticus.	*Sterechinus diadema* et *Agassizii.*
Abalus elongatus.	*Abatus Philippii.*
Amphipneustes Lorioli et *Mortenseni.*	*Amphipneustes Kœhleri.*

Il y a donc, on le voit, de grandes analogies entre la faune littorale antarctique et la faune littorale de l'extrémité de l'Amérique du Sud : nous nous occuperons de cette dernière un peu plus loin.

Pour en terminer avec la région antarctique, il me reste à étudier les espèces abyssales.

2° FAUNE ANTARCTIQUE ABYSSALE

On peut dire que la faune antarctique abyssale n'a encore été qu'entrevue jusqu'à ce jour. Les dragages effectués entre 62° et 71° S. par le « Challenger », par la « Belgica », par le « Gauss », mais tout particulièrement par la « Scotia », à des profondeurs comprises entre 2 580 et 4 794 mètres (ce dernier chiffre représente la profondeur la plus grande atteinte par la « Scotia »), nous ont cependant fait connaître un ensemble d'Échinodermes complètement différents de ceux que l'on avait pu observer dans les zones littorales ou archibenthales.

Si l'on compare les chiffres des profondeurs que je viens d'indiquer à ceux des plus grandes profondeurs auxquelles se sont arrêtées les recherches dans la zone antarctique sublittorale, on passera brusquement de dragages atteignant au plus 600 mètres à des dragages commençant à 2 500 mètres ; s'il y a eu des opérations de pêche effectuées, dans les régions antarctiques, à des niveaux intermédiaires, les résultats, en ce qui concerne les Échinodermes, n'ont pas encore été publiés, et la faune de ces niveaux nous est inconnue pour le moment.

Il n'est donc pas surprenant que la faune abyssale, séparée, par un hiatus aussi considérable, des espèces sublittorales, se montre avec des caractères tout à fait particuliers et inattendus, et que sa composition soit complètement différente de celle vivant dans les zones littorales ou sublittorales explorées.

Dans l'état actuel de nos connaissances, il est impossible de préciser, au point de vue géographique, les limites de la région antarctique abyssale sur tout son pourtour. En étudiant les Échinides de cette région, Mortensen disait qu'elle était vraisemblablement limitée du côté de l'Atlantique par le relief sous-marin qui s'étend du cap Horn à la Géorgie du Sud, en passant par le banc des Shag Rocks, et qui se continue vers les îles Bouvet ; ce relief est indiqué sur la carte que Bruce a publiée des parties australes de l'Atlantique s'étendant entre 20° long. W. et 90° long. E. environ. Ainsi que nous le verrons plus loin, la faune des Échinodermes abyssaux qui a été rencontrée au Sud de ce relief, et que nous appellerons faune antarctique abyssale, est complètement différente de celle qui existe au Nord, dans la région subantarctique voisine, et il se trouve que ce sont précisément les Échinodermes de ces parages qui constituent l'ensemble le plus important parmi les formes abyssales antarctiques connues. Aussi n'est-il pas difficile de limiter la faune antarctique de ce côté. Il n'en est pas de même du côté de l'Océan Pacifique et de l'Océan Indien. D'abord nous n'avons que des renseignements fort vagues sur le relief sous-marin des parties australes de ces deux Océans, et surtout de l'Océan Pacifique ; en outre, nos connaissances

     ÉCHINODERMES.

sur les faunes abyssales de ces parties, si restreintes qu'elles soient, nous permettent cependant de penser qu'une barrière analogue à celle qu'indique Bruce du côté de l'Atlantique n'existe pas dans les régions australes de l'Océan Indien ; quant au Pacifique, il n'a pour ainsi dire pas été exploré dans ces parages. La limite de la région antarctique du côté de ces deux Océans ne peut donc être établie que d'une manière conventionnelle : c'est une des raisons pour lesquelles j'ai proposé de maintenir comme limite septentrionale de la région antarctique la ligne qui correspond à l'extension maxima de la banquise, limite qui peut s'appliquer sans inconvénient à la faune littorale et à la faune abyssale, et qui, du côté de l'Atlantique, correspond d'une manière suffisamment approchée aux reliefs sous-marins indiqués par Bruce.

Les parages explorés dans les mers australes, aussi bien dans la région antarctique que dans la région subantarctique, et même dans les parties plus rapprochées de l'Équateur, sont encore très peu étendus. Si l'on en juge par la richesse et par la variété de la faune dans les localités connues, on peut supposer que les explorations futures découvriront, dans les profondeurs des mers australes, de nombreuses espèces nouvelles. C'est à ces expéditions qu'il appartiendra de nous fixer sur les rapports et sur l'importance de la faune antarctique abyssale.

Les espèces antarctiques abyssales d'Astéries, d'Ophiures et d'Échinides connues à ce jour sont au nombre de cinquante-deux, qui se répartissent ainsi :

ESPÈCES ANTARCTIQUES ABYSSALES

ASTÉRIES

× *Belgicella Racovitzana* Ludwig.
Freyella fragilissima Sladen.
× *Freyella Giardi* Kœhler.
× *Autasterias pedicellaris* (Kœhler).
× *Lophaster abbreviatus* Kœhler.
× *Solaster Lorioli* Kœhler.
× *Ganeria attenuata* Kœhler.
× *Hymenaster campanulatus* Kœhler.
× *Hymenaster densus* Kœhler.
× *Hymenaster edax* Kœhler.

× *Hymenaster fucatus* Kœhler.
× *Chitonaster cataphractus* Sladen.
× *Chitonaster Johannæ* Kœhler.
Lonchotaster forcipifer Sladen.
Ripaster Charcoti Kœhler.
× *Dytaster felix* Kœhler.
× *Marcelaster antarcticus* Kœhler.
× *Pararchaster antarcticus* Sladen.
× *Hyphalaster Scotiæ* Kœhler.

OPHIURES

× *Ophioplinthus grisea* Lyman.
× *Ophioplinthus medusa* Lyman.
× *Ophiernus quadrispinus* Kœhler.
Ophiernus vallincola Lyman.
× *Ophioglypha anceps* Kœhler.
× *Ophioglypha Brucei* Kœhler.
× *Ophioglypha figurata* Kœhler.
× *Ophioglypha inops* Kœhler.
× *Ophioglypha integra* Kœhler.
× *Ophioglypha mimaria* Kœhler.
× *Ophioglypha ossiculata* Kœhler.

× *Ophioglypha partita* Kœhler.
× *Ophioglypha scissa* Kœhler.
Ophiocten amitimum Lyman.
× *Ophiocten Ludwigi* Kœhler.
Ophiocten pallidum Lyman.
× *Amphiura consors* Kœhler.
× *Amphiura magnifica* Kœhler.
× *Amphiura patula* Lyman.
Ophiacantha cosmica Lyman.
× *Ophiacantha frigida* Kœhler.
× *Ophiacantha opulenta* Kœhler.

ÉCHINIDES

× *Notocidaris hastata* Mortensen.
Notocidaris Mortenseni (Kœhler).
× *Aporocidaris antarctica* Mortensen.
× *Urechinus Drygalskii* Mortensen.
× *Urechinus fragilis* Kœhler.
Urechinus naresianus Agassiz.

Urechinus Wyvillei (Agassiz).
Pilematechinus vesica (Agassiz).
Pourtalesia hispida Agassiz.
Echinosigra phiale (Agassiz).
× *Delopatagus Brucei* Kœhler.

Les espèces exclusivement antarctiques abyssales sont marquées d'une croix.

Sur les cinquante-deux espèces que renferme la liste ci-dessus, treize pénètrent dans la région antarctique abyssale en partant d'eaux moins profondes ou de localités plus septentrionales; quelques-unes même peuvent se retrouver dans des parages voisins de l'Équateur ou dans l'hémisphère boréal. Ces espèces sont les suivantes :

Freyella fragilissima.
Lonchotaster forcipifer.
Ripaster Charcoti.
Ophiernus vallincola.
Ophiocten amitimum.
Ophiocten pallidum.
Ophiacantha cosmica.

Notocidaris Mortenseni.
Urechinus naresianus.
Urechinus Wyvillei.
Pilematechinus vesica.
Pourtalesia hispida.
Echinosigra phiale.

Les *Ripaster Charcoti* et *Notocidaris Mortenseni* sont les deux seules formes connues dans la région antarctique qui se montrent à la fois dans des stations littorales et dans des stations abyssales de cette région. Le *R. Charcoti* a été trouvé par la « Scotia » à 62° S. et 43° W., à une profondeur de 3 248 mètres, tandis que l'Expédition Charcot l'a observé vers 64° S. et 65° W., entre 0 et 75 mètres. Le *N. Mortenseni* a été recueilli par la « Scotia » à 71° S. et 19° W., à 2 580 mètres de profondeur, tandis que la « Belgica » l'a rencontré vers 70°-71° S. et 82°-94° W., entre 100 et 600 mètres. Il est assez curieux de constater que, pour chacune de ces espèces, la station littorale se trouve assez éloignée de la station abyssale.

D'autres espèces de la région antarctique abyssale partent de stations plus septentrionales et vivent aussi dans la région subantarctique, sans abandonner cependant les grandes profondeurs : ainsi la *Freyella fragilissima* a été recueillie par le « Challenger » dans deux stations, l'une antarctique à 62° S. et 93° E., à une profondeur de 3 615 mètres, e l'autre plus au Nord, par 46° S. et 43° E., à 2 515 mètres. Le *Lonchotaster forcipifer* passe de 62° S. et 93° E. (profondeur 3 615 mètres), à 53° S. et 106° E. (profondeur 3 568 mètres).

La *Pourtalesia hispida* passe également de 62° S. et 93° E. (profondeur 3 615 mètres) à 46° S. et 46° E. (profondeur 2 928 mètres).

Les *Pilematechinus vesica* et *Ophiocten pallidum* présentent une répartition analogue.

L'*Urechinus naresianus* a été rencontré par le « Gauss » dans une station antarctique abyssale (65° 31′ S. et 82° 54′ E.), à une profondeur de 2 450 mètres. Le « Challenger » l'avait trouvé dans différentes localités comprises entre 42° et 50° S., à des profondeurs variant entre 2 515 et 3 294 mètres.

La seule station antarctique connue de l'*Urechinus Wyvillei* a également été observée par le « Gauss », vers 65° S. et 79° E., à une profondeur de 3 397 mètres. Cette espèce avait été rencontrée dans la région subantarctique entre 46°-50° S. et 43°-124° E., ainsi qu'à 33°-38° S. et 76°-90° W., toujours à de grandes profondeurs.

L'*Ophiernus vallincola* a été recueillie par le « Challenger » à 62° S. et 93° E. (profondeur 3 615 mètres), puis un peu plus au Nord, par 46° S. et 43′ E., à une profondeur de 2 515 mètres; et enfin elle s'est montrée dans l'hémisphère boréal par 37° N. et 27° W., à une profondeur de 1 830 mètres.

L'*Ophiocten amitimum* présente une grande extension, aussi bien au point de vue géographique que bathymétrique. Le « Challenger » l'a recueillie dans une station antarctique abyssale, par 60° S. et 78° E., à une profondeur de 2 300 mètres ; il l'a également rencontrée dans différentes stations abyssales de la région subantarctique : 53° S. et 106° E., profondeur 3 568 mètres ; 46° S. et 43° E., profondeur 2 515 mètres. Mais cette Ophiure se montre également dans des stations littorales : on l'a trouvée à l'île Marion, à des profondeurs comprises entre 155 et 274 mètres. Elle est également connue dans le détroit de Magellan et sur la côte orientale de la Patagonie (profondeur 46-110 mètres). Enfin l'Expédition du Cap Horn l'a observée à la Terre de Feu, à une profondeur très faible, mais qui n'a pas été notée exactement.

L'*Ophiacantha cosmica*, déjà signalée dans le domaine antarctique littoral, possède une vaste extension géographique, que j'indiquerai plus loin (Voir p. 231).

Le *Brisaster antarcticus* n'a encore été vu qu'aux îles Bouvet (profondeur 457 mètres).

L'*Echinosigra phiale* mérite surtout de fixer l'attention. Cet Échinide a été découvert par le « Challenger » à 62° S. et 93° E., par 3 615 mètres de profondeur. Un exemplaire de cette espèce a été retrouvé par l'Expédition sud-polaire allemande, vers 65° S. et 83° E., à une profondeur de 2 916 mètres, et Mortensen, qui l'a étudié, a constaté qu'il ne différait que par des caractères insignifiants des spécimens recueillis dans l'Atlantique boréal, où cette espèce a été capturée par l' « Ingolf » sous une latitude élevée (62°-64° N.).

Il sera intéressant de comparer les voies suivies par ces différentes espèces dans leur dispersion : je m'occuperai de ce point un peu plus loin, après avoir établi la liste des Échinodermes subantarctiques abyssaux.

Si donc, en résumé, nous enlevons aux cinquante-deux espèces d'Échinodermes connues dans la région antarctique abyssale les treize espèces signalées plus haut, il en restera trente-neuf qui peuvent être considérées, jusqu'à présent du moins, comme étant spéciales à la région antarctique abyssale et qui en caractérisent la faune. Celle-ci constitue donc, comme on le voit, un ensemble très particulier, mais dont les rapports avec la faune de l'extrémité de l'Amérique du Sud sont cependant très évidents.

Nous avons reconnu, dans la faune antarctique littorale, vingt-deux espèces qui se retrouvent dans la zone subantarctique : dix Astéries, sept Ophiures et cinq Échinides ; de plus, deux espèces pénètrent dans la zone abyssale antarctique. Il reste donc, comme espèces spéciales à la faune littorale, trente-huit Astéries, trente Ophiures et quatorze Échinides, soit en tout quatre-vingt-deux espèces. Parmi les formes abyssales, nous voyons que seize Astéries, dix-huit Ophiures et cinq Échinides, en tout trente-neuf, sont propres à la région antarctique. Si nous additionnons les espèces endémiques dans ces deux domaines, en y ajoutant les *Ripaster Charcoti* et *Notocidaris Mortenseni* que je n'ai pas comptés, nous trouverons que la région antarctique renferme cinquante-cinq Astéries, quarante-huit Ophiures et vingt Échinides, qui peuvent être considérés comme lui étant absolument propres ; cela fait en tout cent vingt-trois espèces essentiellement antarctiques. Comme, d'autre part, on connaît dans cette région douze Astéries, dix Ophiures et dix Échinides, soit en tout trente-deux espèces, qui se trouvent ailleurs, il en résulte que nos trois classes d'Échinodermes sont actuellement représentées dans la région antarctique par un total de cent cinquante-cinq espèces, endémiques ou non. Il est certain que ce chiffre s'augmentera rapidement.

II. — RÉGION SUBANTARCTIQUE

J'ai établi plus haut les limites de la région subantarctique et indiqué son étendue géographique. Nous examinerons successivement la faune littorale des deux provinces qu'elle renferme : la province magellane et la province kergueléenne ; nous étudierons ensuite la faune abyssale.

A. — FAUNE LITTORALE

1° PROVINCE MAGELLANE

Je réunis dans la liste ci-dessous, aux espèces d'Astéries, d'Ophiures et d'Échinides littorales, quelques formes qui n'ont encore été rencontrées, jusqu'à maintenant, qu'à une profondeur un peu supérieure à 200 mètres, mais qui, néanmoins, paraissent devoir se rattacher à la faune littorale : ces quelques espèces ne dépassent d'ailleurs pas 448 mètres (245 brasses).

ASTÉRIES, OPHIURES ET ÉCHINIDES DE LA PROVINCE MAGELLANE

(*Espèces littorales.*)

ASTÉRIES

Labidiaster radiosus Lütken.
× *Anasterias Perrieri* Studer.
× *Anasterias Studeri* Perrier.
Asterias antarctica Lütken.
Asterias antarctica var. *rupicola* Verrill.
× *Asterias fernandensis* Meissner.
Diplasterias Brandti (Bell).
× *Diplasterias georgiana* (Studer).
Diplasterias meridionalis (Perrier).
× *Diplasterias spinosa* Perrier.
× *Diplasterias Steineni* (Studer).
× *Cosmasterias Germaini* (Philippi).
× *Cosmasterias lurida* (Philippi).
× *Pedicellaster Sarsi* Studer.
× *Coronaster octoradiatus* (Studer).
Stichaster aurantiacus (Meyer).
× *Granaster nutrix* Studer.
× *Gastraster Studeri* Loriol.
× *Echinaster antoniensis* Loriol.
× *Echinaster lepidus* Loriol.
Cribrella Pagenstecheri Studer.
× *Cribraster Sladeni* Perrier.
× *Solaster australis* (Perrier).
× *Solaster regularis* Sladen.
Lophaster stellans Sladen.
× *Peribolaster folliculatus* Sladen.
× *Lebrunaster paxillosus* Perrier.
× *Ganeria falklandica* Gray.
× *Ganeria Hahni* Perrier.
× *Ganeria papillosa* Perrier.
× *Ganeria robusta* Perrier.

× *Cycethra Lahillei* Loriol.
Cycethra verrucosa (Philippi).
× *Asterina fimbriata* Perrier.
× *Asterina Perrieri* Loriol.
Asterina stellifer Möbius var. *obtusa*.
Porania antarctica Smith.
× *Poraniopsis echinaster* (1) Perrier.
× *Poraniopsis mira* (Loriol).
× *Pteraster Ingouffi* Perrier.
Pteraster Lebruni Perrier.
× *Pteraster stellifer* Sladen.
× *Retaster gibber* Sladen.
× *Retaster verrucosus* Sladen.
Hippasteria Hyadesi Perrier.
× *Asterodon singularis* (Müller et Troschel).
× *Odontaster granuliferus* Kœhler.
Odontaster Grayi (Bell).
× *Odontaster penicillatus* (Philippi).
Mimaster cognatus Sladen.
× *Astrogonium patagonicum* Perrier.
Ceramaster austro-granularis (Perrier).
Ceramaster patagonicus (Sladen).
× *Luidia magellanica* Leitpoldt.
× *Psilaster Fleuriaisi* (Perrier).
Bathybiaster loripes Sladen.
× *Pseudarchaster discus* Sladen.
× *Pontaster planeta* Sladen.
Ctenodiscus corniculatus (formes australis et procurator).

OPHIURES

× *Ophioceramis antarctica* Studer.
Ophioceramis Januarii (Lütken).
Ophioglypha Döderleini Kœhler.

× *Ophioglypha Lymani* Ljungman.
× *Ophioglypha Martensi* Studer.
Ophionotus hexactis Smith.

(1) J'adopte le terme *echinaster* employé deux fois par Perrier (**91**, p. 7 et 106) ; dans l'explication des planches, le nom spécifique inscrit est *echinasteroides*.

Ophiocten amitinum Lyman.
× *Ophiactis asperula* (Philippi).
× *Amphiura affinis* Studer.
   Amphiura chilensis Müller et Tro-schel.
× *Amphiura Eugeniæ* (Ljungman).
× *Amphiura Lymani* Studer.
× *Amphiura magellanica* Ljungman.
× *Amphiura patagonica* Ljungman.
× *Amphiura princeps* Kœhler.
× *Amphiura textilis* Kœhler.

Ophionereis Shayeri (Müller et Tro-schel).
× *Ophiacantha deruens* Kœhler.
   Ophiacantha rosea Lyman.
   Ophiacantha viripara Ljungman.
   Ophiomyxa vivipara Studer.
× *Ophiolebes vestitus* Lyman.
   Astrotoma Agassizii Lyman.
× *Ophiocreas carnosus* Lyman.
   Gorgonocephalus chilensis (Philippi).

ÉCHINIDES

Ctenocidaris speciosa Mortensen.
× *Austrocidaris canaliculata* (Agassiz).
× *Austrocidaris spinulosa* Mortensen.
   Arbacia Dufresnii (Blainville).
× *Sterechinus Agassizii* Mortensen.
? *Sterechinus horridus* Agassiz.
   Sterechinus margaritaceus (Valen-ciennes).
   Sterechinus Neumayeri (Meissner).
   Notechinus magellanicus (Philippi).

Loxechinus albus (Molina).
Encope emarginata (Leske).
Plexechinus Nordenskjöldi Mortensen.
× *Abatus Agassizii* (Pfeffer).
× *Abatus cavernosus* (Philippi).
× *Abatus Philippii* Loven.
× *Tripylus excavatus* Philippi.
× *Amphipneustes Kœhleri* Mortensen.
   Brisaster Moseleyi Agassiz.
× *Tripylaster Philippii* (Gray).

Je ne fais pas figurer parmi les Échinides le *Tetrapygus niger* du Pérou et du Chili : Agassiz, dans sa Revision, l'avait indiqué au cap Horn, mais il n'y a jamais été revu, et il n'y existe très vraisemblablement pas.

J'ai marqué d'une croix les espèces propres à la province magellane.

Un certain nombre des espèces citées méritent de fixer notre attention en raison des diverses particularités qu'elles présentent au point de vue de leur distribution géographique. Nous savons déjà que certaines d'entre elles, que j'ai signalées plus haut, et qui sont au nombre de dix-neuf (1), pénètrent dans la région antarctique; quelques-unes peuvent descendre dans les profondeurs et dépasser le niveau de la zone archibenthale pour entrer dans la zone abyssale ; de plus, un certain nombre d'espèces magellanes se rencontrent en même temps dans la province kergue-léenne, ou même dans d'autres régions australes. Enfin la province magellane renferme dans sa faune quelques espèces qui viennent

(1) Ce chiffre est dix-neuf et non pas vingt-deux, car, parmi les vingt-deux espèces littorales communes aux régions antarctique et subantarctique, trois appartiennent à la province kergue-léenne : ce sont les *Leptoptychaster kerguelensis*, *Amphiura tomentosa* et *Ophiacantha imago*.

incontestablement du Nord et qui descendent plus ou moins loin vers le Sud. Toutes ces particularités méritent d'être notées.

L'*Asterias rupicola* a été longtemps considérée comme propre à Kerguelen, mais Meissner (**96**, p. 106) l'a observée sur les côtes du Chili, à Puerto Montt, et il en fait une simple variété de l'*A. antarctica*. Ludwig l'a signalée également à la Terre de Feu, et il lui conserve la même dénomination que Meissner (**03**, p. 40). Nous verrons que cette forme se retrouve à la Nouvelle-Zélande.

L'*Asterias fernandensis* présente un curieux exemple de localisation : le type provient de Juan Fernandez, et l'espèce a été retrouvée par Loriol au golfe San Mathia, sur la côte Atlantique de la Patagonie Argentine (40° 45′ S.). Il est vraiment étonnant que cette forme, essentiellement littorale, ne soit connue que dans deux localités aussi éloignées l'une de l'autre, et qui, surtout, sont séparées par le continent sud-américain. Les individus observés ne seraient-ils pas les jeunes d'une espèce de plus grande taille ?

La *Diplasterias meridionalis* n'a encore été signalée qu'à la Géorgie du Sud et à Kerguelen. Meissner (**04**, p. 8) se demande si cette espèce ne devrait pas être réunie à la *D. Brandti* ; mais, comme il ne peut donner la preuve de cette synonymie, je crois préférable de maintenir cette espèce, momentanément du moins.

Cosmasterias Germaini. — On doit réunir à cette espèce la *C. tomidata* Sladen, que le « Vettor Pisani » a rencontrée au détroit de Darwin, à Porto Lagunas (45° 20′ S.) et à Puerto Montt (41° 30′ S.). Le « Challenger » l'a retrouvée au golfe de Penas (46° 53′ S.). Cette forme est très voisine de la *C. lurida* et n'en est peut-être qu'une simple variété ; elle ne dépasse pas 80 mètres de profondeur.

Stichaster aurantiacus. — Cette Astérie, qui appartient à la faune du Pérou et du Chili, atteint sa station la plus méridionale connue à Porto Lagunas ; c'est à peine si on peut la citer comme une espèce subantarctique.

La *Ganeria falklandica* du cap Horn et des îles Falkland a été signalée par Meissner à l'île Lagartija, près de Calbuco (41° 45′ S.).

L'*Asterina fimbriata* est très commune à la pointe de l'Amérique du Sud, et elle a été signalée dans de nombreuses localités. Son point le plus méridional paraît être la baie d'Orange (55° 30′ S.) et, de là, elle remonte assez haut le long des côtes occidentales de l'Amérique du Sud, jusqu'à Puerto Bueno (50° S.), Porto Lagunas (45° S.), l'archipel Chonos et l'île Chiloé, et elle arrive même jusqu'à Calbuco (41° 45′ S.).

L'*Asterina stellifer* Möbius (*marginata* Valenciennes) appartient surtout aux côtes du Brésil et même de l'Afrique occidentale. Leitpoldt l'indique au détroit de Magellan d'après les exemplaires recueillis par le « Vettor Pisani » ; en raison des légères différences qu'il observe avec la forme des mers chaudes, il a fait une variété *obtusa* pour les spécimens magellans.

Odontaster penicillatus. — Je rappelle que j'ai réuni sous ce nom les *O. pilulatus* Sladen et *penicillatus* (Philippi) (Voir p. 78). Cette espèce paraît assez répandue à l'extrémité de l'Amérique du Sud : de la Terre de Feu et du détroit de Magellan, elle s'étend, sur la côte Atlantique, jusqu'à Bahia Grande (53° 13′ S.), et, sur la côte Pacifique, jusqu'à Puerto Bueno, Puerto Montt et Calbuco.

L'*Odontaster Grayi* a été indiqué par Benham à la Nouvelle-Zélande, mais s'agit-il bien de la même espèce ? (Voir p. 236).

Le *Pontaster planeta* est extrêmement voisin du *P. tenuispinus* de l'Atlantique boréal, et il représente évidemment ce dernier dans les mers australes : peut-être ces deux formes devront-elles être réunies.

Les Astéries qui suivent vont nous offrir, dans leur extension géographique, des particularités intéressantes.

Ceramaster patagonicus. — Cette espèce paraissait bien spéciale à la région magellane, mais, tout récemment, W. Fisher (**11**, p. 214) lui a rapporté un *Ceramaster* recueilli par « l'Albatross » dans des stations littorales du Pacifique boréal (mer de Behring, Alaska, îles Aléoutiennes), à des profondeurs comprises entre 75 et 245 mètres. De plus, cet auteur a reconnu la même espèce dans un exemplaire provenant de l'île Carmen, dans le golfe de Californie (la profondeur n'est pas indiquée).

Hippasteria Hyadesi et *Ceramaster austro-granularis.* — Ces deux espèces ont été décrites par Perrier (**91**, p. 127 et 128), chacune d'après un exemplaire unique provenant de la Terre de Feu (profondeurs 340 et 326 mètres). Elles me paraissent devoir être réunies respectivement à l'*H. plana* et au *C. granularis*. Perrier n'a relevé en effet que des différences insignifiantes entre ces formes et leurs correspondantes de l'autre hémisphère, et la valeur de ces différences est encore atténuée par ce fait que ce naturaliste n'a eu à sa disposition qu'un exemplaire unique de chacune des formes australes, lesquelles n'ont jamais été revues. Perrier lui-même écrivait d'ailleurs : « ... il n'est pas bien certain qu'on puisse toujours distinguer une *Hippasteria magellanica* (1) ou un *Pentagonaster austro-granularis* d'une *Hippasteria plana* ou d'un *Pentagonaster granularis* » (**91**, p. 5).

On sait que le *C. granularis* peut remonter jusqu'à 73° N. dans les mers du Nord de l'Europe et jusqu'à 50° N. sur la côte orientale des États-Unis. Il descend sur les côtes occidentales d'Irlande, mais reste inconnu sur les côtes de France, puis il reparaît sur les côtes d'Afrique et aux Açores, à des profondeurs atteignant 1435 mètres.

L'*H. plana* s'élève à peu près à la même latitude boréale que le *C. granularis*, et elle atteint sa limite d'extension méridionale sur la côte de Cornouailles, à 50° N.

Ctenodiscus corniculatus. — Les ressemblances entre les *Ctenodiscus* de la région magellane et le *Ct. corniculatus* des mers du Nord ont été notées par Sladen : cependant cet auteur avait cru non seulement devoir maintenir le *Ct. australis*, mais lui ajouter encore une deuxième espèce, le *Ct. procurator*. Le *Ct. australis* paraît spécial à la côte Atlantique de la Patagonie, et il se montre depuis l'entrée du détroit de Magellan (52° S.), où il vit à une profondeur de 100 mètres, jusqu'à l'embouchure de La Plata (37° S.), où le « Challenger » l'a dragué à 1 100 mètres. Le *Ct. procurator* a été rencontré en plusieurs points de la côte Pacifique de l'extrémité de l'Amérique du Sud, depuis l'entrée du canal de Smyth (52° 45′ S.) à 450 mètres de profondeur, jusqu'à Puerto Bueno (50° 56′ S.), à 73 mètres, ainsi qu'entre l'île Wellington et le Chili (48° S.), à 924 mètres, et dans l'archipel Chonos (45° S.), à 2 424 mètres.

Les caractères sur lesquels les deux espèces australes ont été établies sont peu importants, et ils sont de l'ordre des variations qu'on peut

---

(1) Le nom de *magellanica*, qui existe au commencement de l'ouvrage, a été remplacé par la dénomination spécifique *Hyadesi*.

observer sur des *Ct. corniculatus* de diverses provenances. En 1891, Perrier avait déjà indiqué les grandes ressemblances du *Ct. australis* et du *Ct. corniculatus* (**91**, p. 5). Depuis cette époque, Ludwig a montré l'identité du *Ct. procurator* et du *Ct. corniculatus* (**05**, p. 104). On peut donc réunir les deux formes australes à l'espèce boréale : c'est ce qu'a fait tout récemment Fisher (**11**, p. 31), au travail duquel je renvoie le lecteur pour les variations du *Ct. corniculatus*.

On sait que cette espèce, sans être spéciale à la région arctique, vit toujours à des latitudes élevées et qu'elle peut atteindre 80° N.; elle descend, en Europe, jusqu'au canal des Färoër, et, sur la côte américaine, jusqu'au cap Cod. On la rencontre dans la mer de Behring jusqu'à 1 890 mètres de profondeur. De là, le *Ct. corniculatus* descend, d'une part, vers le Japon (profondeur 410-596 mètres), d'autre part jusqu'au golfe de Californie (profondeur 1 558 mètres), et au golfe de Panama (1 865 mètres).

Les exemplaires du Japon étudiés par Fisher offrent quelques particularités, mais celles-ci sont insuffisantes pour nécessiter une séparation spécifique. Les exemplaires de Panama et de Californie se rapportent à la forme *procurator*.

La présence du *Ct. corniculatus* dans ces dernières régions est extrêmement intéressante, puisqu'elle nous fait connaître deux des étapes que cette Astérie a suivies dans ses migrations. Il en est de même pour le *Ceramaster granularis* observé aux Açores et pour le *C. patagonicus* observé en Californie. Des renseignements de cette nature nous manquent pour l'*Hippasteria plana*, qu'on n'a pas eu occasion de rencontrer en dehors des stations extrêmes où cette espèce est connue actuellement.

L'*Ophioceramis Januarii* est une forme des mers chaudes qui est connue aux Antilles et sur les côtes du Brésil; elle atteint sa limite d'extension méridionale à San Antonio (40° 45′ S.) : cette indication est fournie par Loriol (**04**, p. 44).

Ophionotus hexactis. — Cette Ophiure n'a encore été signalée qu'à la Géorgie du Sud et à Kerguélen, et il est remarquable que les individus de la première île sont notablement plus gros que ceux de Kerguelen : en effet, le diamètre du disque atteint chez eux 30 millimètres, tandis qu'il ne dépasse pas 21 millimètres chez ceux de Kerguelen.

Ophiactis asperula. — Très répandue à l'extrémité de l'Amérique du Sud, depuis 55°-56° S., au Sud de la Terre de Feu, cette Ophiure remonte, sur la côte du Pacifique, jusqu'à Puerto Bueno, et, sur la côte Atlantique, jusqu'au cap Blanco (47° S.), et même plus haut jusqu'à 38° S. Elle vit presque toujours à de très faibles profondeurs : cependant le « Challenger » l'a draguée à 576 mètres.

L'*Amphiura Eugeniæ* est surtout connue sur les côtes de la Patagonie, et elle remonte jusqu'à La Plata (37° S.), mais elle descend jusqu'à l'extrémité de la Terre de Feu, et elle a été trouvée à l'île Picton (55° 3′ S., 69° 12′ W.); on l'a signalée également aux îles Falkland.

L'*Amphiura magellanica*, du détroit de Magellan, descend jusqu'à l'île Picton, et, d'après Lyman, elle remonterait sur la côte Atlantique de l'Amérique du Sud jusqu'à 41° 40′ S.; elle vit entre 0 et 55 mètres. La « Scotia » a trouvé l'*A. magellanica* à l'île Gough.

L'*Amphiura patagonica* est connue dans le détroit de Magellan; elle a été indiquée par Ludwig au cap Blanco, sur la côte de la Patagonie (47° S., 71° W.); on la connaît aussi à l'île Juan Fernandez. Elle est toujours littorale.

L'*Amphiura chilensis* ne paraît pas être une forme subantarctique proprement dite : on l'a observée à Calbuco, et elle peut même remonter jusqu'à la baie de Talcahuano (36° S.) : néanmoins elle descend jusqu'au détroit de Magellan.

Ophiomereis Shayeri. — On sera certainement surpris de voir cette Ophiure figurer dans les espèces subantarctiques. Je rappellerai que, parmi les Ophiures de la mission du Cap Horn, j'ai rencontré un exemplaire de cette espèce qui se trouvait associé à des *Ophiacantha vivipara* (**07**, p. 321) : cet exemplaire adulte était absolument conforme aux *O. Shayeri* d'autres provenances, et je ne pouvais avoir le moindre doute sur la détermination. On sait que l'*O. Shayeri* a une très grande extension géographique : on la connaît à Juan Fernandez, aux îles Galapagos, à la Nouvelle-Guinée, à la Nouvelle-Zélande, etc.

Ophiacantha rosea. — Cette espèce, dont la répartition est très curieuse, ne remonte vers les zones littorales ou sublittorales que dans la région subantarctique. Elle est connue sur les côtes du Chili, à 50° S. et 72° W., à une profondeur de 320 mètres seulement ; elle se retrouve vers l'île Marion, par 46° S. et 35° E., à une profondeur un peu plus grande (567 mètres). Mais elle se rencontre aussi dans l'hémisphère boréal, où le « Challenger » l'a trouvée par 30° N. et 137° E., à des profondeurs variant de 768 à 1418 mètres. Je l'ai moi-même draguée dans le golfe de Gascogne, à 1410 et 1710 mètres, vers 46° N. et 6°-7° W.

Ophiolebes vestitus. — A été rencontrée par le « Challenger » vers 49°-51° S. et 76° W., à des profondeurs variant de 268 et 732 mètres.

Ophiomyxa vivipara. — Elle est connue à la Terre de Feu, au détroit de Magellan, à l'île Picton et au banc de Burdwood (54° 25′ S.) ; elle remonte le long des côtes du Chili jusqu'à Calbuco (41° 45′ S.) et sur celles de la Patagonie Argentine jusqu'à 47° S. Lyman l'indique à Kerguelen : Ludwig s'est demandé à ce sujet (**99**, p. 768) s'il n'y avait pas eu faute d'impression, *Ophiomyxa vivipara* ayant été imprimée pour *Ophiacantha vivipara*. Mais, comme l'*Ophiomyxa vivipara* remonte jusqu'au Cap, sa présence à Kerguelen est très vraisemblable. L'*O. vivipara* est surtout connue dans des stations littorales ; cependant elle peut descendre jusqu'à 320 mètres.

Le *Gorgonocephalus chilensis* (= *G. Pourtalesi* Lyman) est plutôt une espèce des côtes du Chili, susceptible de descendre vers le Sud, qu'une forme subantarctique proprement dite ; elle a cependant été signalée en différents points des côtes orientale et occidentale de l'extrémité de l'Amérique du Sud, et la « Scotia » l'a trouvée au banc de Burdwood (54° 25′ S.). Les profondeurs extrêmes notées pour cette espèce sont 22 et 320 mètres.

Sterechinus Agassizii. — Mortensen (**11**, p. 42) a fait remarquer que l'espèce décrite sous le nom d'*Echinus margaritaceus* par Agassiz, dans les Échinides du « Hassler », était certainement différente de l'*E. margaritaceus* de Lamarck, et qu'il était impossible de savoir exactement à quoi correspondait cette espèce. Il a donc appliqué le nom de *St. Agassizii* à l'Oursin trouvé par le « Hassler » ; aussi devient-il nécessaire de remplacer par ce dernier nom la dénomination de *St. margaritaceus* employée par différents auteurs depuis Agassiz. Le *St. Agassizii*, ainsi compris, reste spécial à la région magellane : il remonte sur la côte Atlantique de l'Amérique du Sud jusqu'à 49° 35′ S. ; mais on ne le connaît pas sur la côte Pacifique ; il a été rencontré aux îles Falkland, à la Géorgie du Sud, etc., et il vit à des profondeurs comprises entre 75 et 250 mètres.

Sterechinus horridus. — Ne paraît pas abandonner les régions sublittorales ; il a été trouvé sur la côte du Chili par 50° S. et 76° W., à 320 mètres, puis à l'Est de l'île Saint-Paul, à 672 mètres, et enfin dans le courant d'Agulhas (35° S., 21° E.) à 500 mètres.

Encope emarginata. — Cette forme des mers chaudes est connue dans l'Amérique tropicale et au Brésil ; elle atteint son extrême limite méridionale au Rio Gallegos (51° 35′ S.) : cette localité est citée par Loriol (04, p. 21).

Genre Abatus. — En raison des erreurs de détermination faites pour les espèces du genre *Abatus*, il est difficile de fixer l'extension géographique de chacune d'elles. On peut considérer comme établis les faits suivants vérifiés par Mortensen. L'*A. cavernosus* existe dans plusieurs localités de l'extrémité de l'Amérique du Sud et au détroit de Magellan ; il est très répandu à la Géorgie du Sud. Sur la côte Atlantique, il remonte jusqu'au Rio Gallegos (51° 35′ S.) et peut-être jusqu'à La Plata ; il doit également s'étendre assez loin sur la côte Pacifique, et on le connaît à Juan Fernandez. Il vit entre 0 et 300 mètres de profondeur. L'*A. Agassizii* paraît spécial à la Géorgie du Sud. Quant à l'*A. Philippii*, il semble assez commun vers la pointe de l'Amérique du Sud, d'où il remonte le long de la côte Atlantique jusqu'à La Plata ; l'Expédition du Cap Horn l'a rapporté de la baie d'Orange. Il vit à des profondeurs variant entre 60 et 80 mètres. Enfin l'*A. elongatus* n'a encore été trouvé qu'aux Orcades du Sud, mais il est possible qu'il doive être réuni à l'*A. Philippii*.

Brisaster Moseleyi. — Le « Challenger » a rencontré cette espèce en différentes stations comprises entre 52° et 47° S., par 76° W., et à des profondeurs variant de 75 à 730 mètres ; il l'a également retrouvée à Kerguelen entre 200 et 220 mètres, et enfin il l'a draguée par 46° 46′ S., et 43° 11′ E., à 2515 mètres, dans les parages des îles Crozet.

En résumé, nous trouvons dans la province subantarctique magellane un total général de cent deux espèces comprenant : cinquante-neuf Astéries, vingt-cinq Ophiures et dix-huit Échinides (non compris le *Stere-*

chinus margaritaceus). On peut considérer que soixante-trois espèces sont spéciales à cette province, soit quarante Astéries (1., quatorze Ophiures et neuf Échinides ; quelques-unes d'entre elles peuvent cependant remonter quelque peu vers le Nord. Les autres espèces, au nombre de trente-neuf, soit dix-neuf Astéries, onze Ophiures et neuf Échinides, sont connues en dehors de cette province (parmi ces dernières, je comprends les *Hippasteria Hyadesi*, *Ceramaster patagonicus*, *Ceramaster austro-granularis* et *Ctenodiscus corniculatus*).

La liste que j'ai donnée plus haut des espèces littorales de la province magellane renferme les Échinodermes de la Géorgie du Sud. Ainsi que j'ai eu l'occasion de le dire, cette île, qui est située vers 54° S., se trouve reliée par des bas-fonds aux îles Falkland et au cap Horn, et elle se trouve à peu près à la limite des régions antarctique et subantarctique. Sa faune présente un mélange d'espèces qui vivent dans l'une et l'autre de ces deux régions, et elle possède, en plus, quelques formes spéciales.

Il est intéressant de donner le tableau de cette faune :

ESPÈCES DE LA GÉORGIE DU SUD

Anasterias Perrieri.	*Ophioglypha Martensi.*
Diplasterias georgiana.	*Ophionotus hexactis.*
Diplasterias meridionalis.	*Amphiura affinis.*
Diplasterias Steineni.	*Amphiura Lymani.*
Pedicellaster scaber.	*Ctenocidaris speciosa.*
Coronaster octoradiatus.	*Sterechinus Agassizii.*
Granaster nutrix.	*Sterechinus Neumayeri.*
Cribrella Pagenstecheri.	*Abatus Agassizii.*
Porania antarctica.	*Abatus cavernosus.*
Ophioceramis antarctica.	*Amphipneustes Kœhleri.*

Voici, d'autre part, à titre de document comparatif, quelques formes connues à l'île Juan Fernandez, qui est située vers 34° S., et parmi lesquelles se trouvent encore certaines espèces subantarctiques :

(1) Je n'ai pas fait figurer dans ce chiffre les *Hippasteria Hyadesi* et *Ceramaster austro-granularis*, qui sont très vraisemblablement identiques aux espèces correspondantes des mers boréales.

ESPÈCES DE L'ILE JUAN FERNANDEZ

Asterias fernandensis Meissner.
Coscinasterias Platei Meissner.
Ophidiaster Agassizii Perrier.
Asterina fimbriata Perrier.
Asterina calcarata var. *Selkirki* Meissner.

Ophiacantha marsupialis Lyman.
Amphiura patagonica Ljungman.
Amphiura anomala Lyman.
Notechinus magellanicus (Philippi).
Abatus cavernosus (Philippi).

2ᵉ PROVINCE KEKGUELÉENNE

Les îles Kerguelen ont été assez souvent visitées par les naturalistes, et des collections assez importantes y ont été recueillies. La « Gazelle », le « Challenger », ainsi que des missions spéciales, les ont explorées, et leur faune, malgré de grosses lacunes, commence à être connue. Nous avons également quelques renseignements sur les Échinodermes des îles Heard (ou Mac Donald), Crozet, Marion et du Prince Édouard, qui se trouvent à une certaine distance de Kerguelen, dans la partie australe de l'Océan Indien. Les îles Gough (Diego Alvarez) et Tristan d'Acunha, situées vers 40° S., dans l'Atlantique austral, sont moins connues que les précédentes : cependant le « Challenger » a rapporté quelques Échinodermes de Tristan d'Acunha, et j'ai moi-même trouvé, dans les collections de la « Scotia », une dizaine d'espèces recueillies à l'île Gough ; on peut rattacher ces deux îles à la région subantarctique. Quant aux îles Saint-Paul et Amsterdam, on n'y connaît guère que quatre espèces : *Culcita veneris* Perrier, *Asterina exigua* Lamarck, *Amphiura brevispina* Marktanner et *Notechinus magellanicus* (1).

J'indiquerai dans le tableau suivant les espèces littorales d'Astéries, d'Ophiures et d'Échinides connues à la fois aux îles Kerguelen, Heard, Crozet et Marion, et je donnerai à part les listes des espèces, peu nombreuses d'ailleurs, observées à l'île Gough et à Tristan d'Acunha.

---

(1) Le *N. magellanicus* est une forme à caractère subantarctique. La *Culcita veneris* a été retrouvée au cap de Bonne-Espérance, et l'*A. exigua* est très répandue dans le domaine Indo-pacifique. Quant à l'*A. brevispina*, elle n'a encore été rencontrée qu'à l'île Saint-Paul.

ASTÉRIES, OPHIURES ET ÉCHINIDES DE LA PROVINCE KERGUÉLÉENNE
(Espèces littorales.)

ASTÉRIES

Labidiaster radiosus Lütken.
Asterias antarctica var. *rupicola* Verrill.
× *Asterias Perrieri* Smith.
Diplasterias meridionalis (Perrier).
× *Diplasterias Studeri* (Bell).
× *Smilasterias scalprifera* Sladen.
× *Smilasterias triremis* Sladen.
× *Pedicellaster hypernotius* Sladen.
× *Pedicellaster scaber* Smith.
× *Echinaster spinulifer* Smith.
× *Cribrella præstans* Sladen.
× *Cribrella simplex* Sladen.
× *Perknaster densus* Sladen.

× *Perknaster fuscus* Sladen.
Solaster penicillatus (Sladen).
× *Solaster subarcuatus* Sladen.
Porania antarctica Smith.
× *Porania spiculata* Sladen.
× *Pteraster affinis* Smith.
× *Pteraster rugatus* Sladen.
× *Pteraster semireticulatus* Sladen.
× *Retaster peregrinator* Sladen.
× *Odontaster elongatus* (Sladen).
× *Odontaster meridionalis* (Smith).
Leptoptychaster kerguelensis Smith
× *Luidiaster hirsutus* Studer.
Bathybiaster loripes var. *obesa* Sladen.

OPHIURES

× *Ophiogona lævigata* Studer.
Ophioconis antarctica Lyman.
× *Ophioglypha ambigua* Lyman.
× *Ophioglypha brevispina* Smith.
× *Ophioglypha carinata* Studer.
× *Ophioglypha Deshayesi* Lyman.
× *Ophioglypha elevata* Lyman.
× *Ophioglypha intorta* Lyman.
× *Ophioglypha verrucosa* Studer.
Ophionotus hexactis (Smith).

Ophiocten amitinum Lyman.
× *Amphiura angularis* Lyman.
× *Amphiura Studeri* Lyman.
Amphiura tomentosa Lyman.
Ophiacantha imago Lyman.
Ophiacantha rosea Lyman.
Ophiacantha vivipara Ljungman.
Ophiomyxa vivipara Studer.
Astrotoma Agassizii Lyman.
Gorgonocephalus chilensis Philippi.

ÉCHINIDES

× *Eurocidaris nutrix* (Wyville Thomson).
× *Sterechinus diadema* (Studer).
Notechinus magellanicus (Philippi).

× *Abatus cordatus* Verrill.
Brisaster Moseleyi (Agassiz).

Voici l'indication des principales espèces signalées dans les îles voisines de Kerguelen :

Ile Heard :

Labidiaster radiosus, Smilasterias scalprifera, Smilasterias triremis, Porania spiculata, Perknaster fuscus, Solaster subarcuatus, Pteraster rugatus, Odontaster elongatus, Odontaster meridionalis, Bathybiaster loripes var. *obesa, Ophioglypha Deshayesi, Ophiacantha vivipara, Gorgonocephalus chilensis.*

Iles Crozet :

Leptoptychaster kerguelensis, Cribrella præstans, Cribrella simplex.

Iles du Prince Édouard et Marion :

Smilasterias scalprifera, Diplasterias meridionalis, Pedicellaster hypernotius, Cribrella simplex, Porania antarctica, Pteraster semireticulatus, Odontaster elongatus, Odontaster meridionalis, Leptoptychaster kerguelensis, Ophioconis antarctica, Ophioglypha intorta, Ophiocten amitimum, Amphiura Studeri, Ophiacantha rosea, Ophiacantha vivipara, Notechinus magellanicus.

En dressant le tableau ci-dessus des espèces kergueléennes, j'ai éprouvé quelque embarras au sujet de certaines d'entres elles, qui sont peut-être synonymes de formes magellanes. Ainsi, on peut se demander si les *Diplasterias meridionalis* et *D. Studeri*, mais surtout la première, ne devraient pas être réunies à la *D. Brandti*. Je n'ai pas de renseignement à ce sujet, et les descriptions des deux espèces kergueléennes ne sont pas suffisamment précises pour qu'on puisse se faire une opinion ; je rappellerai, en passant, que la *D. meridionalis* a été signalée à la Géorgie du Sud.

Les *Cribrella præstans* et *simplex* ne sont peut-être aussi que des formes de la *C. Pagenstecheri*, si polymorphe, de la région magellane. Leitpoldt et Meissner les réunissent à cette dernière, mais Ludwig fait des réserves à ce sujet (**05**, p. 68), et il considère ces deux espèces comme distinctes, au moins jusqu'à ce qu'une comparaison ait pu être faite entre les *Cribrella* des provinces kerguelécnne et magellane. Je crois que cette réserve est prudente, et j'imiterai Ludwig en notant comme espèces distinctes les *C. præstans* et *simplex*.

J'estime également qu'il est prudent de maintenir les *Odontaster elongatus* et *meridionalis*, qui, jusqu'à présent, n'ont été trouvés qu'à Kerguelen (1). Ils sont évidemment très voisins de l'*O. penicillatus* de l'Amérique du Sud, qui est assez polymorphe. Mais, tandis que Ludwig est d'accord avec Leitpoldt pour réunir à cette dernière espèce l'*O. penicillatus* de la même région, il tient pour une espèce distincte l'*O. meridionalis*, que Leitpoldt voudrait réunir à l'*O. penicillatus* (Voir Ludwig, **05**, p. 43). Ces auteurs ne parlent pas de l'*O. elongatus*, que je ne connais que par la description et les dessins de Sladen.

En raison de l'éloignement des provinces magellane et kerguelécnne

(1) Bell a signalé l'*O. meridionalis* à la Terre Victoria du Sud ; mais je crois qu'il s'agit de l'*O. validus*, que le « Nimrod » a d'ailleurs rencontré dans les mêmes parages.

et de la difficulté des communications qui doit en résulter pour des formes littorales, il m'a paru plus prudent de maintenir ces espèces sur la liste des Échinodermes de Kerguelen, tant que la nécessité de les réunir aux types magellans correspondants ne sera pas établie d'une manière définitive.

En revanche, je n'ai pas conservé comme formes distinctes les *Porania antarctica, magellanica* et *glaber*, au sujet desquelles j'ai déjà eu l'occasion de m'expliquer plus haut (Voir p. 67); mais la *P. spiculata* m'a paru devoir être maintenue jusqu'à preuve du contraire.

Si nous comparons la liste des espèces connues dans la province kerguelénne donnée page 222 à celle que j'ai donnée page 211 des espèces magellanes, nous constaterons que quinze d'entre elles sont communes aux deux provinces. Ce sont :

Labidiaster radiosus.	*Ophiacantha rosea.*
Asterias antarctica var. *rupicola.*	*Ophiacantha vivipara.*
Diplasterias meridionalis.	*Ophiomyxa vivipara.*
Porania antarctica.	*Astrotoma Agassizii.*
Bathybiaster loripes.	*Gorgonocephalus chilensis.*
Ophionotus hexactis.	*Notechinus magellanicus.*
Ophiocten amitimum.	*Brisaster Moseleyi.*
Amphiura tomentosa.	

D'autre part les *Leptoptychaster kerguelensis, Ophioconis antarctica* et *Ophiacantha imago* ont été rencontrés à la Terre Victoria du Sud; le *L. kerguelensis* est aussi connu au Cap.

Mais, en plus des quinze espèces communes aux deux provinces, nous pouvons constater la présence, à Kerguelen, de formes extrêmement voisines d'espèces magellanes, qu'elles représentent évidemment dans la partie orientale de la région subantarctique, et ces formes sont assez nombreuses, ainsi que l'indique le tableau de correspondance suivant :

FORMES KERGUELÉENNES.	FORMES MAGELLANES.
Asterias Perrieri.	*Asterias antarctica.*
Diplasterias Studeri.	*Diplasterias Brandti.*
Pedicellaster hypernotius.	*Pedicellaster Sarsi.*
Pedicellaster scaber.	
Perknaster densus.	*Perknaster aurantiacus.*
Perknaster fuscus.	
Cribrella præstans.	*Cribrella Pagenstecheri* et ses formes.
Cribrella simplex.	
Porania antarctica et *spiculata.*	*Porania antarctica* et ses formes.

Odontaster elongatus.	*Odontaster penicillatus.*
Odontaster meridionalis.	
Pteraster rugatus.	*Pteraster Ingouffi.*
Retaster peregrinator.	*Retaster verrucosus.*
Bathybiaster loripes var. *obesa*	*Bathybiaster loripes.*
Eurocidaris nutrix.	*Austrocidaris canaliculata.*
	Sterechinus Neumayeri.
Sterechinus diadema.	*Sterechinus antarcticus* (de la région antarctique).
Abatus cordatus.	*Abatus Agassizii.*
	Abatus cavernosus.

La plupart de ces formes sont même tellement voisines de leurs correspondantes que certains auteurs ne les ont pas distinguées ou ont proposé de les réunir. (Je ne cite que pour mémoire la var. *obesa* du *B. loripes* qui est assez peu différente du type pour que j'aie cru préférable de noter l'espèce parmi les formes communes aux deux provinces).

Quoi qu'il en soit, et malgré ces affinités, notre liste renferme un assez grand nombre de formes caractéristiques pour la faune de Kerguelen et qui sont au nombre de trente-trois, en y comptant bien entendu les espèces placées dans le tableau de correspondance ci-dessus.

Ces espèces sont marquées d'une croix sur la liste précédente. Je n'ai pas compté, parmi elles, le *Solaster penicillatus*, parce que, comme nous allons le voir, il se retrouve aux îles Gough et Tristan d'Acunha.

Je signalerai encore un caractère important de la faune échinologique de Kerguelen, bien qu'il soit négatif : c'est l'absence complète du genre *Cycethra*, qui est si répandu dans la province magellane.

J'ajouterai, pour terminer, les noms de quelques espèces d'Astéries, d'Ophiures et d'Échinides, recueillies aux îles Gough et Tristan d'Acunha.

ILE GOUGH

Solaster penicillatus.	*Ophiacantha Valenciennesi* Lyman.
Cribrella Pagenstecheri (forme *Hyadesi*).	*Ophiomitrella ingrata* Kœhler.
Amphiura magellanica.	*Notechinus magellanicus.*
Amphiura squamata (Delle Chiaje).	*Arbacia Dufresnii* (ou *crassispina* Mortensen).

ILE TRISTAN D'ACUNHA

Asterias eustyla Sladen.	*Astropecten mesactus* Sladen.
Cribrella simplex.	*Arbacia crassispina* Mortensen.
Solaster penicillatus.	*Notechinus magellanicus.*

(Les Ophiures signalées dans les parages de Tristan d'Acunha proviennent toutes de grandes profondeurs, et il est inutile de les citer.)

La faune des îles Gough et Tristan d'Acunha, bien qu'elle soit très incomplètement connue, est intéressante à noter, parce qu'elle renferme un mélange de types dont les provenances sont évidemment très diverses : par les *Solaster penicillatus*, *Cribrella simplex* et *Notechinus magellanicus*, la faune de ces îles offre un caractère nettement subantarctique. L'*Arbacia crassispina*, tout récemment distingué par Mortensen pour la forme de Tristan d'Acunha, est très voisin de l'*A. Dufresnii*; c'est cette dernière espèce qui a été indiquée à l'île Gough ; mais il est fort probable que c'est l'*A. crassispina* qui doit s'y trouver. Quant aux formes spéciales à ces îles : *Asterias eustyla*, *Astropecten mesactus* et *Ophiomitrella ingrata*, il n'y a rien à en dire, sinon que l'*A. eustyla* est très voisine de l'*A. tenuispina* des mers du Nord. Les *Ophiacantha Valenciennesi* et *Amphiura squamata* de l'île Gough sont cosmopolites; en particulier, la présence vers 40° S. de l'*A. squamata*, espèce de l'Atlantique boréal et de la Méditerranée, n'a rien qui puisse nous étonner, puisqu'on l'a rencontrée aux îles situées au Sud de la Nouvelle-Zélande : Benham la cite, en effet, à l'île Auckland.

Si nous laissons de côté la faune des îles Gough et Tristan d'Acunha, qui est un peu spéciale et d'ailleurs imparfaitement connue, ainsi que celle des îles Saint-Paul et Amsterdam, encore moins connue, nous trouverons dans la province kerguéléenne :

Vingt-sept Astéries, dont vingt sont endémiques dans cette province ;

Vingt Ophiures, dont dix endémiques;

Cinq Échinides, dont trois sont également spéciaux à cette province : soit en tout cinquante-deux espèces, dont trente-trois sont propres à la province de Kerguelen.

D'autre part, nous avons vu que la province magellane renfermait en tout cent deux espèces d'Astéries, d'Ophiures et d'Échinides. En ajoutant à ce nombre le chiffre cinquante-deux, et en enlevant au total, c'est-à-dire au chiffre cent cinquante-quatre, les dix-neuf espèces qui sont connues à la fois dans la région magellane ou à la Terre Victoria du Sud et dans la région kerguelécnne, nous trouverons un total de cent trente-cinq espèces d'Astéries, d'Ophiures et d'Échinides vivant dans la région subantarctique littorale.

Nous étudierons plus loin l'origine de la faune de Kerguelen.

B. — FAUNE SUBANTARCTIQUE ABYSSALE

La faune abyssale des mers du Sud, en dehors de la région antarctique, est encore très imparfaitement connue. Un certain nombre de dragages ont cependant été effectués dans ces mers, soit par le « Challenger », soit par la « Scotia », et les observations de la « Valdivia », jointes à celles du « Gauss », nous apporteront certainement beaucoup de faits nouveaux. Il est intéressant de noter les espèces d'Échinodermes recueillies dans les eaux profondes de la région subantarctique, en portant particulièrement son attention sur les stations de dragages, afin de comparer la faune abyssale de cette région à celle de la région antarctique, et de rechercher si les espèces communes qui peuvent exister entre les deux régions se rencontrent de préférence dans l'Atlantique ou dans les Océans Indien et Pacifique. Il est également important de rechercher, lorsqu'une espèce a été signalée dans des stations différentes et éloignées les unes des autres, quelles sont les voies de communication suivies par elle dans sa dispersion. Malheureusement les documents que nous possédons sur les faunes abyssales des mers australes sont encore bien incomplets, et le nombre des espèces recueillies est peu élevé.

Il me paraît tout à fait inutile de donner ici un relevé de toutes les espèces abyssales rencontrées au-dessous de l'Équateur; je me bornerai à mentionner celles qui ont été trouvées dans la zone subantarctique jusqu'à 40° S. environ : elles nous suffiront pour établir nos comparaisons. Le domaine envisagé étant assez vaste, j'indiquerai, en même temps que chaque espèce, la latitude et la longitude, mais en donnant seulement les degrés, et je rappellerai, s'il y a lieu, les stations antarctiques des espèces citées; les profondeurs seront également mentionnées.

ASTÉRIES, OPHIURES ET ÉCHINIDES DE LA RÉGION SUBANTARCTIQUE ABYSSALE

ASTÉRIES

Brisinga membranacea Sladen : 46° S., 43°-46° E. ; 2515-2928 m.
Brisinga distincta Sladen : 42° S., 132° E. ; 4760 m.
Freyella fragilissima Sladen : 62° S. ; 93° E. ; 3615 m. — 46° S., 43° E. ; 2515 m.
Lophaster stellans Sladen (Voir p. 201).
Porania antarctica Smith (Voir p. 66).
Hymenaster coccinatus Sladen : 46° S., 43° E. ; 2515 m.
Hymenaster cœlatus Sladen : 50° S., 121° E. ; 3295 m.
Hymenaster crucifer Sladen : 50° S., 121° E. ; 3295 m.
Hymenaster formosus Sladen : 50° S., 121° E. : 3295 m.
Hymenaster graniferus Sladen : 46° S., 43° E. ; 2515 m.
Hymenaster latebrosus Sladen : 53° S., 106° E. ; 3448 m.
Hymenaster nobilis Sladen : 50° S., 121° E. ; 3295 m.
Hymenaster præcoquis Sladen : 46° S., 44°-46° E. ; 2515-2928 m.
Hymenaster sacculatus Sladen : 50° S., 121° E. ; 3295 m.
Scotiaster inornatus Kœhler : 51° S., 11° W. ; 3848 m.
Odontaster pusillus Kœhler : 48° S., 12° W. ; 3187 m.
Mimaster cognatus Sladen (Voir p. 201).
Zoroaster tenuis Sladen : 48° S., 14° W. ; 3187 m. — 2° S., 146° W. ; 1958 m.
Loncholaster forcipifer Sladen : 62° S., 93° E. ; 3615 m. — 53° S., 106° E. ; 3568 m.
Psilasteropsis facetus Kœhler : 48° S., 12° W. ; 3187 m.
Pararchaster pedicifer Sladen : 46° S., 46° E. ; 2928 m. — 36° S., 17° E. ; 3477 m.
Pontaster forcipatus var. *echinata* Sladen : 46° S., 43° E. ; 2515 m.
Hyphalaster planus Sladen : 53° S., 106° E. ; 3568 m.
Styracaster robustus Kœhler : 51° S., 11° W. ; 3848 m.
Ctenodiscus corniculatus (Linck) (Voir p. 215) : descend jusqu'à 2124 m. dans la région subantarctique.

OPHIURES

Ophioglypha bullata Wyville Thomson : 39° S., 0°13' E. ; 1740 m. — 35° S., 23° W. ; 3475 m.
Ophioglypha confragosa Lyman : 37° S., 55° W. ; 1098 m.
Ophioglypha fraterna Lyman : 53° S., 106° E. ; 3568 m.
Ophioglypha Lacazei Lyman : 42° S., 132° E. ; 3622 m. — 33° S., 76° W. ; 4758 m.
Ophioglypha lenticularis Kœhler : 51° S., 11° W. ; 3848 m.
Ophioglypha lienosa Lyman : 53° S., 106° E. ; 3568 m.
Ophioglypha Loveni Lyman : 46°-53° S., 43°-132° E. ; 2515-4750 m.
Ophioglypha meridionalis Lyman : 37°-48° S., 55°-57° W. ; 1098-1890 m.
Ophioglypha minuta Lyman : 50° S., 121° E. ; 3295 m. — 46° S., 43° E. ; 2515 m. — 46° N., 8° W. ; 1710 m.
Ophiocten amitimum Lyman : 60°-46° S., 43°-106° E. ; 2305-3568 m. — 43°-49° S., 62°-76° W. ; 46-102 m.
Ophiocten hastatum Lyman : 46°-40° S., 43°-175° E. ; 2013-2515 m.
Ophiocten pallidum Lyman : 62° S., 93° E. ; 3615 m. — 42° S., 132° E. ; 4755 m.
Ophiernus vallincola Lyman : 62°-46° S., 93°-43° E. ; 2515-3615 m.
Amphiura magnifica Kœhler : 51° S., 11° W. ; 3848 m.

Ophiomitra Sarsi Lyman : 46° S., 43° E. ; 2 525 m.
Ophiacantha cosmica Lyman (Voir p. 231).
Ophiacantha vivipara Ljungman (Voir p. 141).
Ophiotrema Alberti Kœhler : 51° S., 11° W. : 3 848 m.
Ophiolebes scorteus Lyman : 47° S., 35°-46° E. ; 567-2 928 m.
Ophiocymbium cavernosum Lyman : 53° S., 106° E. ; 3 568 m.
Ophiochondrus stelliger Lyman : 37° S., 55° W. ; 1 098 m.
Astrochema rubrum Lyman : 51° S., 76° W. ; 732 m.

ÉCHINIDES

Urechinus naresianus Agassiz : 65°-46° S., 43°-121° E. ; 2 450-3 294 m. — 42° S., 84° W. ; 3 030 m.
Urechinus Wyvillei (Agassiz) : 65°-46° S., 43°-121° E. ; 2 515-3 397 m. — 33°-38° S., 76°-90° W. ; 2 515-3 622 m.
Pourtalesia hispida Agassiz : 62° S., 93° E. ; 3 615 m. — 46° S., 46° E. : 2 928 m.
Helgocystis carinata (Agassiz) : 46°-53° S., 46°-106° E. ; 2 928-3 477. — 34° S., 75° W. ; 4 071 m.
Ceratophysa ceratopyga (Agassiz) : 53° S., 106° E. ; 3 568 m. — 33°-34° S., 76°-77° W. ; 3 022-4 071 m.
Spatagocystis Challengeri Agassiz : 48°-53° S., 46°-106° E. ; 2 928-3 568 m.
Echinocrepis cuneata Agassiz : 46° S., 46° E. ; 2 379 m.
Pilematechinus vesica (Agassiz) : 65° S., 77° E. ; 3 045 m. — 33°-34° S., 75°-76° W. ; 2 922-4 071 m.
Genicopatagus affinis Agassiz : 53° S., 106° E. ; 3 477 m.
Brisaster Moseleyi (Agassiz) : voir p. 210.

Dans cette liste de cinquante-sept espèces subantarctiques abyssales, nous remarquerons que dix avaient déjà figuré parmi les formes antarctiques abyssales ; ce sont :

Freyella fragilissima.	*Ophiacantha cosmica.*
Lonchotaster forcipifer.	*Urechinus naresianus.*
Ophiocten amitimum.	*Urechinus Wyvillei.*
Ophiocten pallidum.	*Pourtalesia hispida.*
Ophiernus vallincola.	*Pilematechinus vesica.*

D'autre part, sept espèces signalées parmi les formes littorales antarctiques ou subantarctiques se trouvent dans cette liste ; ce sont :

Lophaster stellans.	*Ophiacantha cosmica.*
Porania antarctica.	*Ophiacantha vivipara.*
Mimaster cognatus.	*Brisaster Moseleyi.*
Ctenodiscus corniculatus.	

J'ai déjà parlé plus haut de ces sept espèces, qui se montrent, à la fois, près des côtes et à d'assez grandes profondeurs, dans les régions antarctiques ou subantarctiques ; je n'y reviendrai pas, sauf pour l'*O. cosmica.*

Les autres formes abyssales, aussi bien celles, au nombre de dix, que nous connaissons déjà dans la région antarctique, que celles qui se trouvent signalées ici pour la première fois, sont plus intéressantes, et certaines d'entre elles méritent de fixer plus particulièrement l'attention.

Les *Freyella fragilissima*, *Lonchotaster forcipifer*, *Ophiocten pallidum* et *Pourtalesia hispida* sont communes à la région antarctique et à la région subantarctique, et elles se montrent de 62° S. à 42°-53° S., en passant de 43° E. environ à 93° E., ou même à 132° E., c'est-à-dire des parages des îles Crozet au Sud de l'Australie. L'*Ophioglypha Loveni*, qui ne pénètre pas dans la région antarctique, passe également de 43° E. à 132° E.

D'autres espèces ont une extension plus vaste : ainsi quelques-unes d'entre elles, qui sont connues aux environs des îles Crozet, vers 43° E., se retrouvent au Sud de l'Australie, puis arrivent vers les côtes Pacifiques de l'Amérique du Sud, le long desquelles elles remontent sur une certaine longueur. Par exemple, l'*Urechinus naresianus*, qui a été trouvé par 65° S. et 82° E., a été rencontré vers les îles Crozet par 46° S. et 46° E., ainsi qu'au Sud de l'Australie par 46° S. et 121° E. ; de là il apparaît de nouveau à une profondeur un peu moindre au large des côtes du Chili, par 84° W. Les *Helgocystis carinata*, *Ceratophysa ceratopyga* et *Brisaster Moseleyi* ont une distribution géographique analogue ; mais ils ne pénètrent pas dans la région antarctique, tandis que le *Pilematechinus vesica*, observé à 65° S. et 77° E., se retrouve également au large des côtes du Chili, toujours à de grandes profondeurs. L'*Urechinus Wyvillei*, espèce antarctique abyssale trouvée à 65° S. et 79° E., peut même remonter au large de ces côtes jusqu'à 33° S. Quant à *Ophioglypha Lacazei*, elle n'est connue qu'au Sud de l'Australie et au large des côtes du Chili.

Toutes ces espèces, qui sont abyssales, paraissent vivre dans une région très vaste, qui s'étend sur 220° en longitude, toujours au large des côtes du continent antarctique : on les observe dans les parages des îles Crozet; de là elles passent au Sud de l'Australie et de la Nouvelle-Zélande, et elles peuvent se continuer dans le Pacifique, sur les côtes de l'extrémité de l'Amérique du Sud, ou inversement. Aucun obstacle ne paraît exister entre les stations abyssales antarctiques des *Freyella fragilissima, Loncholaster forcipifer, Ophiocten pallidum, Urechinus naresianus, Urechinus Wyvillei, Pourtalesia hispida* et *Pilematechinus vesica*, et les stations, toujours abyssales et plus ou moins éloignées des précédentes en longitude mais situées sur des latitudes moins australes, de ces mêmes espèces. Toutes ces formes passent donc librement de la région antarctique aux parties australes de l'Océan Indien, et de là, en contournant le continent antarctique, elles arrivent dans le Pacifique austral.

L'*Ophiocten amitinum* est antarctique abyssale par 60° S. et 78° E. ; on la trouve également dans des parages voisins, à 53° S. et 106° E., ainsi qu'à 46° S. et 43° E. entre les îles Crozet et Marion, toujours à de grandes profondeurs ; au contraire, elle devient littorale ou descend à de très faibles profondeurs dans les parages de Kerguelen ; elle se retrouve dans la région subantarctique magellane, où elle reste toujours littorale (Voir p. 208).

L'*Ophiacantha cosmica* nous montre une dispersion beaucoup plus vaste que celle des espèces précédentes, mais où l'on retrouve cependant les mêmes directions principales ; aussi n'est-il pas inutile de résumer cette distribution. On la connaît d'abord dans des stations antarctiques abyssales, l'une par 66° S. et 42° W., et les autres dans la région opposée, par 65°-62° S. et 77°-93° E. : elle se montre ensuite dans plusieurs stations subantarctiques abyssales, toujours dans la région orientale, entre 46° et 121° E., c'est-à-dire entre les îles Crozet et l'Australie ; de là elle passe, d'une part, dans les parages de la Nouvelle-Guinée, et, d'autre part, sur les côtes du Chili : elle remonte même dans le Pacifique Nord, où « l'Albatross » l'a draguée entre 6° et 10° N. et 84°-98° W. ; enfin on l'a observée à l'Ouest du cap de Bonne-Espérance (39° S., 0° 13′ E.), et à Tristan d'Acunha, d'où elle gagne les côtes du Brésil. Dans toutes ces stations, elle ne quitte pas les grandes profondeurs, mais elle devient littorale à la Terre Victoria du Sud, où elle vit entre 183 et 550 mètres.

L'*Ophiernus vallincola* a été rencontrée à la fois à 62° S. et 93° E., à 46° S. et 43° E., et enfin à 37° N. et 27° W. La première station se trouve au Sud-Ouest de l'île Kerguelen et la deuxième vers les îles Crozet ; de cette dernière, la communication avec l'Atlantique se fait librement au Sud du cap de Bonne-Espérance : c'est donc en suivant la direction cap de Bonne-Espérance — îles Crozet que l'espèce, venant de l'Atlantique, a pénétré dans les régions antarctique et subantarctique orientales. Les étapes suivies par l'*Ophiocten hastatum* sont analogues : de l'Atlantique boréal, où elle est connue dans différentes stations entre 39°-42° N. et 9°-30° W. (Voir Kœhler, **98**, p. 42, et **09**, p. 165), elle descend vraisemblablement vers le Cap, sans que nous connaissions les étapes de cette migration ; mais nous la retrouvons aux environs des îles Crozet, par 46° S. et 43° E., et, de là, elle s'étend jusqu'à 175° E., au large de la Nouvelle-Zélande.

L'*Ophioglypha minuta* offre une répartition analogue. On la connaît, en effet, dans l'Atlantique boréal, au voisinage des îles Crozet et au Sud de l'Australie ; mais on peut se demander si c'est bien une forme adulte ou si elle ne représente pas un stade jeune qui pourrait très bien offrir des caractères identiques chez plusieurs espèces (Voir Kœhler, **09**, p. 152).

La communication entre les stations boréales de l'Océan Atlantique et les stations antarctiques ou subantarctiques connues de ces espèces peut donc se faire, ainsi que je le faisais remarquer plus haut, dans la direction cap de Bonne-Espérance — îles Crozet, et ces Échinodermes n'ont pas à franchir les bas-fonds qui s'étendent du cap Horn aux îles Bouvet et se continuent peut-être même vers les îles Crozet. Il est très vraisemblable qu'il en arrive de même pour l'*Echinosigra phiale*, connu, d'une part, dans la partie orientale de la région antarctique par 62°-65° S. et 83°-93° E., d'autre part dans l'Atlantique boréal (62°-64° N. et 19°-29° E.).

On remarquera que les espèces dont je viens de parler ont presque toutes leurs stations abyssales dans la partie orientale et non dans la partie occidentale des régions antarctique ou subantarctique (1).

---

(1) En parlant de l'extension géographique des espèces dont il vient d'être question, j'ai cité d'abord leurs stations abyssales antarctiques ou subantarctiques, en les prenant en quelque sorte comme point de départ. Il ne faudrait pas croire que, dans ma pensée, ce sont les espèces des mers antarctiques qui ont peuplé les mers voisines et les autres régions de notre globe : c'est au contraire, en partant de ces dernières, que certaines formes ont pu pénétrer dans l'Atlantique. Mais cette manière de présenter les choses était plus commode et plus démonstrative, et elle avait l'avantage de faire ressortir la facilité avec laquelle certaines espèces passent de la région subantarctique à la région antarctique, lorsqu'il s'agit de l'Océan Indien, où des communications paraissent largement ouvertes, ce qui n'est pas le cas pour l'Océan Atlantique.

Si nous nous reportons à la liste donnée pages 228 et 229, nous constaterons que les espèces ayant leur station abyssale dans la partie occidentale des mers australes sont très peu nombreuses. En d'autres termes, les espèces abyssales antarctiques qui se retrouvent dans la région subantarctique, ou même dans des régions plus septentrionales, appartiennent surtout à l'Océan Indien, et celles qui se montrent dans l'Atlantique boréal, comme les *Ophiernus vallincola*, *Ophiocten hastatum*, *Ophioglypha minuta* et *Echinosigra phiale*, ont aussi leurs stations antarctiques dans les régions australes de l'Océan Indien.

Il existe bien un certain nombre d'espèces de la Terre de Graham ou des parages voisins qui se retrouvent sur les côtes de l'extrémité de l'Amérique du Sud et qui parfois même descendent à de grandes profondeurs, mais ce sont toujours des espèces antarctiques *littorales*. On ne connaît pour ainsi dire pas d'espèces abyssales de la partie occidentale de la région antarctique qui se montrent dans des stations plus septentrionales : je ne vois guère à citer que l'*Ophiacantha cosmica*, forme tellement cosmopolite dans l'hémisphère austral qu'on ne peut pas la présenter comme un exemple valable. Quant à l'*Ophiotrema Alberti*, qui a été rencontrée dans différentes localités de l'Atlantique boréal (vers 38°-42° N. et 23° W., à une profondeur de 4020-4060 mètres), on sait qu'elle se retrouve dans l'Atlantique austral par 51° S. et 11° W., au Nord des îles Bouvet, sans que l'on ait pu encore observer de stations intermédiaires (Voir Kœhler, **08**, p. 612, et **09**, p. 196) : or cette espèce n'est pas antarctique, mais bien subantarctique. Il en est de même pour l'*Ophioglypha bullata* qui possède une distribution analogue.

La faune antarctique abyssale du domaine antarctique occidental se montre donc, du moins autant que nous pouvons en juger dans l'état de nos connaissances actuelles, comme étant isolée vers le Nord et dépourvue de communication avec la région subantarctique de l'Océan Atlantique. Les relations de voisinage que nous offraient les parties antarctiques et subantarctiques de l'Océan Indien ne se manifestent plus ici. Cette constatation est absolument d'accord avec l'idée énoncée par Bruce, et dont j'ai déjà parlé, d'un relief sous-marin s'étendant du cap Horn aux îles Bouvet, et qui constituerait une barrière s'opposant actuellement à l'introduction d'espèces venant du Nord dans la faune abyssale antarctique, dont l'établissement remonte aux époques géologiques. Je ne crois pas en effet qu'on puisse admettre que le caractère d'isolement que nous constatons dans la faune abyssale de la province antarctique occidentale soit dû à l'insuffisance de nos renseignements, car toute la région subantarctique comprise entre 0° et 40° long. W. a été largement explorée par Bruce, et le « Challenger » a effectué plusieurs dragages au Sud-Ouest du cap de Bonne-Espérance, vers Tristan d'Acunha, etc.

Quant à la faune abyssale des parties australes du Pacifique, je n'ai pas eu à m'en occuper ici : en effet ces parties sont, pour ainsi dire, inexplorées, et la faune abyssale, qui vit entre 90° et 170° long. W., non seulement dans la région antarctique, mais même dans la région subantarctique, nous est à peu près totalement inconnue.

Comme les espèces connues sont peu nombreuses, et que les stations de dragages sont éloignées les unes des autres, les remarques qui précèdent ne peuvent avoir qu'un caractère provisoire : il m'a cependant paru utile de les présenter ici; elles seront complétées ou modifiées quand nos connaissances sur les faunes australes seront plus avancées.

Pour le moment, il reste établi que cinq espèces au moins d'Échino-dermes, et l'on peut en compter six avec l'*Ophioglypha minuta*, se ren-contrent à la fois dans les parties profondes de l'Atlantique boréal et dans les mers australes. Deux de ces espèces pénètrent même dans la région antarctique : ce sont les *Echinosigra phiale* et *Ophiernus vallincola*, qui atteignent, la première 65° S. et la seconde 62° S. : les trois autres s'ar-rêtent plus haut, l'*Ophiotrema Alberti* à 50° S., l'*Ophiocten hastatum* à 46° S et l'*Ophioglypha bullata* à 39° S. Ces quatre dernières espèces remontent dans l'hémisphère boréal jusqu'à 38°-46° N.; mais aucune d'elles, on le voit, n'atteint une latitude bien élevée, et on ne peut pas les considérer, à proprement parler, comme des espèces bipolaires. Il n'en est pas de même pour l'*Echinosigra phiale*, que l' « Ingolf » a dragué entre 62° et 64° 34' N., à des profondeurs variant de 1555 à 2370 mètres : l'espèce n'est encore connue que dans ces stations boréales d'une part, et dans l'Océan Antarctique par 62°-65° S. et 86°-93° E. d'autre part. C'est, je crois, le seul exemple d'un Échinoderme auquel on pourrait

donner le nom de bipolaire : et encore, remarquons-le bien, ce serait
à la condition de donner à ce qualificatif sa plus large acception, car
l'*E. phiale* est une forme essentiellement abyssale.

Je n'ai pas mentionné l'*Ophiocten sericeum* Ljungman que Lyman avait
indiquée avec doute à l'île Marion et que Ludwig rejette aussi comme
espèce subantarctique (**99**, p. 19) ; Grieg (**10**, p. 34) dit formellement qu'il
y a eu erreur de détermination ou d'étiquetage.

NOUVELLE-ZÉLANDE ET CAP.

On a cité, dans différents ouvrages, un certain nombre d'Échinodermes
communs à la région magellane et au Cap ainsi qu'à la Nouvelle-Zélande ;
ces cas ont été signalés il y a déjà plusieurs années, et, depuis lors, les
limites de certaines espèces ont été modifiées ; des déterminations ont
été rectifiées, et de nouveaux types ont été découverts : il y a donc lieu de
se montrer assez circonspect pour établir le tableau de la faune des Échinodermes de la Nouvelle-Zélande et du Cap.

En ce qui concerne le Cap, une liste très complète des espèces d'Astéries, Ophiures et Échinides de la région sud-africaine, depuis le Cap
jusqu'au Natal, vient d'être publiée par Döderlein (**10**, p. 246-248), et
comme je n'aurais rien à y ajouter, je me contenterai d'y renvoyer le
lecteur, en indiquant seulement les quelques réflexions que la lecture de
ce tableau me suggère. Les espèces de la Nouvelle-Zélande n'ont pas
été l'objet d'une revision analogue, du moins récemment. Une liste a
été publiée en 1898 par Farquhar (**98**, p. 300), et, depuis cette époque,
ce naturaliste l'a complétée, surtout par la description d'espèces nouvelles ; la liste publiée par Hutton en 1904 ne fait guère que répéter les
espèces citées par Farquhar (**04**, p. 287-292). Benham (**09** et **09** *bis*) a
fait connaître aussi quelques formes nouvelles, et il a indiqué certaines
espèces des îles Auckland et Campbell. Mais il est incontestable que
quelques Échinodermes ont été signalés à tort à la Nouvelle-Zélande, et
cela a amené des rapprochements tout à fait inexacts avec la faune d'autres
régions. Ainsi Agassiz cite dans ces îles l'*Echinus magellanicus* et le *Sterechinus margaritaceus* ; or il est certain, comme le fait remarquer Mortensen,

qu'il s'agissait, pour la première espèce, de l'*Echinus albocinctus* ; quant à la deuxième, la référence à laquelle l'auteur se reportait est inexacte. Le même savant a cité également les *Sphærechinus australiæ*, *Temnopleurus Reynaudi*, *Holopneustes inflatus* et *Metalia sternalis* à la Nouvelle-Zélande, où leur présence n'est pas du tout prouvée. Ces Échinides ne sont pas les seuls dans ce cas : la présence du *Paracentrotus angulosus* me paraît très douteuse, ainsi que celle du *Phyllacanthus dubia* cité par Farquhar ; je ne les indique pas dans la liste que je donne ci-dessous. Tout récemment, Benham (**09** *bis*, p. 295) a signalé l'*A. fimbriata* aux îles Auckland ; mais d'après la description et les dessins qu'il a publiés, je puis affirmer qu'il y a une erreur et que l'espèce des îles Auckland n'est pas l'*A. fimbriata*, dont j'ai étudié les types mêmes qui ont servi à Perrier pour établir l'espèce. Le même naturaliste signale l'*Odontaster Grayi* à Otago : la détermination aurait besoin d'être revue, et il s'agit peut-être d'une espèce nouvelle, car Benham trouve dans son exemplaire à la fois des caractères de l'*O. Grayi* et de l'*O. penicillatus* ; l'auteur nous apprend d'ailleurs qu'il n'est pas riche en ouvrages de détermination.

Il serait donc nécessaire de pouvoir vérifier certains noms pour établir une liste avec toute la sécurité désirable. La faune de la Nouvelle-Zélande offre un grand nombre de types particuliers et essentiellement endémiques, et les espèces communes avec d'autres régions de notre globe y sont, en somme, peu nombreuses : c'est précisément pour cette raison que la détermination de ces dernières doit être serrée de très près. Je suis d'ailleurs persuadé que des cas analogues à ceux que je citais plus haut sont rares et que nous pouvons nous fier, pour l'ensemble, aux auteurs, qui, comme Farquhar, ont étudié avec beaucoup de soin la faune de la Nouvelle-Zélande.

Dans la liste que je donne ci-dessous des formes littorales néo-zélandaises d'Astéries, d'Ophiures et d'Échinides, j'ai éliminé les espèces très douteuses, dont il était inutile de citer les noms ; d'autre part, je n'ai envisagé que la faune littorale, les quelques espèces abyssales connues dans les parages de la Nouvelle-Zélande n'offrant pas d'intérêt pour nos comparaisons, en dehors de celles que j'ai indiquées plus haut en parlant de la faune subantarctique abyssale.

ASTÉRIES, OPHIURES ET ÉCHINIDES DE LA NOUVELLE-ZÉLANDE
(*Espèces littorales.*)

ASTÉRIES

Uniophora granifera (Lamarck).
Asterias antarctica var. *rupicola* Verrill.
Asterias calamaria Gray.
× *Asterias calamaria* var. *Reisheki* Farquhar.
× *Asterias mollis* Hutton.
× *Asterias Rodolphi* Perrier.
× *Asterias scabra* Hutton.
× *Echinaster Farquhari* Benham.
Echinaster purpureus (Gray).
Cribrella Lukinsii Farquhar.
Cribrella ornata (Perrier).
Tarsaster polyplax (Müller et Troschel).
× *Stichaster australis* (Verrill).
× *Stichaster insignis* Farquhar.
× *Stichaster littoralis* Farquhar.
× *Stichaster Suteri* Loriol.
× *Stichaster Suteri* var. *lævigatus* Hutton.

Metrodira subulata Gray.
× *Stegnaster inflatus* (Hutton).
× *Asteropsis imperialis* Farquhar.
× *Asterina Novæ-Zelandiæ* Perrier.
× *Asterina regularis* Verrill.
? *Choriaster granulatus* Lütken.
? *Nepanthia maculata* Gray.
? *Odontaster Grayi* (Bell).
× *Pentagonaster abnormalis* Gray.
Pentagonaster pulchellus Gray.
× *Asterodon miliaris* (Gray).
× *Goniodon* (*Diplodontias*) *angustus* Kœhler.
× *Goniodon* (*Diplodontias*) *dilatatus* Perrier.
× *Mediaster Sladeni* Benham.
× *Astropecten Edwardsi* Verrill.
× *Astropecten polyacanthus* Müller et Troschel.
Psilaster acuminatus Sladen.

OPHIURES

× *Pectinura maculata* Verrill.
× *Ophiopeza cylindrica* Hutton.
× *Ophiopeza Danbyi* Farquhar.
× *Ophioplocus Huttoni* Farquhar.
Ophionereis Shayeri Müller et Troschel.
× *Ophiactis nigrescens* Hutton.
× *Ophiactis nomentis* Farquhar.
× *Amphiura aster* Farquhar.
× *Amphiura basilica* Kœhler.

× *Amphiura noræ* Farquhar.
× *Amphiura parva* Hutton.
× *Amphiura pusilla* Farquhar.
× *Amphiura rosea* Farquhar.
Amphiura squamata Delle Chiaje.
× *Ophiocoma Bollonsi* Farquhar.
× *Ophiopteris antipodum* Smith.
Ophiomyxa australis Lütken.
× *Astrotoma Waitei* Benham.

ÉCHINIDES

Goniocidaris tubaria (Lamarck).
× *Goniocidaris umbraculum* Hutton.
Salmacis sp.
Centrostephanus Rodgersi (Agassiz).
Amblypneustes griseus (Blainville).
Amblypneustes formosus (Valenciennes).
× *Pseudechinus albocinctus* (Hutton).
× *Pseudechinus Huttoni* Benham.

Heliocidaris (*Evechinus*) *chloroticus* (Valenciennes).
Toxocidaris erythrogrammus (Valenciennes).
Toxocidaris tuberculatus (Lamarck).
Peronella rostrata (Agassiz).
Arachnoides placenta (Linné).
Echinobrissus recens (Milne-Edwards).
Echinocardium cordatum var. *australe* Gray.

J'ajouterai que les espèces suivantes ont été reconnues dans les îles situées au Sud de la Nouvelle-Zélande :

Stichaster Suteri	Ile Macquarie.
Stichaster Suteri var. *lævigatus*	Iles Auckland, Campbell et des Antipodes.
Cribrella ornata	Iles Auckland et Campbell.
Cribrella Lukinsii	Ile Campbell.
Asterina sp	Ile Auckland ,appelée à tort *A. fimbriata* par Benham›.
Pseudechinus albocinctus	Ile Campbell.

Bien que ces renseignements soient extrêmement sommaires. il semble cependant en résulter que la faune des îles que je viens de nommer se rapproche de celle de la Nouvelle-Zélande. Je cite le *Pseudechinus albocinctus* d'après Mortensen (Voir **10**, p. 93, note 2); la *Cribrella Lukinsii* est donnée par Benham comme synonyme de la *C. ornata*.

Je ne m'arrêterai pas longtemps à l'examen de la faune des Échinodermes néo-zélandais. Il était utile d'en donner une liste pour permettre une comparaison avec la faune littorale des provinces magellane et kergueléenne : les ressemblances, si elles existent, doivent se montrer aussi bien avec la faune kergueléenne qu'avec la faune magellane, en raison des circonstances géographiques. Or les différences entre la faune de la Nouvelle-Zélande et celle des deux provinces de la région subantarctique apparaissent immédiatement et sans qu'il soit utile de les souligner.

D'abord la Nouvelle-Zélande nous offre un certain nombre de formes spéciales et endémiques, qui sont marquées d'une croix sur la liste ci-dessus, et dont le nombre s'élève à trente-neuf. Parmi les autres espèces, plusieurs sont communes avec la partie méridionale de l'Australie, et l'on sait que des auteurs, tels que Bell et Farquhar, ont même proposé la création d'un région zoologique s'arrêtant au Nord à 25° S., et comprenant non seulement la partie de l'Australie située au Sud de cette ligne. mais encore la Nouvelle-Zélande (Voir Kœhler, **07** *bis*, p. 243). Je n'ai pas à justifier ici le bien fondé de cette manière de voir : je la rappelle pour montrer qu'elle indique nettement les affinités de la faune néo-zélandaise. D'autres espèces ont une extension beaucoup plus vaste encore. et elles se retrouvent dans tout le domaine Indo-pacifique. comme les

Asterias calamaria, Echinaster purpureus, Astropecten polyacanthus, Ophiomyxa australis, Toxocidaris erythrogrammus et *tuberculatus,* etc.

Il y a aussi des espèces communes avec le Cap : d'abord la *Cribrella ornata,* qui, si elle n'est pas une forme de la *Cribrella Pagenstecheri* si polymorphe, représente une espèce très répandue dans les mers australes : j'ai déjà eu l'occasion d'en parler (Voir Kœhler, **08**, p. 629); puis le *Psilaster acuminatus* Sladen, et enfin des formes presque ubiquistes comme les *Amphiura squamata* et *Echinocardium cordatum,* ou très répandues, telles que l'*Asterias calamaria* et l'*Ophionereis Shayeri.*

Une fois toutes ces espèces écartées, il ne nous reste finalement que bien peu de formes communes à la Nouvelle-Zélande et à la région subantarctique. La plus importante est l'*Asterias antarctica* var. *rupicola* : Meissner, qui a pu étudier l'Astérie désignée par Hutton sous le nom d'*Asterias rupicola* var. *lævigata,* nous apprend (**96**, p. 106) qu'elle est identique à l'*Asterias antarctica* var. *rupicola,* qu'il a reçue de Puerto Montt. On peut indiquer, en outre, la *Cribrella ornata,* que je viens de citer au Cap, et l'*Odontaster Grayi,* signalé par Benham à Otago : j'ai déjà dit plus haut que cette dernière détermination me paraissait douteuse. Il n'y a pas, on le voit, beaucoup de rapports entre les deux faunes, et les ressemblances n'existent pas plus avec les faunes magellane ou kerguelénne qu'avec celle de la Terre Victoria du Sud.

En ce qui concerne le Cap, ainsi que je l'ai dit plus haut, je prie le lecteur de vouloir bien se reporter à la liste publiée en 1910 par Döderlein, et qui renferme non seulement les formes franchement littorales, mais encore celles qui descendent jusqu'à 500 mètres.

De même que la faune néo-zélandaise, celle du Cap offre des espèces très spéciales et endémiques dont il est inutile de donner les noms ici : Döderlein cite quarante-six espèces spéciales à la région sud-africaine, mais plusieurs d'entre elles, il est vrai, ont été recueillies dans le courant d'Agulhas, à une profondeur de 500 mètres. Parmi les espèces communes à la Nouvelle-Zélande et à l'Australie ou la Tasmanie, je citerai surtout : *Metrodira subulata, Stichaster polyplax, Uniophora granifera, Centrostephanus Rodgersi, Amblypneustes formosus* et *griseus, Heliocidaris chloroticus,* etc. Quelques autres espèces proviennent de régions plus septentrionales et descendent le long de la côte occidentale d'Afrique, telles que : *Asterias glacialis*, *Luidia africana*, *Ophiothrix fragilis* et *roseo-coerulans*, *Coelopleurus floridanus*, *Brissopsis lyrifera*, *Amphiura squamata* et *Echinocardium cordatum*, ces deux dernières d'ailleurs presque ubiquistes. D'autres espèces, assez nombreuses, se retrouvent dans le domaine Indo-pacifique ; Döderlein en cite onze, qui sont : *Asterias calamaria*, *Asterias volsellata*, *Ophioderma tonganum*, *Ophiactis flexuosa*, *Ophiocoma scolopendrina*, *Diadema saxatile*, *Temnopleurus Reevesi*, *Orechinus Monolini*, *Echinodiscus bisperforatus*, *Echinolampas oviformis* et *Lovenia elongata*. Il reste enfin quelques espèces qui sont évidemment communes à la région subantarctique : d'abord la *Cribrella ornata*, qui revient encore une fois et sur laquelle je n'insiste pas, puis l'*Ophiomyxa vivipara* indiquée au Cap par Lyman, qui l'a également signalée à Kerguelen. J'ai rappelé plus haut la distribution de cette espèce sur les côtes de l'Amérique du Sud (Voir p. 218) ; Mortensen a émis des doutes sur la présence de l'*O. vivipara* au Cap (**10**, p. 98, note 1) : l'on peut se demander, en effet, si la détermination est bien correcte.

Le *Sterechinus horridus*, qui ne paraît pas quitter une certaine profondeur, a été trouvé, ainsi que je l'ai dit plus haut, dans le courant d'Agulhas, dans les parages de l'île Saint-Paul et sur les côtes du Chili. Mortensen pense qu'on le rencontrera un jour à Kerguelen et qu'on s'expliquera ainsi sa répartition, qui est assez spéciale.

Bell (**04**) a cité au Cap le *Solaster penicillatus*, connu aux îles Gough et Tristan d'Acunha, et la *Culcita veneris* des îles Saint-Paul, espèces qui ne sont pas franchement subantarctiques, puis deux autres formes dont la présence dans des eaux relativement chaudes est plus étonnante, les *Leptoptychaster kerguelensis* et *Gorgonocephalus chilensis*. Ces deux espèces remonteraient ainsi de Kerguelen au Cap, et elles atteindraient 35° lat. S., dépassant la limite d'extension septentrionale du *G. chilensis* sur la côte occidentale de l'Amérique du Sud. Ce sont, en somme, avec l'*Ophiomyxa vivipara*, les trois seules espèces littorales à caractère subantarctique que possède la région sud-africaine, le *Sterechinus horridus* étant archibenthal, puisqu'il n'est connu qu'entre 320 et 672 mètres, et la *Cribrella ornata* étant plutôt cosmopolite.

Les faunes littorales des Astéries, Ophiures et Échinides du Cap, de la Nouvelle-Zélande et de l'Amérique du Sud, sont donc très différentes les unes des autres ; les espèces communes au Cap et à la Nouvelle-Zélande sont elles-mêmes peu nombreuses, et elles comprennent surtout des formes très répandues dans tout le domaine Indo-pacifique, avec lequel ces deux régions communiquent largement. Les espèces communes au Cap et à la Nouvelle-Zélande d'une part, et à l'extrémité de l'Amérique méridionale d'autre part, sont encore plus rares, et l'on ne peut guère en citer plus de deux ou trois qui soient bien authentiques.

Cette constatation n'apporte, on le voit, aucun argument en faveur de l'opinion que je rappelais plus haut, d'anciennes communications entre les Terres australes actuelles ; mais j'estime qu'elle ne l'infirme en rien, car les faunes marines sont susceptibles de subir des variations auxquelles échappent les faunes et les flores terrestres. Je dirai même plus : nous avons besoin d'invoquer l'hypothèse de ces anciennes communications pour expliquer les ressemblances entre les faunes littorales des provinces magellane et kergueléenne, qui, dans la nature actuelle, sont éloignées l'une de l'autre par un trop grand espace et séparées par de trop grandes profondeurs pour permettre des migrations d'espèces n'ayant pas de larves pélagiques. C'est également par cette hypothèse que nous expliquerons la présence simultanée de quelques espèces, rares d'ailleurs, au Cap et à la Nouvelle-Zélande, ainsi que l'existence d'espèces également peu nombreuses, qui sont communes à ces deux Terres australes et à la région subantarctique (1).

Les différences sont encore plus frappantes si l'on vient à comparer les formes réellement antarctiques aux espèces de la Nouvelle-Zélande et du Cap.

On arrive à un résultat tout différent lorsqu'on compare la faune littorale de l'extrémité de l'Amérique du Sud à celle de la région antarctique, et nous connaissons un nombre assez imposant d'espèces qui se montrent, à la fois dans cette région, soit du côté de la Terre de Graham, soit à la

---

(1) Au sujet des relations anciennes des différentes régions australes de notre globe, voir notamment le travail de PELSENEER (03, p. 61) et l'article de CHILTON : The Biological relations of the subantarctic Islands of New Zealand, dans l'ouvrage déjà cité : *The Subantarctic Islands of New Zealand*, Wellington, 1909, p. 793 et suiv.

Terre Victoria du Sud, et dans la région subantarctique considérée aussi bien dans la province magellane que dans la province kerguéléenne. Nous voyons, en outre, que bien des formes vivant dans la zone littorale de l'une de ces régions peuvent descendre dans l'autre à des profondeurs plus ou moins grandes et réciproquement. Il semble qu'il y ait un échange continuel d'individus, surtout entre la pointe de l'Amérique du Sud et les régions antarctiques voisines. La faune de la Terre Victoria du Sud présente les mêmes particularités, et elle renferme des espèces qui se retrouvent aussi bien à la Terre de Graham qu'à la pointe de l'Amérique méridionale. Elle possède aussi quelques espèces communes avec la province kerguéléenne ; mais il est très remarquable qu'elle n'ait, au contraire, aucune ressemblance avec la faune de la Nouvelle-Zélande, ni avec celle des îles Auckland et Campbell, bien que toutes ces îles soient situées en face de la Terre Victoria du Sud et sur une longitude voisine, tandis que leur latitude est même un peu plus méridionale que celle de Kerguelen.

Nous avons vu, d'autre part, que certaines espèces subantarctiques abyssales pouvaient se rencontrer sur de grandes étendues, depuis 45° long. E., jusqu'à 70° ou 80° long. W. : mais les espèces de ces régions ne pénètrent pas dans la région antarctique littorale, et, si quelques relations s'établissent, du côté de l'Océan Indien, entre les faunes antarctiques et subantarctiques, ces relations restent toujours limitées aux espèces abyssales ; de plus, nous ne rencontrons aucune communication de ce genre du côté de l'Atlantique. Ce n'est donc pas dans la faune abyssale subantarctique voisine qu'il faut chercher l'origine de la faune antarctique.

Il ressort clairement de cette discussion que la faune antarctique des Astéries, Ophiures et Échinides, — du moins en ce qui concerne les espèces littorales, — a son point de départ dans la faune subantarctique des côtes de la pointe de l'Amérique du Sud. Les comparaisons que nous avons faites, la composition et les rapports des faunes établissent ce fait d'une manière indiscutable. En étudiant la distribution des Échinides antarctiques seuls, Mortensen était déjà arrivé à une conclusion identique.

Mais il ne suffit pas de montrer des ressemblances dans les faunes : nous devons encore rechercher si les espèces littorales qui se montrent à la fois sur les côtes de la province magellane et sur celles de la région antarctique qui leur font face peuvent effectivement passer de l'une à l'autre, et nous assurer qu'aucune barrière n'empêche ces migrations, qui doivent pouvoir se faire soit dans un sens, soit dans l'autre.

Or la géographie nous apprend qu'entre la pointe de l'Amérique du Sud et les Terres antarctiques voisines, il existe toute une série de bas-fonds et de parties émergées qui permettent le libre passage à des animaux ne pouvant pas aborder les grandes profondeurs ou ne possédant pas de larves pélagiques. La carte de l'Institut Philosophique de Canterbury, que je signalais plus haut, est très intéressante à consulter à cet égard.

Le détroit de Drake, qui sépare la Terre de Feu des Terres antarctiques, paraît conserver, sur presque toute sa largeur, une grande profondeur, supérieure à 3 500 mètres, et il ne semble pas que des formes littorales puissent passer directement du cap Horn aux îles Shetland du Sud ; mais elles peuvent suivre une voix détournée en se dirigeant vers l'Est, où elles rencontrent le banc de Burdwood et les îles Falkland, puis, plus loin, les Shag Rocks et la Géorgie du Sud. Au delà de cette Terre, il existe toute une série d'îles, formant le groupe des Sandwich du Sud et constituant une chaîne en forme d'arc très ouvert, allant du Nord au Sud, depuis l'île Traversey jusqu'à l'île S. Thulé, entre 29° et 31° long. W. Des îles Sandwich du Sud aux Orcades du Sud, les profondeurs sont peu considérables, et, de là, on passe, par les îles Clarence et Éléphant, aux Shetland du Sud, qui sont reliées elles-mêmes au continent antarctique. Nous voyons ainsi la possibilité, pour des espèces littorales, de passer du cap Horn au continent antarctique en suivant un arc extrèmement allongé dont le fond est constitué par la chaîne des Sandwich. Cette route sera suivie d'autant plus facilement que nos espèces offrent, ainsi que nous avons pu le constater, une grande élasticité bathymétrique, puisque plusieurs d'entre elles se rencontrent à la fois au niveau des basses mers et à plus de 600 mètres de profondeur.

Une disposition géographique analogue à celle que je viens d'indiquer ne se présente nulle part ailleurs au voisinage des terres antarctiques. En particulier, les deux régions australes, dont nous avons examiné plus haut la faune échinologique, le Cap et la Nouvelle-Zélande, ainsi d'ailleurs que l'Australie, sont séparées des terres antarctiques, non seulement par de très grandes distances, mais aussi par des profondeurs considérables. Autant qu'on peut l'estimer, les profondeurs de 2 500 à 3 500 mètres se montrent très rapidement au voisinage des terres antarctiques reconnues; des profondeurs plus grandes encore existent à une faible distance des côtes méridionales de l'Australie, et les îles situées au Sud de la Nouvelle-Zélande sont certainement séparées de la Terre Victoria du Sud par des profondeurs supérieures à 3000 mètres.

A l'extrémité méridionale de l'Afrique, aussi bien du côté Atlantique que du côté de l'Océan Indien, les profondeurs de 2 500 à 3 000 mètres apparaissent très rapidement; il subsiste toutefois, au Sud du Cap et dans la direction des îles Crozet, des profondeurs un peu moindres, mais beaucoup trop considérables encore pour permettre les migrations d'espèces littorales non pourvues de larves pélagiques.

Il en est exactement de même pour les îles de la province kerguelécnne. Quoique les îles Heard et Kerguelen d'une part, Crozet et Marion d'autre part, soient reliées respectivement par un plateau peu profond, les profondeurs restent néanmoins considérables entre ces îles et les terres antarctiques voisines, telles que la Terre de l'Empereur Guillaume II ou les Terres de Kemp, d'Enderby, etc. Aussi, bien que nous constations entre les faunes des provinces kerguelécnne et magellane de grandes analogies ou même des ressemblances indéniables, nous ne pouvons pas admettre que des communications se fassent le long des côtes du continent antarctique, du moins pour les espèces incubatrices; naturellement celles qui possèdent des larves pélagiques sont hors de question. La même impossibilité existe pour les espèces incubatrices qui sont communes au Cap et à Kerguelen, comme le *Leptoptychaster kerguelensis* et l'*Ophiomyxa vivipara*. Toutes ces espèces incubatrices, et l'on sait qu'elles sont assez nombreuses dans les mers australes, n'ont donc pu effectuer leurs migrations, et les faunes n'ont pu acquérir la composition qu'elles nous offrent à l'époque actuelle, qu'au moment où les terres australes étaient reliées l'une à l'autre et où le relief des mers se présentait avec un profil différent de celui que nous connaissons aujourd'hui. C'est pourquoi nous pouvons observer, dans les provinces kerguélénne et magellane, deux faunes voisines : ces faunes ont même dû être complètement identiques à un moment donné, puis certaines espèces se sont modifiées en s'adaptant de part et d'autre à des conditions de milieu un peu différentes.

Quant à la faune antarctique abyssale, bien qu'elle nous soit encore peu connue, il semble qu'elle ait une origine mixte : celle qui habite les profondeurs de la mer de Weddell et des régions voisines situées à l'Ouest du méridien de Paris provient vraisemblablement de la faune littorale antarctique voisine, avec laquelle nous lui connaissons déjà deux espèces communes, les *Ripaster Charcoti* et *Notocidaris Mortenseni*; elle n'a aucune relation connue avec l'Atlantique austral. Au contraire, la faune abyssale de la partie orientale de l'Antarctique, de part et d'autre de 90° long. E., semble plutôt venir d'une immigration de formes habitant les régions abyssales voisines de l'Océan Indien.

III. — LES ÉCHINODERMES ARCTIQUES

Je terminerai par quelques mots de comparaison entre les Échinodermes antarctiques et les Échinodermes arctiques. Je ne m'étendrai pas longtemps sur ce sujet, auquel je me propose de revenir d'une manière plus détaillée dans un travail d'ensemble sur la distribution géographique des Échinodermes pour lequel j'ai recueilli, depuis plusieurs années déjà, de nombreux documents. Aussi bien, il n'y a pas lieu d'entrer dans de bien grands détails sur la faune arctique, qui présente une uniformité et une pauvreté offrant un contraste remarquable avec la richesse de la faune antarctique; j'ai déjà eu l'occasion d'insister sur ce point dans d'autres publications.

Les auteurs ne sont pas tout à fait d'accord sur la limite entre la région arctique et la région boréale qui lui fait suite. Quelques-uns la font coïncider simplement avec le cercle polaire arctique : à mon avis, cette manière de voir est inexacte, car la température de l'eau et les courants jouent un rôle considérable dans la répartition des animaux, et l'on doit en tenir compte en même temps que de la latitude. Il me paraît beaucoup plus logique de fixer la limite méridionale de la région arctique à la ligne marquant l'extrême limite de la banquise. Cette région comprendra donc toute la mer arctique le long des côtes de l'Europe, de l'Asie et de l'Amérique; mais, en Europe, le Gulf-Stream en fait reculer les limites à une ligne allant du Sud de la Nouvelle-Zemble au Sud du Spitzberg et de l'Islande, tandis qu'en Amérique la région arctique descend jusque vers le cap Cod. Elle reste toujours localisée aux régions froides (Voir Mortensen, **07**, p. 179).

D'ailleurs, quelle que soit la limite assignée à la région arctique, on ne peut citer qu'un nombre très restreint d'Échinodermes qui lui soient propres, et la plupart des autres espèces connues dans la région arctique existent également dans la région boréale, qui la précède.

D'autre part, les formes abyssales ne sont pas très nombreuses dans les mers arctiques; il n'existe même, dans les profondeurs, que deux espèces qu'on puisse considérer comme exclusivement arctiques : le *Tylaster Willei*, trouvé par l'Expédition norvégienne entre 74° et 78° N., à des profondeurs variant de 761 à 2195 mètres, et la *Pourtalesia Jeffreysi*, qui n'abandonne jamais les eaux froides et vit à des profondeurs variant de 230 à 2295 mètres.

Voici les principales espèces d'Astéries, d'Ophiures et d'Échinides arctiques :

ASTÉRIES, OPHIURES ET ÉCHINIDES ARCTIQUES

ASTÉRIES

Ludwig (**00**, p. 492) a divisé les Astéries de la région arctique en trois catégories :

1° Espèces connues seulement au-dessus du cercle polaire arctique :

Asterias groenlandica var. *spitzbergensis* Danielssen et Koren.
Asterias hyperborea Danielssen et Koren.
Asterias panopla Stuxberg.

Stichaster arcticus Danielssen et Koren.
Echinaster scrobiculatus Danielssen et Koren.
Solaster glacialis Danielssen et Koren.
Poraniomorpha tumida (Stuxberg).
Tylaster Willei Danielssen et Koren.

Il y a lieu d'ajouter à cette liste le *Magdalenaster arcticus* Kœhler, que j'ai décrit d'après un exemplaire unique, recueilli par la « Princesse-Alice », à une profondeur de 394 mètres, par 72° 37′ N. et 17° 40′ E.

2° Espèces boréales pouvant parvenir à des latitudes élevées assez loin du cercle polaire :

Asterias groenlandica (Steenstrup).
Asterias Linckii (Müller et Troschel).
Nanaster albulus (Stimpson).
Pedicellaster typicus M. Sars.
Cribrella oculata (Linck).
Hymenaster pellucidus Wyville Thomson.
Pteraster militaris (O.-F. Müller).
Pteraster pulvillus M. Sars.

Korethraster hispidus Wyville Thomson.
Lophaster furcifer (Düben et Koren).
Solaster endeca (Fabricius).
Solaster papposus (Linck).
Poraniomorpha hispida (M. Sars).
Bathybiaster vexillifer Wyville Thomson.
Ctenodiscus corniculatus (Linck).
Pontaster tenuispinus Düben et Koren.

3° Espèces boréales ne dépassant pas beaucoup le cercle polaire :

Brisinga coronata G.-O. Sars.
Asterias camtchactica Brandt.
Asterias glacialis Linné.
Asterias Mülleri (M. Sars).
Asterias polaris (Müller et Troschel).
Asterias rubens O.-F. Müller.
Stichaster roseus (O.-F. Müller).
Retaster multipes (M. Sars).

Hexaster obscurus Perrier.
Hippasteria plana (Linck).
Ceramaster granularis (Retzius).
Psilaster andromeda (Müller et Troschel).
Astropecten irregularis (Pennant).
Leptoptychaster arcticus (M. Sars).
Astrogonium Parelii (Düben et Koren) et var. *longobrachiale*.

OPHIURES

Les espèces suivantes sont surtout caractéristiques de la faune arctique :

Ophiopleura borealis Danielssen et Koren.
Ophioglypha nodosa (Lütken).
Ophioglypha robusta (Ayres).
Ophioglypha Sarsi (Lütken).
Ophioglypha Stuwitzi (Lütken).
Ophiocten sericeum Forbes.
Ophiopholis aculeata O.-F. Müller.

Amphiura Sundevalli (Müller et Troschel).
Ophiopus arcticus Ljungman.
Ophiacantha bidentata Retzius.
Ophioscolex glacialis Müller et Troschel.
Gorgonocephalus Agassizii (Stimpson).
Gorgonocephalus eucnemis (Müller et Troschel).

Je signalerai en outre une dizaine de formes qui atteignent ou dépassent 70_o N. :

Ophioglypha affinis (Lütken).
Ophioglypha carnea (M. Sars).
Ophiactis Balli (Wyville Thomson).
Amphiura borealis (G.-O. Sars).
Amphiura squamata (Delle Chiaje).
Ophiocoma nigra (O.-F. Müller).

Ophiacantha abyssicola G.-O. Sars.
Ophioscolex purpureus Düben et Koren.
Astronyx Loveni Müller et Troschel.
Gorgonocephalus Lamarckii Müller et Troschel.

ÉCHINIDES

D'après Mortensen, il n'existe que trois espèces d'Échinides véritablement arctiques : ce sont les *Strongylocentrotus dröbrachiensis*, *Echinarachnius parma* et *Pourtalesia Jeffreysi*. Voici toutefois l'énumération des formes qui peuvent atteindre les plus hautes latitudes :

1° Espèces atteignant ou dépassant 74° N. :

Strongylocentrotus dröbrachiensis (O.-F. Müller).
? *Echinus acutus* Lamarck.
Echinarachnius parma (Lamarck).
Brisaster fragilis (Düben et Koren).
Pourtalesia Jeffreysi Wyville Thomson.

2° Espèces dépassant le cercle polaire :

Echinus Alexandri Danielssen et Koren.
Echinus elegans Düben et Koren.
Echinocyamus pusillus (O.-F. Müller).
Spatangus purpureus O.-F. Müller.

Spatangus Raschi Loven.
Echinocardium cordatum (Pennant).
Echinocardium flavescens (O.-F. Müller).

3° Espèces atteignant à peine le cercle polaire :

Dorocidaris papillata (Leske).
Echinus esculentus Linné.

Brissopsis lyrifera (Forbes).

L'*Echinosigra phiale*, toujours abyssal, ne dépasse pas 64°34' N.

Parmi les espèces que je viens d'indiquer, un certain nombre sont susceptibles de descendre à une profondeur plus ou moins considérable. Je citerai notamment :

ASTÉRIES

Brisinga coronata	2660 m.	*Pteraster militaris*	1113 m.
Pedicellaster typicus	1134 -	*Korethraster hispidus*	1156 -
Cribrella oculata	2460 —	*Lophaster furcifer*	1359 -
Hymenaster pellucidus	2870 —	*Poraniomorpha tumida*	1203 -
Retaster multipes	1170 —	*Tylaster Willei*	2195 -

Ceramaster granularis	1 435 m.		*Ctenodiscus corniculatus*	1 156 m.
Bathybiaster vexillifer	2 222 —		*Astrogonium Parelii*	2 487 —
Psilaster andromeda	1 710 —		*Pontaster tenuispinus*	1 535 —
Leptoptychaster arcticus	2 469 —			

OPHIURES

Ophiopleura borealis	1 411 m.		*Ophiacantha bidentata*	4 578 m.
Ophioglypha Sarsi	3 123 —		*Ophioscolex glacialis*	1 880 —
Ophiocten sericeum	4 578		*Gorgonocephalus Agassizii*	1 504 —
Ophiopholis aculeata	1 880 —		*Gorgonocephalus eucnemis*	1 187 —
Amphiura Sundevalli	1 187 —		*Astronyx Loveni*	2 490 —

ECHINIDES

Strongylocentrotus dröbrachiensis	1 170 m.
Pourtalesia Jeffreysi	2 295 —

La liste que j'ai donnée ci-dessus nous montre que la faune des Échinodermes arctiques proprement dits est extrêmement pauvre en espèces littorales qui lui soient réellement spéciales, et elle ne comprend guère que quelques Astéries.

D'autre part, en dehors des *Tylaster Willei* et *Pourtalesia Jeffreysi*, qui n'ont encore été rencontrés qu'à des latitudes élevées et à des profondeurs supérieures à 760 mètres pour la première espèce et à 230 pour la seconde, la faune arctique abyssale n'est constituée que par des formes pouvant vivre en même temps à des latitudes plus basses. De fait, les espèces boréales assez nombreuses qui s'avancent vers le Nord peuvent offrir de très grandes variations bathymétriques qu'il est intéressant de noter. En voici quelques exemples :

	Profondeur minima.		Profondeur maxima.	
Brisinga coronata	100 mètres.		2 660 mètres.	
Cribrella oculata	0	—	2 469	—
Hymenaster pellucidus	27	—	2 870	—
Leptoptychaster arcticus	27	—	2 469	—
Astrogonium Parelii	15	—	2 487	—
Pontaster tenuispinus	18	—	1 535	—
Ophiopleura borealis	9	—	1 411	—
Ophioglypha Sarsi	27	—	3 123	—
Ophiocten sericeum	4	—	4 578	—
Ophiopholis aculeata	0	—	1 880	—
Ophiacantha bidentata	4	—	4 578	—
Ophioscolex glacialis	36	—	1 880	—
Gorgonocephalus Agassizii	0	—	1 504	—
Astronyx Loveni	16	—	2 490	—
Brisaster fragilis	30	—	1 280	—

Ces espèces, on le voit, sont assez nombreuses, et on pourrait encore en ajouter plusieurs autres; leur nombre est singulièrement plus élevé que celui des espèces antarctiques que nous connaissons actuellement à la fois dans des stations littorales et dans des stations abyssales, puisque celles-ci se réduisent à deux : le *Ripaster Charcoti* et le *Notocidaris Mortenseni*.

Parmi les espèces que j'ai citées plus haut, quelques-unes peuvent être considérées comme étant circumpolaires. Voici les principales :

Cribrella oculata.	*Ophioglypha Stuwitzi.*
Solaster endeca.	*Ophiocten sericeum.*
Solaster papposus.	*Ophiopholis aculeata.*
Ctenodiscus corniculatus.	*Amphiura Sundevalli.*
Ophioglypha nodosa.	*Ophiacantha bidentata.*
Ophioglypha robusta.	*Strongylocentrotus dröbrachiensis.*
Ophioglypha Sarsi.	

Je me contenterai de donner ici ces quelques indications sommaires. Le lecteur trouvera des renseignements plus complets dans les mémoires de Ludwig (**00**), de Döderlein (**05**), de Mortensen (**07**) et de Grieg (**00, 06 et 10**), auxquels je le prie de vouloir bien se reporter.

J'ai seulement voulu, par les quelques indications données plus haut, montrer, dans son ensemble, la composition de la faune échinologique arctique et mettre en relief ses caractères les plus saillants, c'est-à-dire le nombre extrêmement faible des espèces exclusivement arctiques, le nombre relativement très élevé des espèces qui se montrent à la fois dans la zone littorale et dans la zone abyssale, et enfin l'absence complète de formes communes à la région arctique et à la région antarctique, ou, si l'on préfère, bipolaires.

Je ne vois, en effet, à citer comme espèce pouvant, à la rigueur, passer pour bipolaire, que le seul *Echinosigra phiale*, trouvé, ainsi que je l'ai dit plus haut, à 62°-63° S. et à 62°-64° N., et qui n'a pas encore été rencontré dans les stations intermédiaires : mais, comme je l'ai déjà fait remarquer, cet Échinide est toujours abyssal; de plus, il ne remonte pas très haut vers le Nord.

Quant aux quelques autres Échinodermes qui se trouvent à la fois dans les mers australes et dans les mers boréales, j'ai eu l'occasion d'indiquer les particularités de leur distribution géographique pages 215 et 216 pour les espèces littorales, et page 234 pour les espèces abyssales. Les premières sont au nombre de quatre : *Ceramaster granularis*, *Ceramaster patagonicus*, *Hippasteria plana* et *Ctenodiscus corniculatus*. Or aucune d'elles ne dépasse le cap Horn et ne pénètre dans la région antarctique ; aucune d'elles non plus n'est spéciale à la région arctique. A mon avis, elles ne méritent pas le nom de bipolaires. D'autre part, les espèces abyssales sont au nombre de quatre également, non compris l'*E. phiale* ; ce sont les *Ophiernus vallincola*, *Ophiocten hastatum*, *Ophiotrema Alberti*, *Ophioglypha minuta* et *Ophioglypha bullata*. Seule l'*O. vallincola* atteint 62° S., mais elle ne remonte que jusqu'à 37° N. ; les trois suivantes ne dépassent pas 46°-51° S. et elles remontent jusqu'à 42°-46° N. seulement ; l'*O. bullata* n'arrive qu'à 39° S. Ce ne sont pas non plus des espèces bipolaires.

Les tableaux des espèces arctiques que j'ai donnés plus haut font ressortir un caractère particulier de cette faune : c'est sa pauvreté en espèces qui contraste avec la variété des formes antarctiques que nous connaissons actuellement, et dont le nombre s'accroîtra encore certainement. En 1908, dans mon mémoire sur les Échinodermes recueillis par la « Scotia » (**08**, p. 535), j'ai déjà insisté sur ce fait que la faune antarctique était beaucoup plus riche et moins uniforme que la faune arctique. Ainsi que je le faisais remarquer, les régions boréales ont été l'objet de nombreuses explorations, et les espèces nouvelles y deviennent de plus en plus rares, tandis que les régions antarctiques, qui commencent à peine à être explorées, ont déjà fourni un nombre important d'espèces, qui augmente avec chaque expédition nouvelle. Il est très vraisemblable que le nombre des espèces arctiques ne s'accroîtra pas beaucoup maintenant. Considérons, en effet, les résultats fournis par les explorations qui ont été faites, en ces dernières années, sous les plus hautes latitudes boréales, par le « Michaël Sars », la « Princesse-Alice », la « Belgica », etc. : elles nous ont apporté des documents fort importants sur la distribution des espèces et sur la pénétration des formes boréales dans la région arctique, mais elles ne nous ont fait connaître en tout qu'une seule forme nouvelle : le *Magdalenaster arcticus*. Quelle différence avec la richesse et la variété de formes observées dans la région antarctique par la « Scotia », la « Discovery », le « Gauss », et, tout récemment, par le « Pourquoi Pas ? », qui en a rapporté une magnifique collection d'Échinodermes.

LISTE DES ESPÈCES D'ASTÉRIES, OPHIURES ET ÉCHINIDES ANTARCTIQUES ET SUBANTARCTIQUES

ESPÈCES.	Profondeur en mètres.	RÉG. ANTARCTIQUE.		RÉGION SUBANTARCTIQUE.			OBSERVATIONS.
		Littorale.	Abyssale.	Province Magellane (litt.).	Province Kerguelénne (litt.).	Abyssale.	
Astéries.							
Brisinga membranacea	2515–2928					+	
Brisinga distincta	4760					+	
Freyella fragilissima	2515–3615		+				
Freyella Giardi	4575–4794		+				
Belgicella Racovitzana	2580–2800		+				
Labidiaster radiosus	0–183	+		+	+		Incl. *L. annulatus*, de Kerguelen, qui a été aussi trouvé par 5° S. et 131° E. à 1460 m.
Anasterias Belgicæ	560	+					
Anasterias cupulifera	18	+					Orcades du Sud.
Anasterias chirophora	450–560	+					
Anasterias lactea	450	+					
Anasterias Perrieri	litt.			+			Géorgie du Sud.
Anasterias Studeri	320			+			Iles Falkland.
Anasterias tenera	0–420	+					
Diplasterias Brandti	7–450	+		+			La profondeur de 450 m. a été notée par la « Belgica ».
Diplasterias georgiana	litt.			+			Géorgie du Sud.
Diplasterias indula	18–36	+					
Diplasterias meridionalis	18–230			+	+		Géorgie du Sud et Kerguelen.
Diplasterias papillosa	0–6	+					
Diplasterias spinosa	?			+			Un seul exemplaire trouvé par 17°29' S. et 66°45' W
Diplasterias Steineni	?–99				+		
Diplasterias Studeri	183				+		
Diplasterias Turqueti	18–36	+					
Asterias antarctica	0–100	+		+			
Asterias antarctica var. rupicola	litt.			+	+		Signalée aussi à la Nouvelle-Zélande.
Asterias eustyla	183–274				+		Tristan d'Acunha.
Asterias fernandensis	litt.			+			Juan Fernandez et golfe San Mathia.
Asterias Longstaffi	18–36	+					Terre Victoria du Sud
Asterias Perrieri	45–200				+		
Smilasterias scalprifera	91–137				+		
Smilasterias triremis	274				+		
Stolasterias candicans	150–560	+					
Coscinasterias Brucei	18–36	+					
Coscinasterias Victoriæ	45–146	+					
Aulasterias Bongraini	420	+					

ESPÈCES.	Profondeur en mètres.	RÉG. ANTARCTIQUE.		RÉGION SUBANTARCTIQUE.			OBSERVATIONS.
		Litto-rale.	Abys-sale.	Province Magel-lane (litt.)	Province Kergue-lóenne (litt.).	Abys-sale.	
ulasterias pedicellaris	2 580		+				
osmasterias Germaini	50-80			+			
osmasterias lurida	0-630			+			
lasterias armata	18-297	+					
edicellaster antarcticus	450	+					
edicellaster hypernotius	256				+		
edicellaster Sarsi	litt.			+			Géorgie du Sud.
edicellaster scaber	37-140				+		
oronaster octoradiatus	litt.			+			Géorgie du Sud.
ranaster biserialus	0-8	+					Géorgie du Sud.
ranaster nutrix	litt.			+			
lichaster aurantiacus	litt.			+			Pénètre à peine dans la région subantarctique.
chinaster antoniensis	litt.			+			
chinaster lepidus	litt.			+			
chinaster Smithii	450	+					
chinaster spinulifer	51-232				+		
astraster Sluderi	litt.			+			
ryaster antarcticus	0-92	+					
ryaster Charcoti	litt.	+					
euresaster Hodgsoni	45	+					Terre Victoria du Sud.
ribrella ornata	0-37	+					Citée par Bell à la Terre Victoria du Sud (Voir p. 200).
ribrella Pagenstecheri	0-448	+		+			
ribrella parva	420	+					
ribrella præstans	384				+		
ribrella simplex	18-567				+		
ribraster Sladeni	?			+			
eucaster involutus	75-250	+					
erknaster aurantiacus	92-254	+		•			
erknaster densus	231				+		
erknaster fuscus	13-45				+		
ophaster abbreviatus	3 248		+				
ophaster antarcticus	250-297	+					
ophaster Gaini	420	+					
ophaster stellans	200-2424	+		+		+	
olaster australis	65-198			+			
olaster Godfroyi	250-400	+					
olaster Lorioli	4 575		+				
olaster octoradiatus	450	+					
olaster penicillatus	256				+		Ile Marion et Tristan d'Acunha ; Cap.
olaster regularis	320			+			
olaster subarctuatus	274				+		
emaster Gourdoni	70	+					
eribolaster folliculatus	82			+			
ebrunaster paxillosus	litt.			+			
aneria attenuata	3 248		+				

ESPÈCES.	Profondeur en mètres.	RÉG. ANTARCTIQUE — Littorale.	Abyssale.	RÉGION SUBANTARCTIQUE — Province Magellane (litt.).	Province Kerguelénne (litt.).	Abyssale.	OBSERVATIONS.
Ganeria falklandica	100			+			
Ganeria Hahni	135			+			
Ganeria papillosa	litt.			+			Iles Falkland.
Ganeria robusta	28			+			
Scoliaster inornatus	3 848					+	
Cycethra Lahillei	litt.			+			
Cycethra verrucosa	0-100	+		+			Incl. : *C. electilis, nitida, pinguis* et *simplex.*
Asterina fimbriata	litt.			+			
Asterina Perrieri	litt.			+			
Asterina stellifer var. *obtusa*	50-70			+			La var. *obtusa* diffère très peu du type qui vit dans les régions équatoriales.
Porania antarctica	91-2 920	+		+	+	+	Incl. : *P. magellanica* et *glaber.*
Porania spiculata	320-1 464				+		Trouvée à la fois à l'île Heard et aux îles Arrou.
Poraniopsis echinaster	95			+			
Poraniopsis mira	litt.			+			
Zoroaster tenuis	1 958-3 187					+	Le type a été dragué par le « Challenger » dans les parages de la Nouvelle-Guinée.
Pteraster affinis	51				+		
Pteraster Ingouffi	270			+			
Pteraster Lebruni	80-450	+		+			
Pteraster rugatus	274				+		
Pteraster semireticulatus	91				+		
Pteraster stellifer	448			+			
Retaster gibber	448			+			
Retaster peregrinator	232				+		
Retaster verrucosus	100			+			
Hymenaster campanulatus	2 580		+				
Hymenaster coccinatus	2 515					+	
Hymenaster coelatus	3 295					+	
Hymenaster crucifer	3 295					+	
Hymenaster densus	4 794		+				
Hymenaster edax	3 248		+				
Hymenaster formosus	3 295					+	
Hymenaster fucalus	2 580		+				
Hymenaster graniferus	2 515					+	
Hymenaster latebrosus	3 448					+	
Hymenaster nobilis	3 295					+	
Hymenaster perspicuus	400-450	+					
Hymenaster præcoquis	2 515-2 928					+	
Hymenaster sacculatus	3 295					+	
Hippasteria Hyadesi	326			+			Sans doute identique à l'*H. plana* des mers du Nord.
Asterodon singularis	0-80			+			
Odontaster capitatus	257	+					
Odontaster cremeus	450	+					
Odontaster elegans	0-297	+					

ESPÈCES.	Profondeur en mètres.	RÉG. ANTARCTIQUE.		RÉGION SUBANTARCTIQUE.			OBSERVATIONS.
		Litto-rale.	Abys-sale.	Province Magel-lans (litt.).	Province Kergue-léenne (litt.).	Abys-sale.	
ontaster elongatus	91–274				+		
ontaster granuliferus	97			+			
ontaster Grayi	10–35			+			
ontaster meridionalis	9–274				+		Cité, sans doute par erreur, à la Terre Victoria du Sud.
ontaster penicillatus	15–183			+			Incl. *O. pilulatus*.
ontaster pusillus	3 187					+	
ontaster validus	0–129	+					
seudontaster marginatus	250	+					
imaster cognatus	450–2424	+		+		+	
itonaster cataphractus	3 614		+				
itonaster Johannæ	3 248		+				
strogonium patagonicum	283			+			
ramaster austro-granularis	340			+			Sans doute identique au *C. granularis* des mers du Nord.
ramaster patagonicus	100–448			+			Se trouve aussi dans le Pacifique boréal et dans le golfe de Californie.
ntagonaster incertus	176–220	+					Terre Victoria du Sud.
ncholaster forcipifer	3568–3615		+			+	
ploptychaster kerguelensis	18–384	+			+		Incl. : *L. antarcticus* ; a aussi été signalé à la Terre Victoria du Sud et au Cap.
ilaster Fleuriaisi	198–283			+			
idia magellanica	litt.			+			
idiaster hirsutus	245				+		
lhybiaster Liouvillei	18–420	+					
lhybiaster loripes	448			+			
lhybiaster loripes var. *obesa*	137–232				+		
paster Charcoti	litt.–3248	+	+				
ilasteropsis facetus	3 187					+	
ylaster felix	2 580		+				
arcelaster antarcticus	3 248		+				
rarchaster antarcticus	3 065		+				
rarchaster pedicifer	2928–3477					+	
eudarchaster discus	269			+			
iamaster magnificus	5–70	+					
eiraster Gerlachei	450–560	+					
ontaster forcipatus var. *echi-nata*	2515					+	
ontaster planeta	448			+			
stropecten mesactus	80–164						Tristan d'Acunha.
yphalaster planus	3568					+	
yphalaster Scoliæ	2580		+				
yracaster robustus	3848					+	
enodiscus corniculatus	73–2424			+		+	Les formes australes (*Ct. australis* et *procurator*) ne peuvent pas être distinguées spécifiquement du *Ct. corniculatus* des mers du Nord.

<table>
<thead>
<tr>
<th rowspan="2">ESPÈCES.</th>
<th rowspan="2">Profondeur en mètres.</th>
<th colspan="2">RÉG. ANTARCTIQUE.</th>
<th colspan="3">RÉGION SUBANTARCTIQUE.</th>
<th rowspan="2">OBSERVATIONS.</th>
</tr>
<tr>
<th>Littorale.</th>
<th>Abyssale.</th>
<th>Province Magellane (litt.).</th>
<th>Province Kergueléenne (litt.).</th>
<th>Abyssale.</th>
</tr>
</thead>
<tbody>
<tr><td colspan="8" align="center">Ophiures.</td></tr>
<tr><td>Ophiogona lævigata</td><td>219</td><td></td><td></td><td></td><td>+</td><td></td><td></td></tr>
<tr><td>Ophiopyren regulare</td><td>460</td><td>+</td><td></td><td></td><td></td><td></td><td></td></tr>
<tr><td>Ophioconis antarctica</td><td>91-274</td><td>+</td><td></td><td></td><td>+</td><td></td><td>Île Marion et Terre Victoria du Sud.</td></tr>
<tr><td>Ophioceramis antarctica</td><td>litt.</td><td></td><td></td><td>+</td><td></td><td></td><td>Géorgie du Sud.</td></tr>
<tr><td>Ophioceramis Januarii</td><td>0-183</td><td></td><td></td><td>+</td><td></td><td></td><td>Espèce des mers chaudes qui atteint sa limite d'extension méridionale au golfe San Mathia (40° 45′ S).</td></tr>
<tr><td>Ophiozona inermis</td><td>18-55</td><td>+</td><td></td><td></td><td></td><td></td><td>Terre Victoria du Sud.</td></tr>
<tr><td>Ophioplinthus grisea</td><td>3612</td><td></td><td>+</td><td></td><td></td><td></td><td></td></tr>
<tr><td>Ophioplinthus medusa</td><td>3612</td><td></td><td>+</td><td></td><td></td><td></td><td></td></tr>
<tr><td>Ophiernus quadrispinus</td><td>3248</td><td></td><td>+</td><td></td><td></td><td></td><td></td></tr>
<tr><td>Ophiernus vallincola</td><td>2515-3615</td><td></td><td>+</td><td></td><td></td><td>+</td><td>Se retrouve dans l'hémisphère boréal (37° N., profondeur 1830 m.).</td></tr>
<tr><td>Ophiopyrgus australis</td><td>600</td><td>+</td><td></td><td></td><td></td><td></td><td></td></tr>
<tr><td>Ophiomastus Ludwigi</td><td>600</td><td>+</td><td></td><td></td><td></td><td></td><td></td></tr>
<tr><td>Ophioglypha ambigua</td><td>40-219</td><td></td><td></td><td></td><td>+</td><td></td><td></td></tr>
<tr><td>Ophioglypha anceps</td><td>2580</td><td></td><td>+</td><td></td><td></td><td></td><td></td></tr>
<tr><td>Ophioglypha brevispina</td><td>9-219</td><td></td><td></td><td></td><td>+</td><td></td><td></td></tr>
<tr><td>Ophioglypha Brucei</td><td>4435</td><td></td><td>+</td><td></td><td></td><td></td><td></td></tr>
<tr><td>Ophioglypha bullata</td><td>3475-4740</td><td></td><td></td><td></td><td></td><td>+</td><td>Se retrouve aussi dans l'hémisphère boréal (34°-46° N., profondeur 2270-5000 m.).</td></tr>
<tr><td>Ophioglypha carinata</td><td>110-219</td><td></td><td></td><td></td><td>+</td><td></td><td></td></tr>
<tr><td>Ophioglypha carinifera</td><td>600</td><td>+</td><td></td><td></td><td></td><td></td><td></td></tr>
<tr><td>Ophioglypha confragosa</td><td>1098</td><td></td><td></td><td></td><td></td><td>+</td><td></td></tr>
<tr><td>Ophioglypha Deshayesi</td><td>51-274</td><td></td><td></td><td></td><td>+</td><td></td><td></td></tr>
<tr><td>Ophioglypha Döderleini</td><td>litt.-500</td><td>+</td><td></td><td>+</td><td></td><td></td><td></td></tr>
<tr><td>Ophioglypha elevata</td><td>567</td><td></td><td></td><td></td><td>+</td><td></td><td></td></tr>
<tr><td>Ophioglypha figurata</td><td>3248</td><td></td><td>+</td><td></td><td></td><td></td><td></td></tr>
<tr><td>Ophioglypha flexibilis</td><td>110-146</td><td>+</td><td></td><td></td><td></td><td></td><td>Terre Victoria du Sud.</td></tr>
<tr><td>Ophioglypha fraterna</td><td>3568</td><td></td><td></td><td></td><td></td><td>+</td><td></td></tr>
<tr><td>Ophioglypha frigida</td><td>300-600</td><td>+</td><td></td><td></td><td></td><td></td><td></td></tr>
<tr><td>Ophioglypha gelida</td><td>100-600</td><td>+</td><td></td><td></td><td></td><td></td><td></td></tr>
<tr><td>Ophioglypha innoxia</td><td>litt.</td><td>+</td><td></td><td></td><td></td><td></td><td></td></tr>
<tr><td>Ophioglypha inops</td><td>2580</td><td></td><td>+</td><td></td><td></td><td></td><td></td></tr>
<tr><td>Ophioglypha integra</td><td>3248</td><td></td><td>+</td><td></td><td></td><td></td><td></td></tr>
<tr><td>Ophioglypha intorta</td><td>91-137</td><td></td><td></td><td></td><td>+</td><td></td><td></td></tr>
<tr><td>Ophioglypha Kœhleri</td><td>464</td><td>+</td><td></td><td></td><td></td><td></td><td>Terre Victoria du Sud.</td></tr>
<tr><td>Ophioglypha Lacazei</td><td>3622-4758</td><td></td><td></td><td></td><td></td><td>+</td><td></td></tr>
<tr><td>Ophioglypha lenticularis</td><td>3848</td><td></td><td></td><td></td><td></td><td>+</td><td></td></tr>
<tr><td>Ophioglypha lienosa</td><td>3568</td><td></td><td></td><td></td><td></td><td>+</td><td></td></tr>
<tr><td>Ophioglypha Loveni</td><td>2515-4750</td><td></td><td></td><td></td><td></td><td></td><td></td></tr>
<tr><td>Ophioglypha Lymani</td><td>73-448</td><td></td><td></td><td>—</td><td></td><td></td><td></td></tr>
<tr><td>Ophioglypha Martensi</td><td>litt.</td><td></td><td></td><td>+</td><td></td><td></td><td>Géorgie du Sud.</td></tr>
<tr><td>Ophioglypha meridionalis</td><td>1098-1890</td><td></td><td></td><td></td><td></td><td>+</td><td></td></tr>
<tr><td>Ophioglypha mimaria</td><td>2580</td><td></td><td>—</td><td></td><td></td><td></td><td></td></tr>
</tbody>
</table>

ESPÈCES.	Profondeur en mètres.	RÉG. ANTARCTIQUE.		RÉGION SUBANTARCTIQUE.			OBSERVATIONS.
		Litto-rale.	Abys-sale.	Province Magel-lane (litt.).	Province Kergue-léenne (litt.).	Abys-sale.	
ioglypha minula	2515–3295					+	Connue aussi dans l'hémisphère boréal par 38°-46° N. (profondeur 1 710-4 020 m.).
ioglypha ossiculala	2580		+				
ioglypha parlila	3248		+				
ioglypha resistens	18–37	+					Terre Victoria du Sud.
ioglypha Rouchi	70–129	+					
ioglypha scissa	2580		+				
ioglypha verrucosa	210				+		
ioperla Ludwigi	70–75	+					
ionolus hexaclis	9–137			+	+		Géorgie du Sud et Kerguelen.
ionolus Victoriæ	35–549	+					
iosleira antarctica	23–183	+					
iosleira Senouqui	200–254	−					
ioclen amilimum	litt.–3568		+	+	+	+	
ioclen dubium	200–600	+					
ioclen hastalum	2013–2515					+	Se trouve aussi dans l'hémisphère boréal (39°-43° N, profondeur 1 900 m.)
ioclen Ludwigi	3 248		+				
ioclen megaloplax	200–350	+					
ioclen pallidum	3615–4755		+			+	
iaclis asperula	0–576			−			
ohiura affinis	litt.			+			Géorgie du Sud.
ohiura algida	18–146	+					Terre Victoria du Sud.
ohiura angularis	274				+		
ohiura Belgicæ	14–600	+					
ohiura chilensis	0–55			+			
ohiura consors	4 794		+				
ohiura Eugeniæ	55–100			+			
ohiura Joubini	200	+					
ohiura Lymani	litt.			+			Géorgie du Sud.
ohiura magellanica	0–55			+			
ohiura magnifica	3848					+	
ohiura Mortenseni	16–129	+					
ohiura patagonica	0–146			+			
ohiura patula	3614		+				
ohiura peregrinator	70	+					
ohiura polita	100–600	+					
ohiura princeps	litt.			+			
ohiura Studeri	9–567				+		
ohiura textilis	litt.			+			
ohiura tomentosa	16–110	+			+		La forme de Kerguelen est un peu différente de celle des Orcades du Sud.
ohilepis antarctica	16–18	+					
ionereis Shayeri	0–73			+			Espèce rapportée par la Mission du Cap Horn et possédant une vaste extension géographique.
iomitra Sarsi	2 525					+	
iocamax gigas	300–475	+					
iacantha antarctica	100–600	+					

ESPÈCES.	Profondeur en mètres.	RÉG. ANTARCTIQUE. Littorale.	RÉG. ANTARCTIQUE. Abyssale.	RÉGION SUBANTARCTIQUE. Province Magellane (litt.).	RÉGION SUBANTARCTIQUE. Province Kergueléenne (litt.).	RÉGION SUBANTARCTIQUE. Abyssale.	OBSERVATIONS.
Ophiacantha cosmica	183–1740	+	+			+	Espèce très répandue dans to[ute] l'hémisphère austral.
Ophiacantha deruens	litt.			—			
Ophiacantha frigida	3 248		+				
Ophiacantha imago	46–210	+			…		Terre Victoria du Sud et Kergu[é]len.
Ophiacantha opulenta	3 248		+				
Ophiacantha polaris	100–460	+					
Ophiacantha rosea	320–567			+	+		Connue aussi dans l'hémisph[ère] boréal, où elle remonte jusq[u'à] 34°-46° N. (profondeur 7[..] 1710 m.).
Ophiacantha vivipara	0–1097	+		+	+	+	
Ophiodiplax disjuncta	110–254	+					
Ophiolrema Alberti	3 848					+	Se montre aussi dans l'hé[mi]sphère boréal par 38°-42° N. à des profondeurs supérieu[res] à 4 000 m.
Ophiolebes scorteus	567–2928					+	
Ophiolebes vestilus	268–732			—			
Ophiocymbium cavernosum	3 568					+	
Ophiomyxa vivipara	0–320			+	+		
Ophiochondrus stelliger	1 098					+	
Astroloma Agassizii	4–274	+		+	+		Les spécimens qui vivent à [la] Coulman, à une profondeur [de] 4 m., sont considérés par [..] comme une variété.
Ophiocreas carnosus	320			+			
Astrochema rubrum	732					+	
Astrochlamys bruneus	200	+					
Gorgonocephalus chilensis	22–320			+	+		

Échinides.

ESPÈCES.	Profondeur en mètres.	RÉG. ANTARCTIQUE. Littorale.	RÉG. ANTARCTIQUE. Abyssale.	RÉGION SUBANTARCTIQUE. Province Magellane (litt.).	RÉGION SUBANTARCTIQUE. Province Kergueléenne (litt.).	RÉGION SUBANTARCTIQUE. Abyssale.	OBSERVATIONS.
Eurocidaris Geliberti	200	+					
Eurocidaris nutrix	0–225					…	
Notocidaris gaussensis	350–385	…					
Notocidaris hastala	2450–2916						
Notocidaris Mortenseni	100–2580	+	+				
Aporocidaris antarctica	2540–3486						
Aporocidaris incerta	100–300	+					
Ctenocidaris Perrieri	200–250	+					
Ctenocidaris speciosa	75–400	+		+			Terre de Graham, Géorgie [du] Sud et Shag Rocks.
Austrocidaris canaliculata	0–300			+			
Austrocidaris spinulosa	197				…		Iles Falkland.
Rhynchocidaris triplopora	350–385	…					
Arbacia Dufresnii	0–330	+					
Arbacia crassispina	litt.						Tristan d'Acunha et peut-ê[tre] île Gough.
Sterechinus Agassizii	75–250			+			Géorgie du Sud.
Sterechinus antarcticus	100–600	+					

ESPÈCES.	Profondeur en mètres.	RÉG. ANTARCTIQUE.		RÉGION SUBANTARCTIQUE.			OBSERVATIONS.
		Littorale.	Abyssale.	Province Magellane (litt.).	Province Kergueléenne (litt.).	Abyssale.	
...echinus diadema	115				+		
...echinus horridus	320–672			+			Côtes du Chili, Ile Saint-Paul et courant d'Agulhas.
...echinus margarilaceus	?						Il est impossible de savoir à quelle forme correspond l'*Echinus margaritaceus* de Lamarck.
...echinus Neumayeri	0–460	+		+			
...echinus magellanicus	0–300	+		+	+		
...echinus albus	litt.			−			
...ope emarginala	0–130			+			Espèce des mers chaudes qui descend jusqu'au Rio Gallegos (51° 35′ S.).
...chinus Drygalskii	3 423		+				
...chinus fragilis	2 580		+				
...chinus naresianus	2 450–3 294		+			+	
...chinus Wyvillei	2 515–3 622		+			+	
...cechinus Nordenskjöldi	160–380	+		+			
...malechinus vesica	2 922–4 071		+			+	
...rlalesia hispida	2 928–3 615		+			+	
...gocystis carinala	2 928–4 071					+	
...alophysa ceralopyga	3 568–4 071					+	
...inosigra phiale	2 916–3 615		+				Connu dans l'Atlantique boréal, entre 62°-64° N., à des profondeurs de 1 545 à 3 524 m.
...lagocystis Challengeri	2 928–3 568					+	
...inocrepis cuneala	2379					+	
...lus Agassizii	10–22			+			Géorgie du Sud.
...lus cavernosus	0–300			+			
...lus cordalus	10–470				+		
...lus elongalus	10–18	+					Orcades du Sud.
...lus Philippii	60–80			+			
...lus Shackletoni	18–70	+					
...udabalus Nimrodi	12–37	+					Terre Victoria du Sud.
...pylus excavalus	113			+			
...phipneusles Kœhleri	75–160			+			Géorgie du Sud et Shag Rocks.
...phipneusles Lorioli	400–600	+					
...phipneusles Morlenseni	297	+					
...icopalagus affinis	3477					+	
...opalagus Brucei	4437		+				
...saster antarclicus	457						Iles Bouvet.
...saster Moseleyi	75–2515			−	+	+	
...pylaster Philippii	litt.			+			
...apneusles cordalus	460	+					
...apneusles reduclus	380	+					

LISTE DES OUVRAGES CITÉS

81. BELL (F. JEFFREY), The species of the genus Asterias (*Proc. zool. Soc. London*, 1881).

84. DANIELSSEN (D. C.) et KOREN (J.), Asteroidea (*Norvegian North-Atlantic Expedition*. Christiania, 1884).

91. PERRIER (ED.), Échinodermes de la Mission scientifique du Cap Horn. Stellérides (*Mission scientifique du Cap Horn*, Zoologie, vol. VI, Paris, 1891).

93. BELL (J.), On Odontaster and the allied or synonymous genera of Asteroids Echinoderms (*Proc. zool. Soc. London*, 1893).

94. PERRIER (ED.), Échinodermes. Résultats scientifiques des campagnes du « Travailleur » et du « Talisman » (Stellérides), Paris, 1894.

95. LEITPOLDT (FR.), Asteroidea der « Vettor-Pisani » Expedition (*Zeitschr. f. wiss. Zool.*, Bd. LIX, 1895).

96. MEISSNER (M.), Die von Dr Plate aus Chile und Feuerland heimgebrachten See-Sterne (*Archiv. f. Naturg.*, 1896).

96. PERRIER (ED.), Contribution à l'étude des Stellérides de l'Atlantique Nord (*Résultats des campagnes scientifiques du Prince de Monaco*, fasc. XI, Monaco, 1896).

98. FARQUHAR (H.), On the Echinoderm fauna of New Zealand (*Proc. Linn. Soc. New South Wales*, 1898).

98. KŒHLER (R.), Échinides et Ophiures provenant des campagnes du yacht « l'Hirondelle » (*Résultats des campagnes scientifiques du Prince de Monaco*, 1898).

98. LUDWIG (H.), Die Ophiuren der Sammlung Plate (*Archiv. f. Naturg.*, 1898).

99. LUDWIG (H.), Ophiuroideen (in *Hamburger magalhaensische Sammelreise*, Hamburg, 1899).

00. GRIEG (J.), Die Ophiuren der Arktis (*Fauna arctica*, Bd. I, Lief. 2).

00. LUDWIG (H.), Arktische Seesterne (*Fauna arctica*, Bd. I, Lief. 3).

01. KŒHLER (R.), Échinides et Ophiures (*Résultats du voyage du S. Y. « Belgica »*, Anvers, 1901).

02. BELL (J.), Echinoderma (in *Report on the Collections of Natural History... of the « Southern Cross »*, London, 1902).

03. LUDWIG (H.), Seesterne (*Résultats du voyage du S. Y. « Belgica »*, Anvers, 1903).

03. PELSENEER, Mollusques (*Résultats du voyage du S. Y. « Belgica »*, Anvers, 1903).

04. BELL (J.), Echinoderma found off the Coast of South Africa (in *Marine Investigation in South Africa*, Cape Town, 1904-1905).

04. HUTTON (F. W.), Index Faunæ Novæ Zealandiæ, London (Echinoderma, p. 286-292).

04. LORIOL (P. DE), Notes pour servir à l'étude des Échinodermes, 2e série, fasc. II., Bâle et Genève, 1904.

04. LUDWIG (H.), Brutpflege bei Echinodermen (*Zool. Jahrbuch.*, Suppl. Bd. VII, 1904).

04. MEISSNER (M.), Asteroideen (in *Hamburger magalhaensische Sammelreise*, Hamburg, 1904).

05. DÖDERLEIN (L.), Arktische Seeigel (*Fauna arctica*, Bd. IV, Lief.

05. Ludwig (H.), Asteroidea (*Reports on the scient. results of the Exped... « Albatross »* (in *Mém. Mus. Comp. Zool.,* vol. XXXII).

05. Ludwig (H.), Asterien und Ophiuren der schwedischen Expedition nach den Magalhaensländern (*Zeitschr. f. wiss. Zool.,* Bd. LXXXII, 1905).

06. Grieg (J.), Echinodermen von dem norwegischen Fischereidampfer « Michaël Sars » in den Jahren 1900-1903 gesammelt (*Bergens Museums Aarbog,* 1906).

06. Kœhler (R.), Échinodermes (*Expédition Antarctique Française commandée par le Dr Charcot,* Paris, 1906).

07. Kalichewsky (M.), Zur Kenntniss der Echinodermenfauna des sibirischen Eismeeres (*Mém. Ac. Sc. Pétersbourg,* 8e série, t. XVIII, n° 4, 1907).

07. Kœhler (R.), Revision de la collection des Ophiures du Muséum (*Bull. scientif.,* vol. XLI, 1907).

07 *bis.* Kœhler (R.), Ophiuroidea (in *Fauna Sudwest Australiens, herausgegeben v. Prof. Michaelsen und Dr Hartmeyer,* Bd. 1, Lief. 3-5).

07. Mortensen (Th.), Echinoidea, II (*The Danish Ingolf Expedition,* vol. IV).

08. Kœhler (R.), Astéries, Ophiures et Échinides de l'Expédition Antarctique Nationale Écossaise (*Trans. R. Soc. Edinburgh,* vol. XLVI).

08. Bell (J.), Echinoderma (in *National Antarctic Expedition. Natural History,* vol. IV, 1908).

08. Fisher (W. K.), Necessary changes in the nomenclature of Starfishes (*Smithson. Inst. Misc. Collect,* vol. LII, 1908).

09. Benham (W. B.), Echinoderma (in *Scientific results of the New Zealand Government Trawling Expedition* 1907; *Records Canterbury Museum,* 1909).

09 *bis.* Benham (W.), The Echinoderms other than Holothurians of the Subantarctic Islands of New Zealand (in *Subantarctic Islands of New Zealand,* Wellington, 1909).

09. Kœhler (R.), Échinodermes provenant des campagnes du yacht « Princesse-Alice » (*Résultats des campagnes scientifiques du Prince de Monaco,* fasc. XXXIV, Monaco, 1909).

10. Clark (Lyman II.), The Echinoderms of Peru (*Bull. Mus. Comp. Zool.,* vol. LII, n° 17).

10. Döderlein (L.), Asteroidea, Ophiuroidea, Echinoidea (in Schultze, *Zoolog. und anthrop. Ergebnisse in Südafrika,* Bd. IV, Lief. 1, 1910).

10. Grieg (G.), Échinodermes (*in* Duc d'Orléans, *Campagne arctique de 1907*).

10. Mortensen (Th.), Die Echinoiden der deutschen Südpolar-Expedition 1901-1903 (*Deutsche Südpolar-Expedition,* Bd. XI, Zoologie III, Berlin 1910).

11. Döderlein (L.), Ueber japanische und andere Euryalæ (*Abh. der math. phys. Klasse der k. bayer. Akad. Wiss.,* II. Suppl. Bd., 5 Abh.).

11. Fisher (W. K.), Asteroidea of the North Pacific (*Bull. of the U. S. Nat. Museum,* part 1, 1911).

11. Kœhler (R.), Astéries, Ophiures et Échinides (*British Antarctic Expedition,* vol. II, part 4, 1911).

11 *bis.* Kœhler (R.), Échinodermes de Kerguelen (*Annales de l'Institut Océanographique,* t. III, fasc. 3, 1911).

11. Mortensen (Th.), The Echinoidea of the Swedish South Polar Expedition (*Swedish Südpolar-Expedition,* Bd. VI, Lief 4, 1911).

11. Theel (H.), Priapulids and Sipunculids dredged by the Swedish Antarctic Expedition 1901-1903 (*Kongl. Svenska Vetenskap Handlingar,* Bd. XLVII, n° 1, 1911).

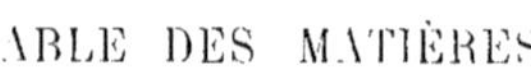

TABLE DES MATIÈRES

EXPLICATION DES PLANCHES

PLANCHE I

Fig. 1. — *Labidiaster radiosus* ; face dorsale. Gr. : 1,3.
Fig. 2. — *Diplasterias (Podasterias) spinosa* ; face ventrale du type provenant de l'Expédition du Cap Horn. Gr. : 1,3.
Fig 3. — *Diplasterias Brandti* ; face ventrale d'un exemplaire de l'Expédition du Cap Horn appelé par Perrier *D. Loveni*. Gr. : 1,4.
Fig. 4. — *Diplasterias Steineni* ; face ventrale. Gr. : 1,4.
Fig. 5. — *Diplasterias Brandti* ; face dorsale de l'individu représenté fig. 3. Gr. : 1,4.
Fig. 6. — *Diplasterias Brandti* ; face dorsale d'un exemplaire de l'Expédition du Cap Horn et appelé par Perrier *D. Lütkeni*. Gr. : 1,4.
Fig. 7. — *Diplasterias Steineni* ; portion de la face dorsale. Gr. : 4,5
Fig. 8. — *Notasterias armata* ; face dorsale. Gr. : 2.
Fig. 9. — *Diplasterias (Podasterias) spinosa* ; face dorsale. Gr. : 1,4.
Fig. 10. — *Diplasterias Steineni* ; face dorsale. Gr. : 1,4.

PLANCHE II

Fig. 1. — *Cosmasterias lurida* ; portion de la face dorsale. Gr. : 3,4.
Fig. 2. — *Cosmasterias lurida* ; face ventrale. Gr. : 1,2.
Fig. 3. — *Cosmasterias lurida* ; face dorsale. Gr. : 1,2.
Fig. 4. — *Cosmasterias lurida* ; pièce basilaire d'un pédicellaire droit. Gr. : 40.
Fig. 5, 6 et 7. — *Cosmasterias lurida* ; valves isolées de pédicellaires droits. Gr. : 38.
Fig. 8. — *Cryaster Charcoti* ; face ventrale. Gr. : 1,3.
Fig. 9. — *Cryaster Charcoti* ; face dorsale. Gr. : 1,4.
Fig. 10. — *Autasterias Bongraini* ; face dorsale. Gr. : 2,2.
Fig. 11. — *Autasterias Bongraini* ; face ventrale. Gr. : 2,2.
Fig. 12. — *Cribraster Sladeni* ; face ventrale. Gr. : 1,5.

PLANCHE III

Fig. 1. — *Odontaster cremeus* ; face dorsale. Gr. : 3.
Fig. 2. — *Granaster biserialus* ; face ventrale de l'un des exemplaires du nº 504. Gr. : 2.
Fig. 3. — *Odontaster cremeus* ; face ventrale. Gr. : 3.
Fig. 4. — *Lophaster antarcticus* ; face dorsale de l'exemplaire nº 124. Gr. : 3.
Fig. 5. — *Lophaster antarcticus* ; face ventrale. Gr. : 3.
Fig. 6. — *Cryaster antarcticus* ; face ventrale de l'exemplaire nº 63. Grandeur naturelle.
Fig. 7. — *Cryaster antarcticus* ; face dorsale de l'exemplaire nº 67 légèrement grossie.
Fig. 8. — *Cryaster Charcoti* ; piquant adambulacraire. Gr. : 10.
Fig. 9. — *Perknaster aurantiacus* ; face dorsale de l'exemplaire nº 65. Gr. : 1.

PLANCHE IV

Fig. 1. — *Perknaster aurantiacus* ; face ventrale de l'exemplaire n° 65. Gr. : 4.

Fig. 2. — *Solaster Godfroyi* ; face dorsale de l'exemplaire n° 771. Gr. : 1,5.

Fig. 3. — *Cribrella parva* ; face dorsale. Gr. : 4.

Fig. 4. — *Lophaster Gaini* ; face ventrale légèrement réduite.

Fig. 5. — *Lophaster Gaini* ; face dorsale légèrement réduite.

Fig. 6. — *Solaster Godfroyi* ; face dorsale du plus grand exemplaire du n° 175. Gr. : 4,6.

Fig. 7. — *Solaster Godfroyi* ; face ventrale de l'exemplaire n° 771. Gr. : 1,5.

Fig. 8. — *Cribrella parva* ; face ventrale. Gr. : 4.

Fig. 9. — *Solaster Godfroyi* ; face dorsale du plus petit exemplaire du n° 175. Gr. : 11.

Fig. 10. — *Solaster Godfroyi* ; spinule d'une paxille d'un des exemplaires du n° 175. Gr. : 28.

Fig. 11. — *Solaster Godfroyi* ; paxille du même exemplaire. Gr. : 11.

Fig. 12. — *Lophaster Gaini* ; paxille dorsale. Gr. : 13.

Fig. 13. — *Lophaster Gaini* ; paxille marginale dorsale. Gr. : 13.

PLANCHE V

Fig. 1. — *Leucaster involutus* ; face dorsale d'un grand exemplaire du n° 752, légèrement réduite.

Fig. 2. — *Leucaster involutus* ; face dorsale d'un très jeune exemplaire ($R =$ 17 millimètres), n° 127. Gr. : 4,4.

Fig. 3. — *Leucaster involutus* ; face ventrale d'un exemplaire du n° 752, un peu plus petit que l'individu représenté fig. 1 ($R = 65$ millimètres). Gr. : 1,4.

Fig. 4. — *Remaster Gourdoni* ; face dorsale. Gr. : 5.

Fig. 5. — *Remaster Gourdoni* ; piquant isolé d'une paxille dorsale. Gr. : 46.

Fig. 6. — *Leucaster involutus* ; paxille marginale. Gr : 6.

Fig. 7. — *Leucaster involutus* ; piquants isolés d'une paxille marginale. Gr. : 14.

Fig. 8. — *Cosmasterias lurida* ; grand pédicellaire droit. Gr. : 30.

Fig. 9. — *Remaster Gourdoni* ; face dorsale d'un autre individu que celui de la fig. 4. Gr. : 5.

Fig. 10. — *Leucaster involutus* ; face dorsale d'un exemplaire assez jeune ($R = 40$ millimètres). Gr. : 2,5.

Fig. 11. — *Leucaster involutus* ; face ventrale de l'exemplaire représenté fig. 1, légèrement réduite.

Fig. 12. — *Remaster Gourdoni* ; paxille de la face dorsale. Gr. : 22.

PLANCHE VI

Fig. 1. — *Granaster biserialus* ; vue latérale d'un exemplaire du n° 504. Gr. : 2.

Fig. 2. — *Bathybiaster Liouvillei* ; face dorsale d'un exemplaire du n° 755 légèrement grossie.

Fig. 3. — *Bathybiaster Liouvillei* ; face ventrale du même exemplaire légèrement grossie.

Fig. 4. — *Bathybiaster Liouvillei* ; face dorsale de l'exemplaire n° 722 très légèrement grossie.

Fig. 5. — *Odontaster capitatus*; vue latérale d'un piquant de la face dorsale. Gr. : 60.
Fig. 6. — *Cribraster Sladeni* ; face dorsale. Gr. : 1,5.
Fig. 7. — *Odontaster granuliferus* ; face ventrale. Gr. : 3.
Fig. 8. — *Odontaster capitatus* ; face dorsale. Gr. : 4.
Fig. 9. — *Odontaster capitatus* ; portion de la face dorsale. Gr. : 14.
Fig. 10. — *Odontaster granuliferus* ; face dorsale. Gr. : 3.
Fig. 11. — *Odontaster capitatus* ; face ventrale. Gr. : 4.
Fig. 12. — *Bathybiaster Liouvillei* ; portion du bord dorsal d'un bras. Gr. : 12.

PLANCHE VII

Fig. 1. — *Odontaster validus*; portion de la face dorsale d'un grand exemplaire du n° 510.
       ($R = 44$ millimètres). Gr. : 3,6.
Fig. 2. — *Odontaster validus*; portion de la face ventrale d'un exemplaire plus petit que
       le précédent ($R = 16$ à 17 millimètres), n° 598. Gr. : 6.
Fig. 3. — *Odontaster validus*; portion de la face dorsale de l'exemplaire précédent.
       Gr. : 6.
Fig. 4. — *Odontaster validus* ; face dorsale de l'exemplaire dont une partie est repré-
       sentée fig. 1. Gr. : 1,4.
Fig. 5. — *Odontaster elegans* ; face ventrale de l'exemplaire n° 540. Gr. : 2.
Fig. 6. — *Odontaster elegans*; face dorsale du même exemplaire. Gr. : 2.
Fig. 7. — *Odontaster elegans*; portion de la face dorsale de l'exemplaire n° 250, plus
       petit que le précédent. Gr. : 7.
Fig. 8. — *Odontaster elegans* : portion de la face ventrale du même exemplaire. Gr. : 7.
Fig. 9. — *Odontaster elegans*; deux piquants provenant d'une plaque marginale dorsale.
       Gr. : 155.
Fig. 10. — *Odontaster elegans* ; un piquant plus grand que les précédents et provenant
       du bord externe d'une plaque marginale dorsale. Gr. : 155.
Fig. 11. — *Odontaster elegans*; portion de la face ventrale de l'exemplaire représenté
       fig. 5 et 6. Gr. : 4,4.
Fig. 12. — *Odontaster validus*; portion de la face ventrale de l'exemplaire représenté
       fig. 1 et 4. Gr. : 3,6.

PLANCHE VIII

Fig. 1. — *Priamaster magnificus*; face ventrale de l'exemplaire n° 575, réduite de 4 10.
Fig. 2. — *Ripaster Charcoti* ; face latérale d'un bras. Gr. : 1,6.
Fig. 3. — *Priamaster magnificus* ; portion de la face dorsale. Gr. : 10.
Fig. 4. — *Pseudontaster marginatus*; face dorsale du plus petit exemplaire. Gr. : 1,5.
Fig. 5. — *Bathybiaster Liouvillei* ; vue latérale d'un bras de l'exemplaire n° 722.
       représenté en entier Pl. VI, fig. 4. Gr. : 3,5.
Fig. 6. — *Bathybiaster Liouvillei* ; vue latérale d'un bras d'un exemplaire plus petit
       que le précédent et provenant du n° 755. Gr. : 3,5.
Fig. 7. — *Remaster Gourdoni*; face ventrale de l'exemplaire dont la face dorsale est
       représentée Pl. V, fig. 4. Gr. : 5.
Fig. 8. — *Priamaster magnificus*; face dorsale réduite de 4 10.

PLANCHE IX

Fig. 1. *Pseudonlaster marginalus*; face ventrale du plus grand exemplaire. Grandeur naturelle.

Fig. 2. *Pseudonlaster marginalus*; face dorsale du même exemplaire. Grandeur naturelle.

Fig. 3. *Pseudonlaster marginalus*; arc interbrachial du plus petit exemplaire vu par la face dorsale. Gr. : 4,5.

Fig. 4. *Ophioglypha gelida* ; face dorsale d'un exemplaire du n° 242. Gr. 2,8.

Fig. 5. *Ophioglypha gelida* ; face ventrale du même exemplaire. Gr. : 2,8.

Fig. 6. *Ophioglypha gelida* ; face dorsale de l'exemplaire n° 329. Gr. : 3.

Fig. 7. *Ophioglypha gelida* ; vue latérale de l'exemplaire représenté fig. 4 et 5. Gr. : 3.

Fig. 8. *Ophioglypha gelida* ; face dorsale d'un jeune exemplaire du n° 8. Gr. : 6.

Fig. 9. *Ophioglypha gelida* ; face ventrale d'un exemplaire du n° 8 dont la bouche est anormale. Gr. : 6.

Fig. 10. *Ophioglypha gelida* ; face ventrale d'un exemplaire du n° 294. Gr. : 3.

Fig. 11. — *Ophioglypha Rouchi* ; face ventrale. Gr. : 9.

Fig. 12. — *Ophioglypha Rouchi* ; face dorsale. Gr. : 9.

Fig. 13, 14 et 15. — Trois exemplaires d'*Ophioglypha gelida*, chez lesquels la face dorsale du disque est complètement recouverte par l'*Iophon flabello-digilalus*. Gr. : 2 environ.

PLANCHE X

Fig. 1. — *Ophioperla Ludwigi* ; face ventrale d'un exemplaire du n° 772. Gr. : 3,2.

Fig. 2. — *Ophionolus Victoriæ* ; face ventrale d'un exemplaire du n° 759. Gr. : 1.6.

Fig. 3. *Ophionolus Victoriæ* ; face ventrale du plus petit individu du n° 585. Gr. : 8.

Fig. 4. — *Ophionolus Victoriæ* ; face dorsale d'un individu dont le disque a 9 millimètres de diamètre (n° 585). Gr. : 4.

Fig. 5. — *Ophioperla Ludwigi* ; face dorsale d'un des exemplaires du n° 715. Gr. : 3.

Fig. 6. *Ophioperla Ludwigi* ; face ventrale d'un des exemplaires du n° 772. Gr. : 3.

Fig. 7. — *Ophioperla Ludwigi* ; face dorsale de l'exemplaire n° 772 représenté fig. 1. Gr. : 3.

Fig. 8. — *Ophiosteira Senouqui* ; vue latérale du disque et des bras du plus grand exemplaire. Gr. : 3.

Fig. 9. — *Ophiosteira Senouqui* ; face dorsale du même individu. Gr. : 3.

Fig. 10. — *Ophiosteira Senouqui* ; face ventrale. Gr. : 3.

Fig. 11. — *Ophiosteira Senouqui* ; vue oblique de la face dorsale. Gr. : 2.

Fig. 12. — *Ophionolus Victoriæ*; face dorsale du petit exemplaire représenté fig. 3. Gr. : 8.

Fig. 13. *Ophionolus Victoriæ* ; face dorsale de l'exemplaire représenté fig. 2. Gr. : 1,4.

PLANCHE XI

Fig. 1. — *Ophiacantha vivipara*; face dorsale d'un exemplaire à cinq bras du n° 239 grossie un peu plus de deux fois.

Fig. 2. — *Ophiacantha vivipara* ; face dorsale d'un exemplaire à six bras du n° 238. G. : 36.

Fig. 3. — *Astrochlamys bruneus*; trois papilles tentaculaires de la même rangée. Gr. : 35.
Fig. 4. — *Astrochlamys bruneus*; face dorsale. Gr. : 4.
Fig. 5. — *Amphiura peregrinator* ; face ventrale. Gr. : 7.
Fig. 6. — *Astrochlamys bruneus* ; face ventrale. Gr. : 2,2.
Fig. 7. — *Astrochlamys bruneus* ; papille tentaculaire. Gr. : 72.
Fig. 8. — *Ophionotus Victoriæ*; face dorsale d'un bras ayant subi une régénération. Gr. : 2,5.
Fig. 9. — *Amphiura Joubini* ; face dorsale. Gr. : 3,5.
Fig. 10. — *Ophiacantha vivipara*; face dorsale d'un exemplaire à six bras chez lequel la face dorsale du disque est dépourvue de piquants (n° 238). Gr. : 2,6.
Fig. 11. — *Amphiura peregrinator* ; face ventrale. Gr. : 5.
Fig. 12. — *Amphiura peregrinator* ; face dorsale. Gr. : 5.
Fig. 13. — *Amphiura Joubini* ; face ventrale. Gr. : 3,5.
Fig. 14. — *Astrochlamys bruneus* ; face dorsale. Gr. : 1,7.
Fig. 15. — *Astrochlamys bruneus* ; crochet d'un bras. Gr. : 150.

PLANCHE XII

Fig. 1. — *Ophionotus hexactis* ; face dorsale d'un exemplaire dont le disque mesure 21 millimètres de diamètre. Gr. : 2,2.
Fig. 2. — *Amphiura Mortenseni* ; face dorsale de l'exemplaire n° 586. Gr. : 4,6.
Fig. 3. — *Ophionotus hexactis*; face dorsale d'un jeune individu (diamètre du disque, 11 millimètres). Gr. : 3,7.
Fig. 4. — *Ctenocidaris Perrieri* ; face dorsale dépouillée des piquants de l'exemplaire n° 162 (mâle). Gr. : 1,5.
Fig. 5. — *Ctenocidaris Perrieri*; face dorsale dépouillée des piquants de l'exemplaire n° 235 (femelle). Gr. : 1,5.
Fig. 6. — *Ctenocidaris Perrieri*; vue latérale de l'exemplaire n° 232 avec ses piquants. Gr. : 1,3.
Fig. 7. — *Ctenocidaris Perrieri* ; face dorsale du même exemplaire. Gr. : 1,3.
Fig. 8. — *Ctenocidaris Perrieri* ; portion d'un radiole. Gr. : 6.

PLANCHE XIII

Fig. 1. — *Sterechinus Neumayeri* ; face dorsale de l'exemplaire n° 769. Gr. : 2,2.
Fig. 2. — *Ctenocidaris Perrieri* ; vue latérale de l'exemplaire n° 264. Gr. : 1,6.
Fig. 3. — *Ctenocidaris Perrieri* ; face dorsale de l'exemplaire n° 264. Gr. : 1,6.
Fig. 4. — *Ctenocidaris Perrieri* ; piquants de la face ventrale. Gr. : 5.
Fig. 5. — *Ctenocidaris Perrieri*; piquant bifurqué à l'extrémité appartenant à l'exemplaire n° 233. Gr. : 5,6.
Fig. 6. — *Ctenocidaris Perrieri* ; vue latérale de l'exemplaire n° 233. Gr. : 1,6.
Fig. 7. — *Ctenocidaris Perrieri* ; face ventrale de l'exemplaire n° 232. Gr. : 1,3.
Fig. 8. — *Ctenocidaris Perrieri* ; portion du test de l'exemplaire n° 264. Gr : 4,5.

PLANCHE XIV

Fig. 1. — *Eurocidaris Geliberti* ; face ventrale de l'exemplaire muni de ses piquants. Gr. : 1,5.
Fig. 2. — *Eurocidaris Geliberti* ; face dorsale du test en partie dénudé. Gr. : 1,6.

Fig. 3. — *Eurocidaris Geliberli* ; face ventrale du test en partie dénudé. Gr. : 1,6.

Fig. 4. — *Eurocidaris Geliberli* ; portion d'un radiole. Gr. : 5,5.

Fig. 5. — *Eurocidaris Geliberli* ; face dorsale de l'exemplaire muni de ses piquants. Gr. : 1,5.

Fig. 6. — *Eurocidaris Geliberli* ; vue latérale de l'exemplaire muni de ses piquants. Gr. : 1,5

Fig. 7. — *Eurocidaris Geliberli* ; vue latérale du test en partie dénudé. Gr. : 1,6.

Fig. 8. — *Eurocidaris Geliberli* ; valve de pédicellaire. Gr. : 62.

Fig. 9. — *Ctenocidaris Perrieri* ; pédicellaire d'un individu parasité. Gr. : 115.

Fig. 10. — *Ctenocidaris Perrieri* ; valve de pédicellaire d'un individu adulte. Gr. : 72.

Fig. 11. — *Ctenocidaris Perrieri* ; valve de pédicellaire d'un individu jeune chez lequel le diamètre du test mesure 18 millimètres. Gr. : 100.

Fig. 12. — *Ctenocidaris Perrieri* ; valve de pédicellaire d'un individu parasité chez lequel le diamètre du disque mesure 21 millimètres. Gr. : 100.

Fig. 13. — *Ctenocidaris Perrieri* ; pédicellaire entier provenant de l'individu auquel est emprunté le pédicellaire représenté fig. 11. Gr. : 48.

Fig. 14. — *Ctenocidaris Perrieri* ; pédicellaire dont les téguments sont fortement hypertrophiés et pigmentés ; il provient de l'individu qui a fourni la valve représentée fig. 12. Gr. : 48.

PLANCHE XV

Fig. 1. — *Ctenocidaris Perrieri* ; face ventrale d'un individu parasité du n° 231 chez lequel le diamètre du test égale 21 millim. Gr. : 2.

Fig. 2. — *Ctenocidaris Perrieri* ; face dorsale du même individu. Gr. : 2.

Fig. 3. — *Ctenocidaris Perrieri* ; face dorsale d'un autre individu parasité, en partie dépouillé de ses piquants et chez lequel le diamètre du test mesure 17 millimètres. Gr. : 2,3.

Fig. 4. — *Ctenocidaris Perrieri* ; vue latérale du même exemplaire. Gr. : 2,3.

Fig. 5. — *Ctenocidaris Perrieri* ; vue latérale d'un autre individu parasité plus jeune (diamètre du test, 11 millimètres). Gr. : 2,4.

Fig. 6. — *Ctenocidaris Perrieri* ; vue latérale d'un jeune individu normal chez lequel le diamètre du disque mesure 18 millimètres. Gr. : 2,3.

Fig. 7. — *Ctenocidaris Perrieri* ; face ventrale du même exemplaire. Gr. 2,3.

Fig. 8. — *Ctenocidaris Perrieri* ; région dorsale vue par le côté interne pour montrer la situation des glandes génitales chez un individu parasité (diamètre du test, 18 millimètres). Gr. : 2,2.

Fig. 9. — *Ctenocidaris Perrieri* ; face dorsale d'un individu parasité plus jeune que celui qui est représenté fig. 1 et 2 (diamètre du test, 16 millimètres). Gr. : 2,2.

Fig. 10. — *Ctenocidaris Perrieri* ; face dorsale du test en partie dépouillée des piquants d'un jeune individu normal dont le diamètre mesure 16 millimètres. Gr. : 2,4.

Fig. 11. — *Amphipneustes Morlenseni* ; face dorsale de l'exemplaire muni de ses piquants. Gr. : 1,5.

Fig. 12. — *Amphipneustes Morlenseni* ; face ventrale de l'exemplaire en partie dénudé. Gr. : 1,5.

Fig. 13. — *Amphipneustes Mortenseni* : face ventrale de l'exemplaire avec ses piquants. Gr. : 1,5.
Fig. 14. — *Amphipneustes Mortenseni* ; face dorsale du test en partie dénudé. Gr. : 1,5.
Fig. 15. — *Amphipneustes Mortenseni* ; face postérieure du test en partie dénudé. Gr. : 1,5.
Fig. 16. — *Amphipneustes Mortenseni* ; vue latérale du test dénudé. Gr. : 1,5.
Fig. 17. — *Amphipneustes Mortenseni* ; vue latérale du test avec les piquants. Gr. : 1,5.

PLANCHE XVI

Fig. 1. — *Amphipneustes Mortenseni* ; pôle apical et régions voisines. Gr. : 4,5.
Fig. 2. — *Amphipneustes Mortenseni* ; grand pédicellaire didactyle. Gr. : 50.
Fig. 3. — *Amphipneustes Mortenseni*; valve d'un pédicellaire rostré vu par la face interne. Gr. : 105.
Fig. 4. — *Amphipneustes Mortenseni*; valve d'un petit pédicellaire didactyle vue par la face interne. Gr. : 105.
Fig. 5. — *Amphipneustes Mortenseni* ; valve d'un pédicellaire tridactyle. Gr. : 105.
Fig. 6. — *Parapneustes reductus* ; valve d'un pédicellaire globifère. Gr. : 138.
Fig. 7. — *Parapneustes reductus* ; valve d'un pédicellaire rostré. Gr. 138.
Fig. 8. — *Parapneustes reductus* ; face dorsale de l'exemplaire avec ses piquants. Gr. : 1,7.
Fig. 9. — *Parapneustes reductus* ; face latérale. Gr. : 1,7.
Fig. 10. — *Parapneustes reductus* ; face ventrale. Gr. : 1,7.
Fig. 11. — *Parapneustes reductus* ; face ventrale en partie dépouillée des piquants. Gr. : 1,8.
Fig. 12. — *Parapneustes reductus* ; face dorsale en partie dépouillée des piquants. Gr. : 1,8.
Fig. 13. — *Parapneustes reductus* ; extrémité postérieure. Gr. : 1,8.
Fig. 14. — *Parapneustes reductus* ; vue latérale du test dépouillé des piquants. Gr. : 1,8.
Fig. 15. — *Parapneustes reductus* ; pôle apical et régions voisines. Gr. : 7.
Fig. 16. — *Parapneustes cordatus* ; valve d'un grand pédicellaire tridactyle vue de côté. Gr. : 135.
Fig. 17. — *Parapneustes cordatus* ; valve du même pédicellaire vue par la face interne. Gr. : 135.
Fig. 18. — *Parapneustes cordatus* ; valve d'un petit pédicellaire tridactyle. Gr. : 135.
Fig. 19. — *Parapneustes cordatus* ; face latérale du test muni de ses piquants. Gr. : 1,4.
Fig. 20. — *Parapneustes cordatus* ; face ventrale. Gr. : 1,4.
Fig. 21. — *Parapneustes cordatus* ; face dorsale. Gr. : 1,4.
Fig. 22. — *Parapneustes cordatus* ; valve d'un pédicellaire rostré. Gr. : 135.
Fig. 23. — *Parapneustes cordatus* ; vue latérale du test dépouillé de ses piquants. Gr. : 1,4.
Fig. 24. — *Parapneustes cordatus* ; valve d'un pédicellaire globifère. Gr. : 135.
Fig. 25. — *Parapneustes cordatus* ; face postérieure du test en partie dépouillé de ses piquants. Gr. : 1,4.
Fig. 26. — *Parapneustes cordatus* ; face ventrale du test en partie dépouillé. Gr. : 1,4.
Fig. 27. — *Parapneustes cordatus* ; face dorsale du test en partie dépouillé. Gr. : 1,4.

CORBEIL. — IMPRIMERIE CRÉTÉ.

R. Kœhler Photogr.

Astéri

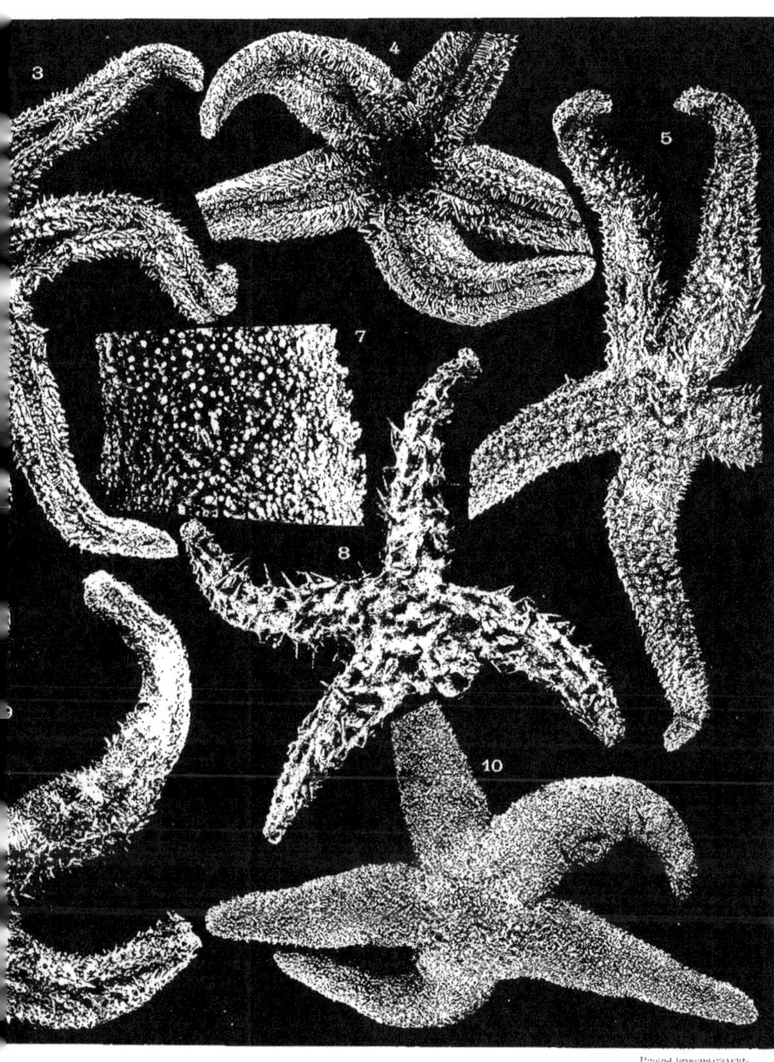

Photo-Chromo-graveur.
Lyon

nides

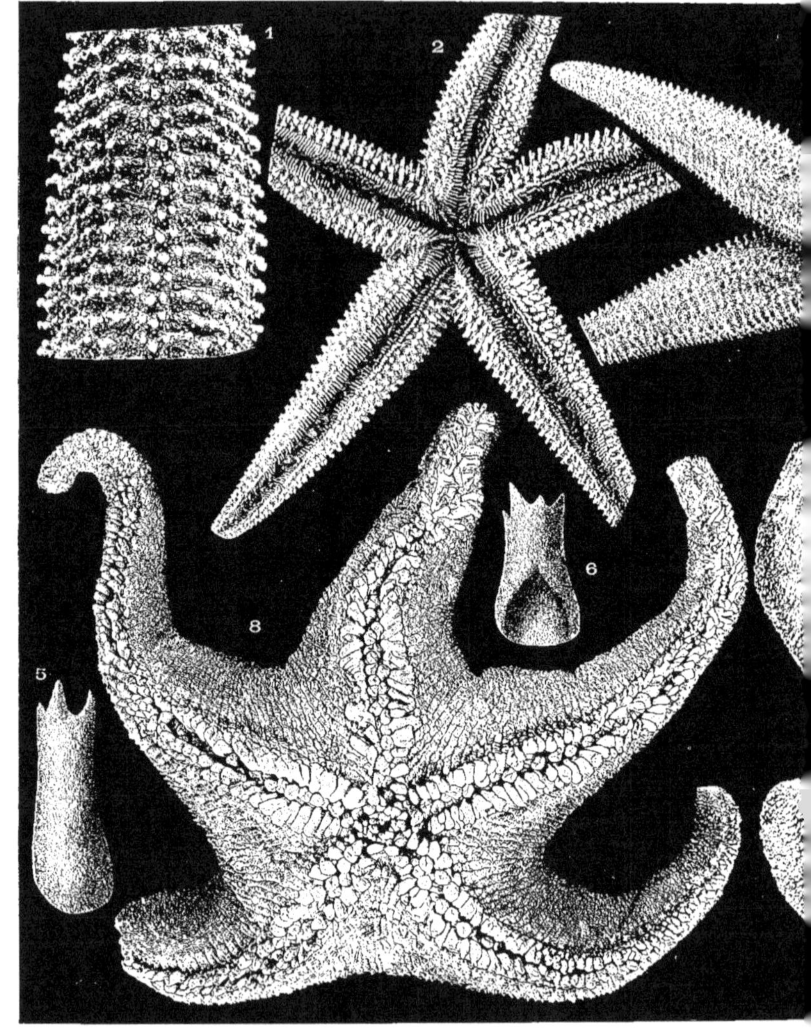

R. Kœhler, Photogr.

Astérie

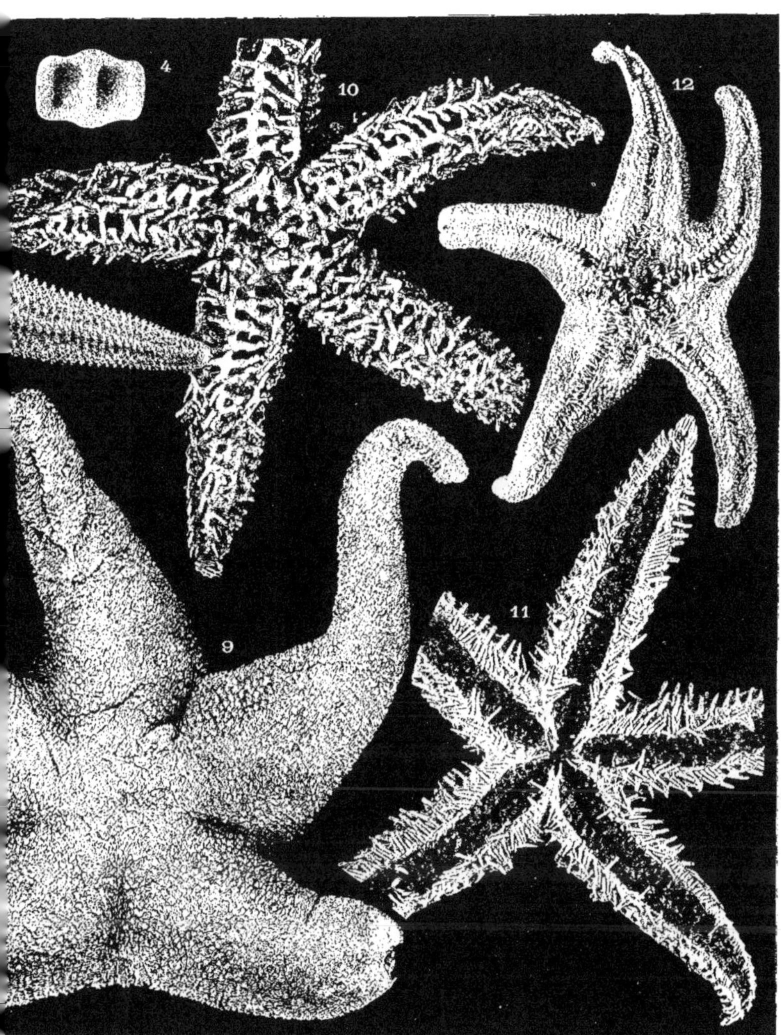

nides

R. Kœhler, Photogr.

Astéries.

inides

R. Kœhler Photogr.

Astéries

Photo-Chromo-Gravure.
Lyon

hinides

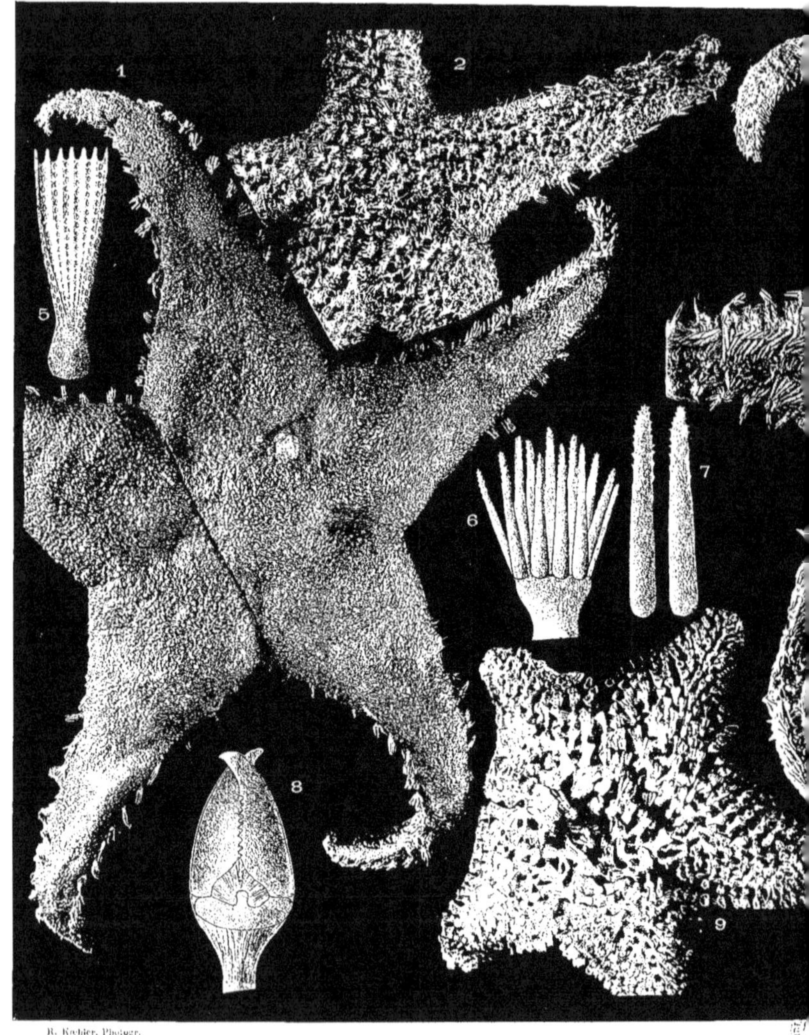

Astéries.

inides

Astéries.

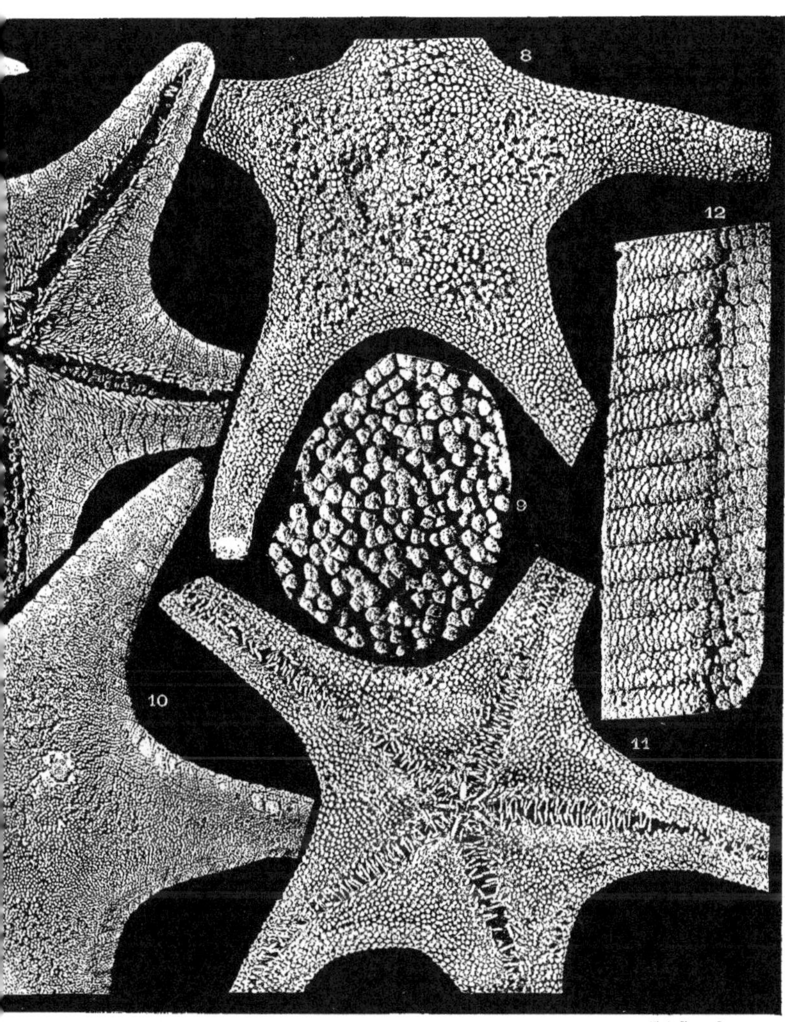

Photo-Chromo-Gravure.
Lyon

chinides

R. Kœhler, Photogr.

Astéries.

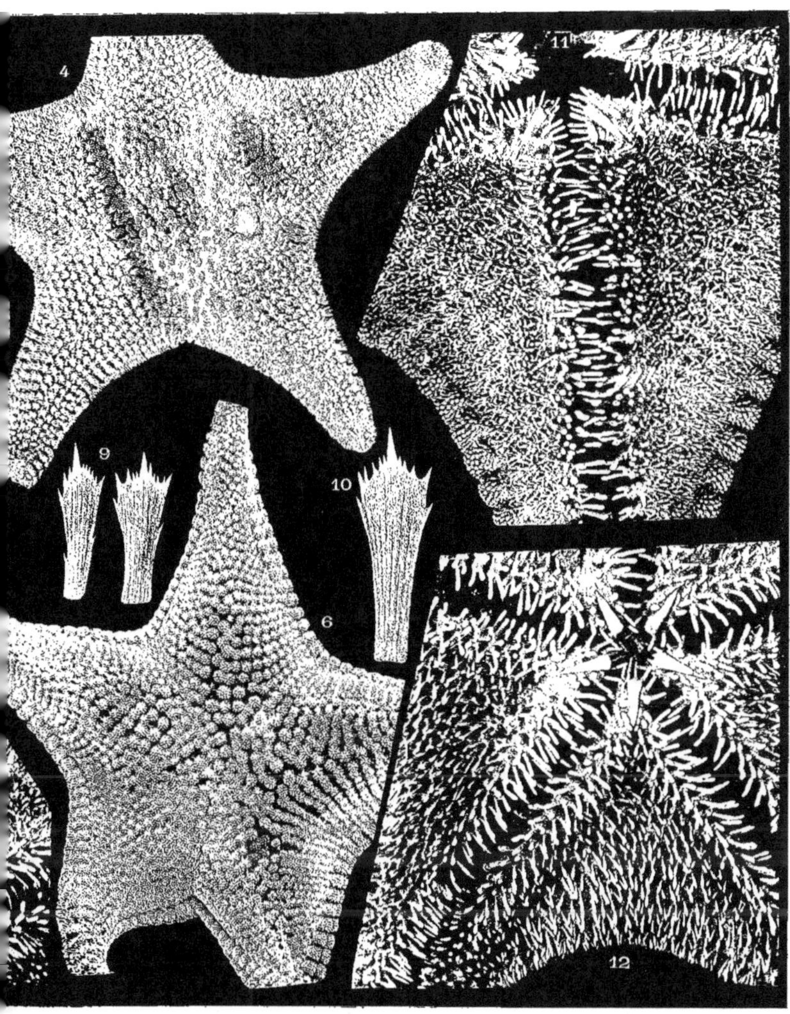

chinides

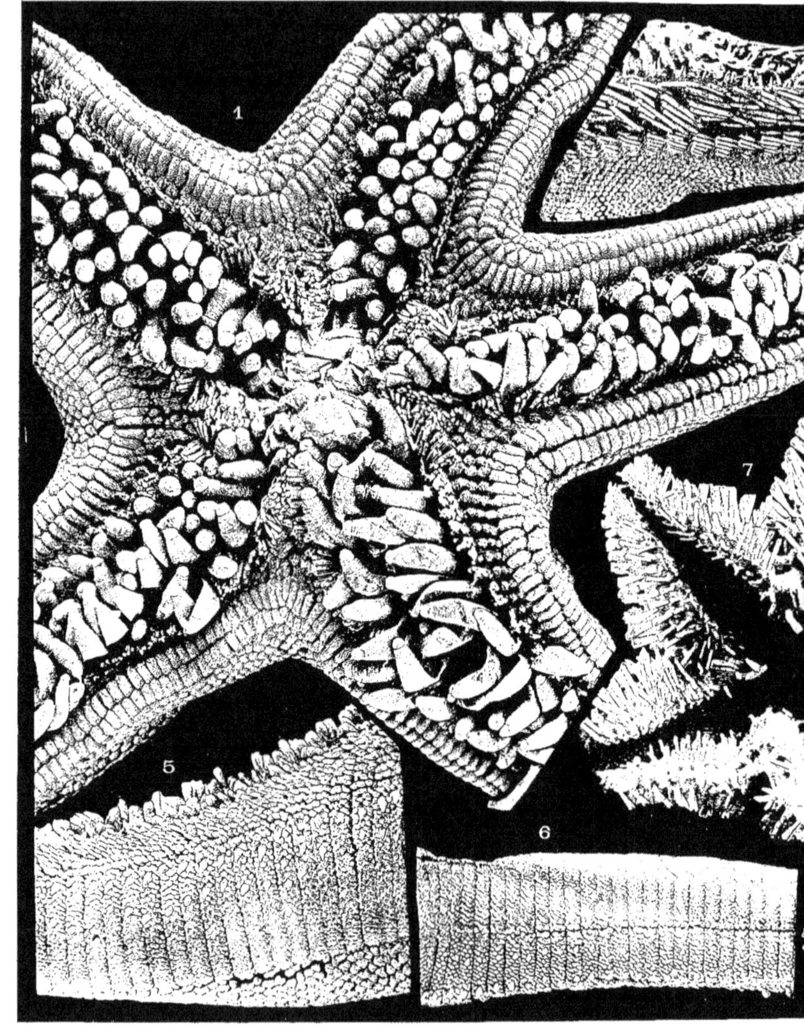

Photo-Chromo-Gravure
Lyon

chinides

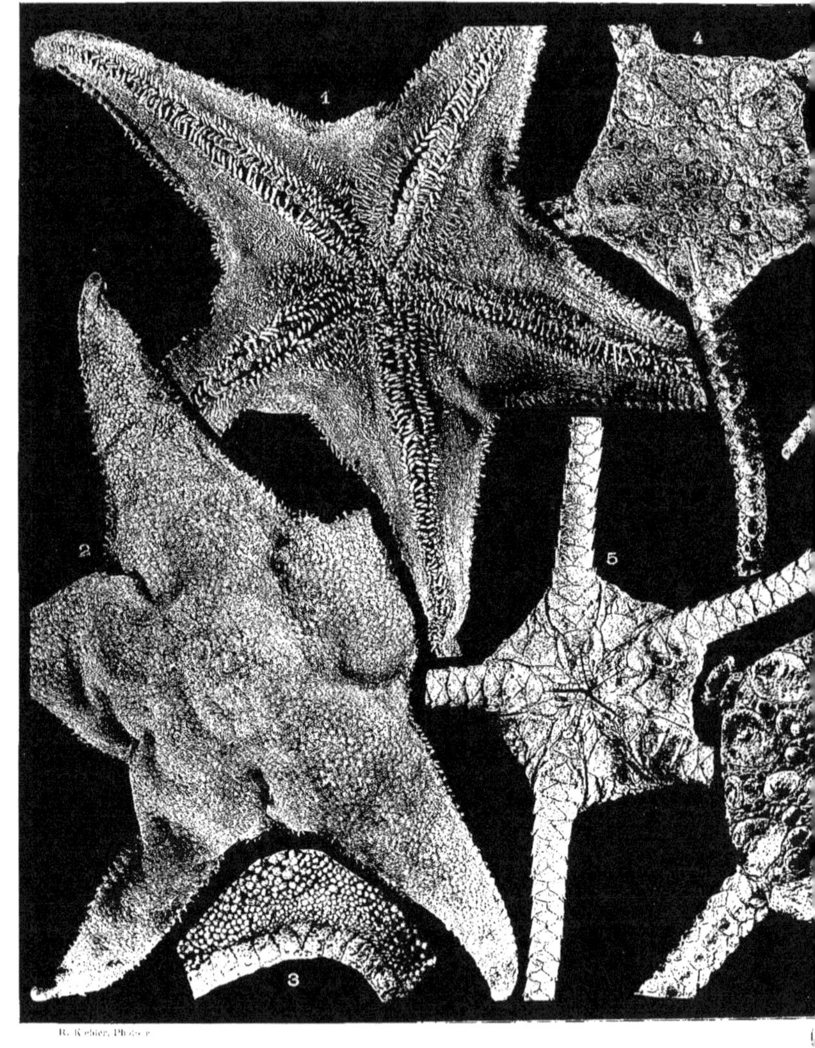

R. Kœhler, Phot.

hinides

R. Kœhler Phototypie.

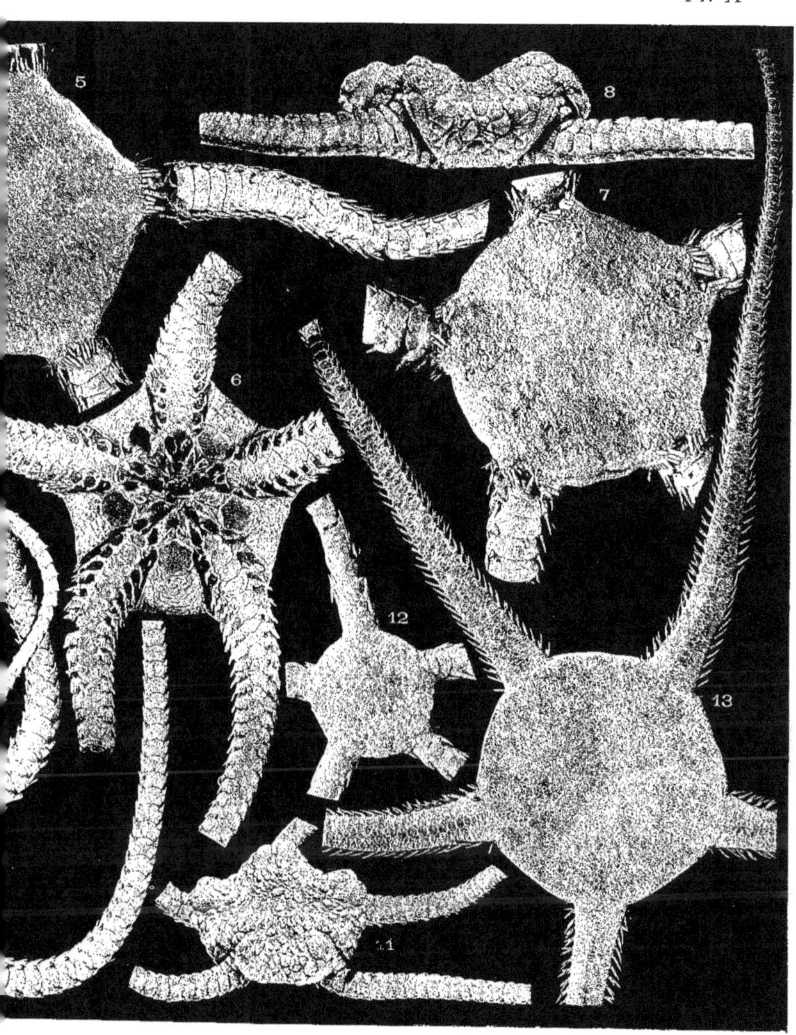

Photo-Chromo-Gravure.
Lyon

chinides

Astéries.

chinides

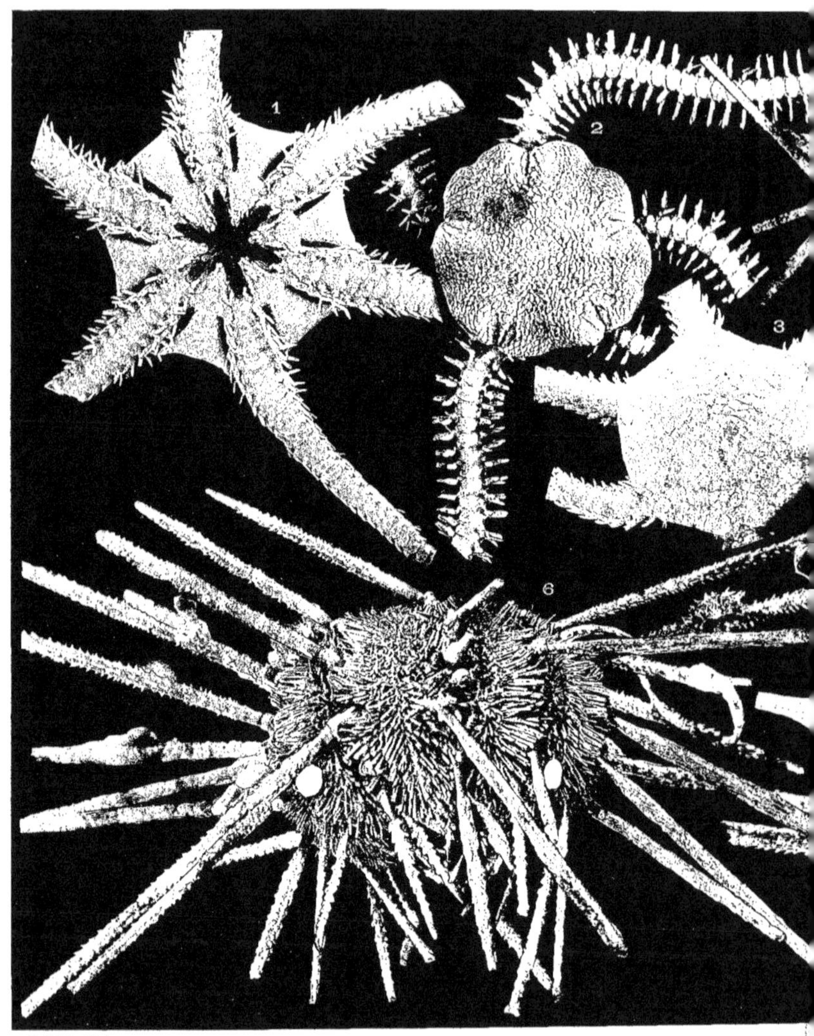

R. Kœhler Photogr.

Astéries,

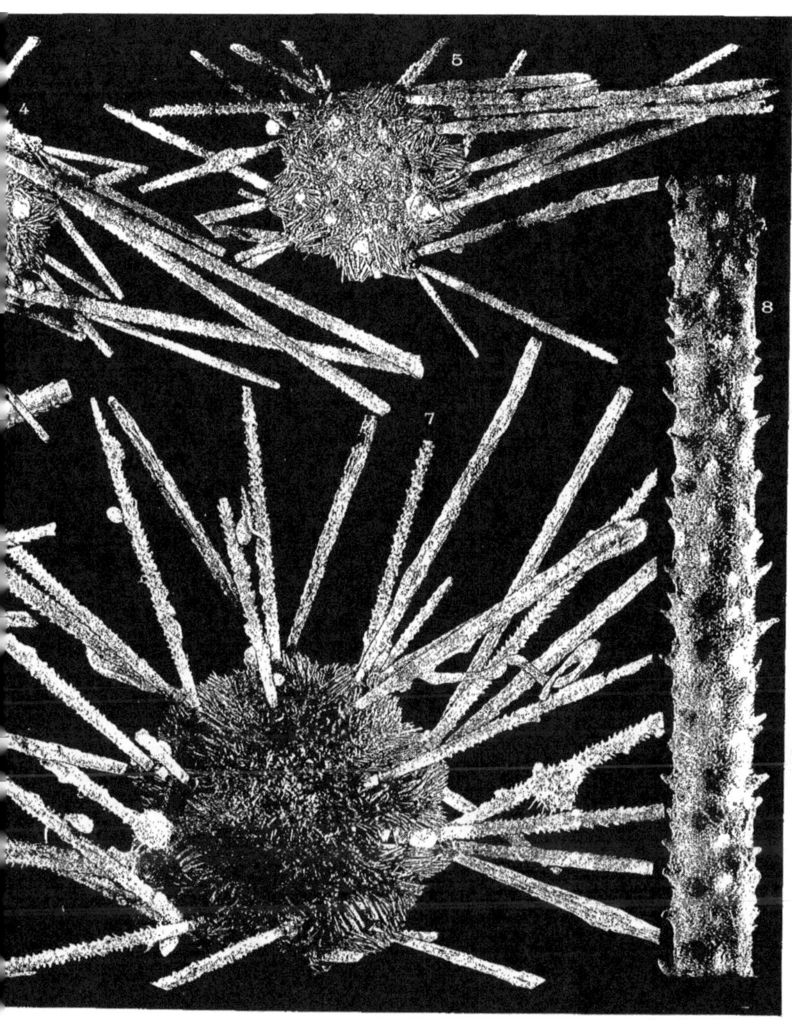

chinides

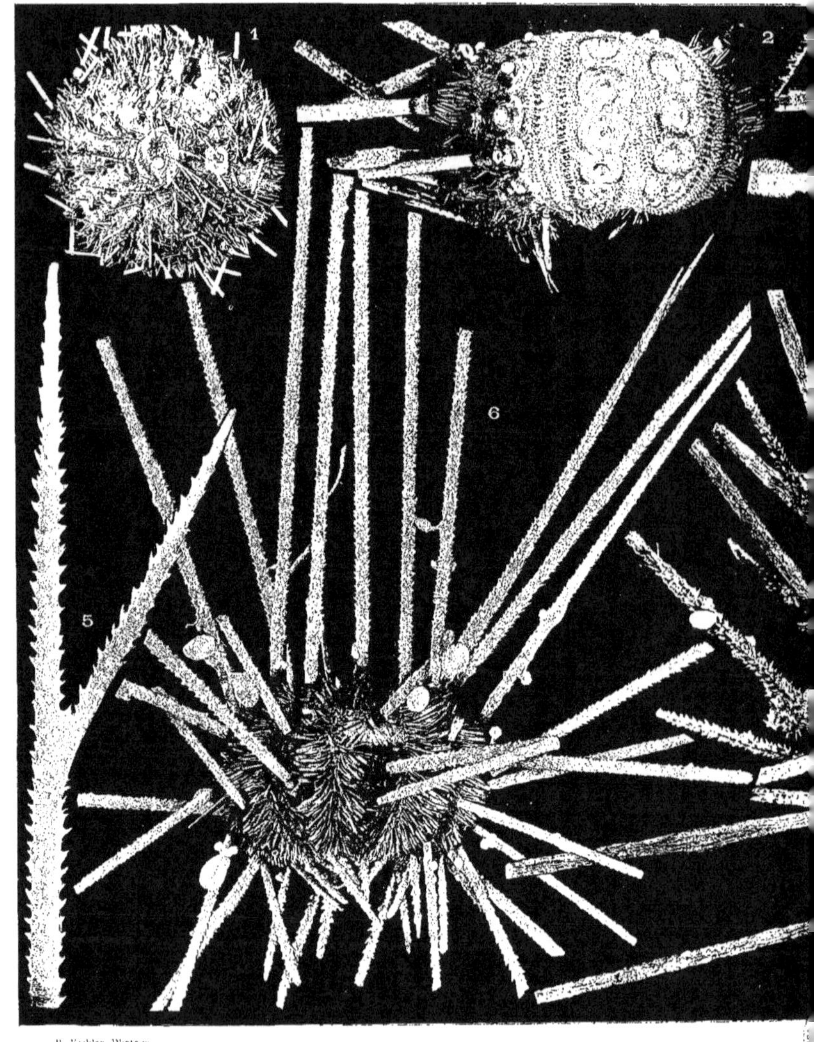

Astéries

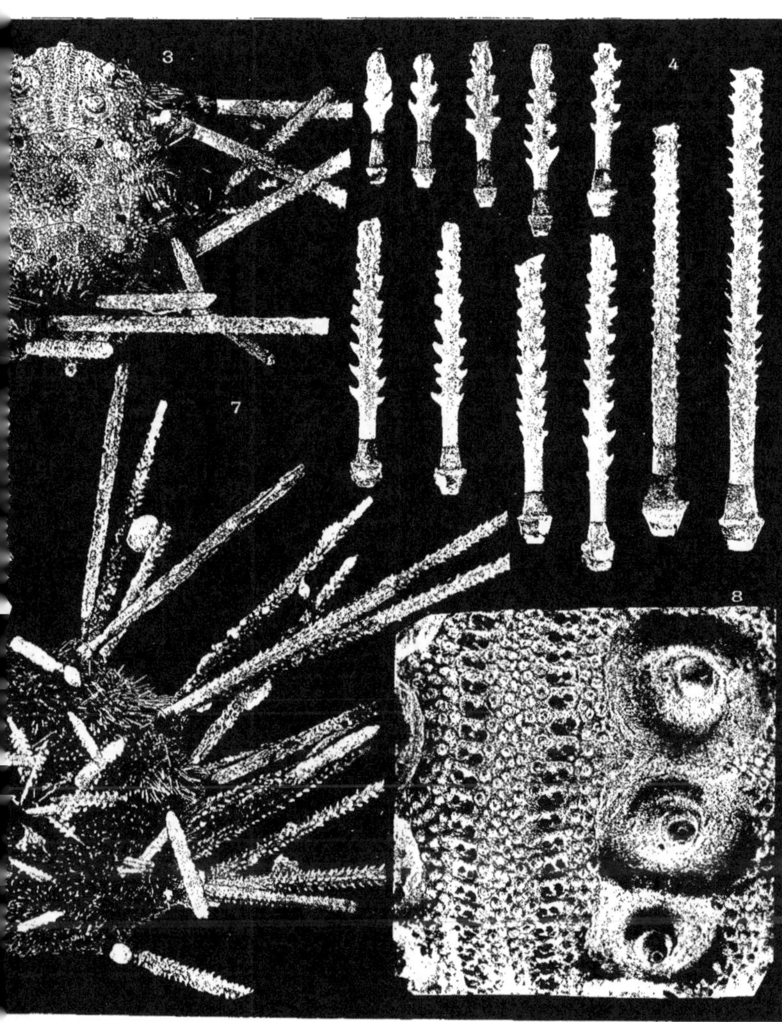

Photo-Chromo-Gravure
Lyon

hinides

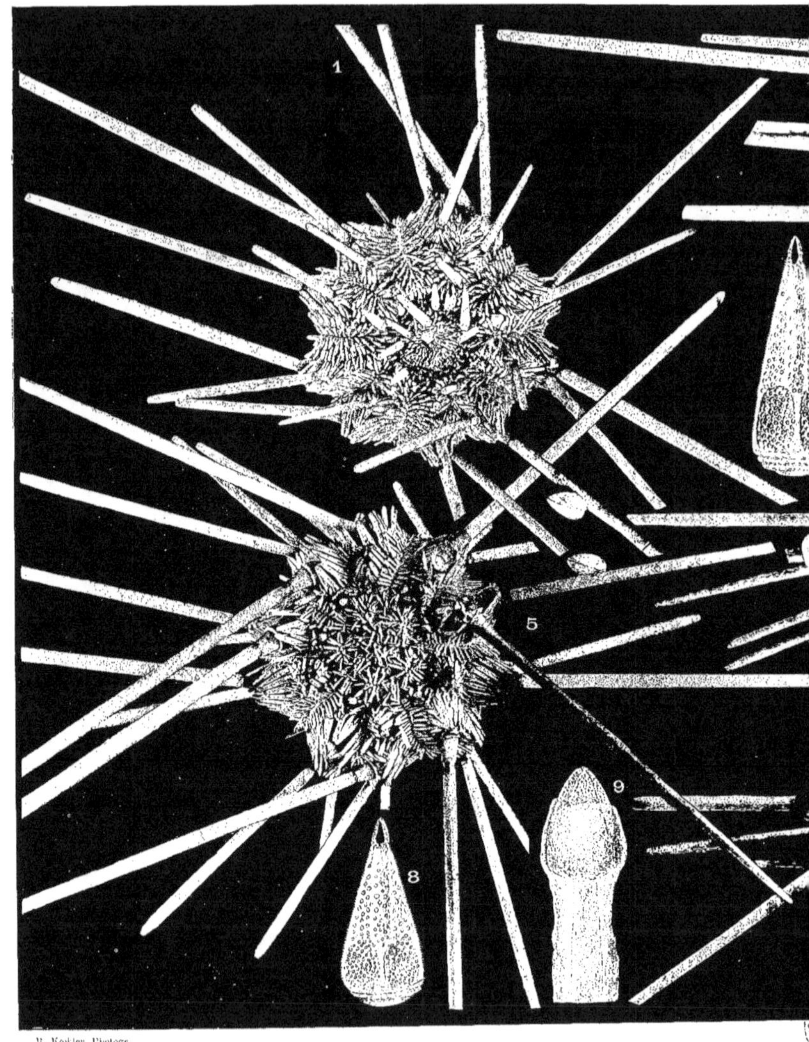

Astéries

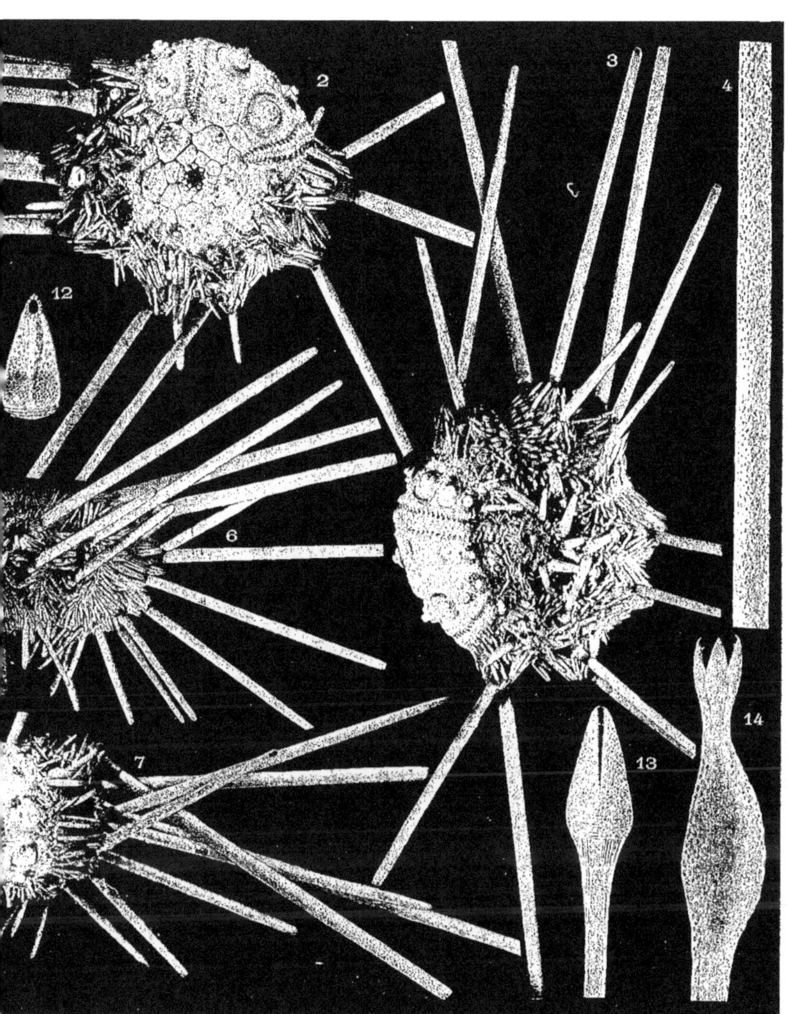

hinides

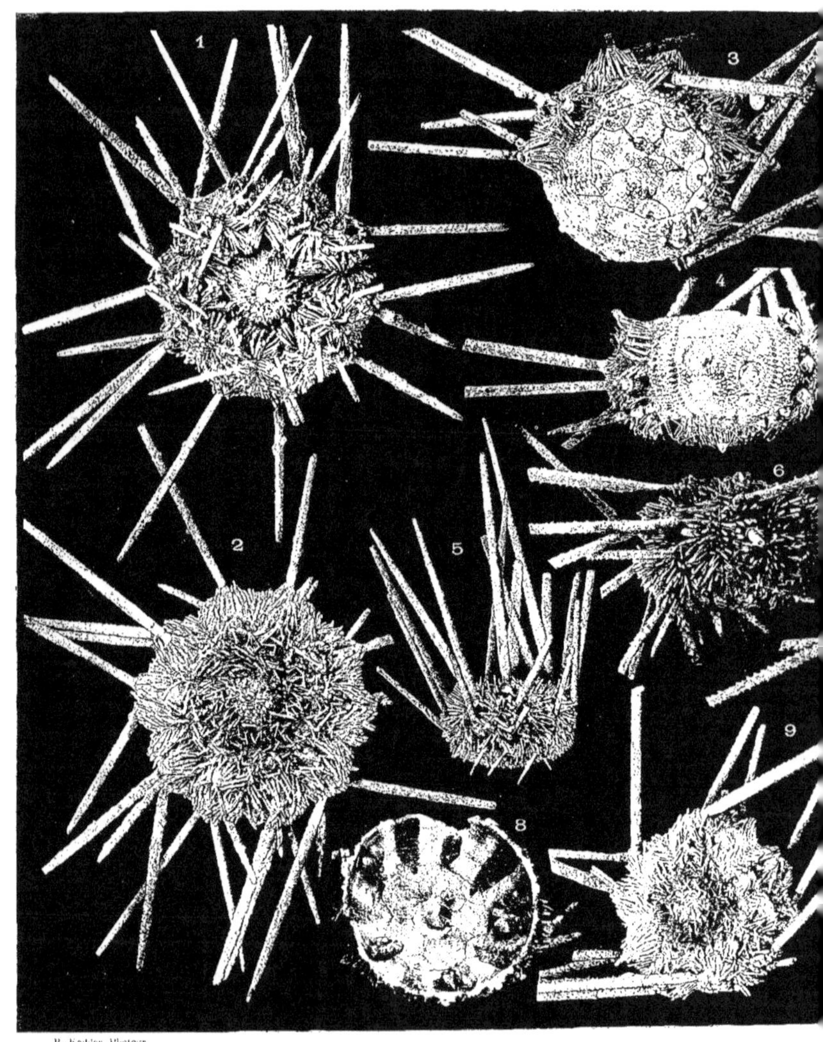

R. Kœhler, Photogr.

Astéries,

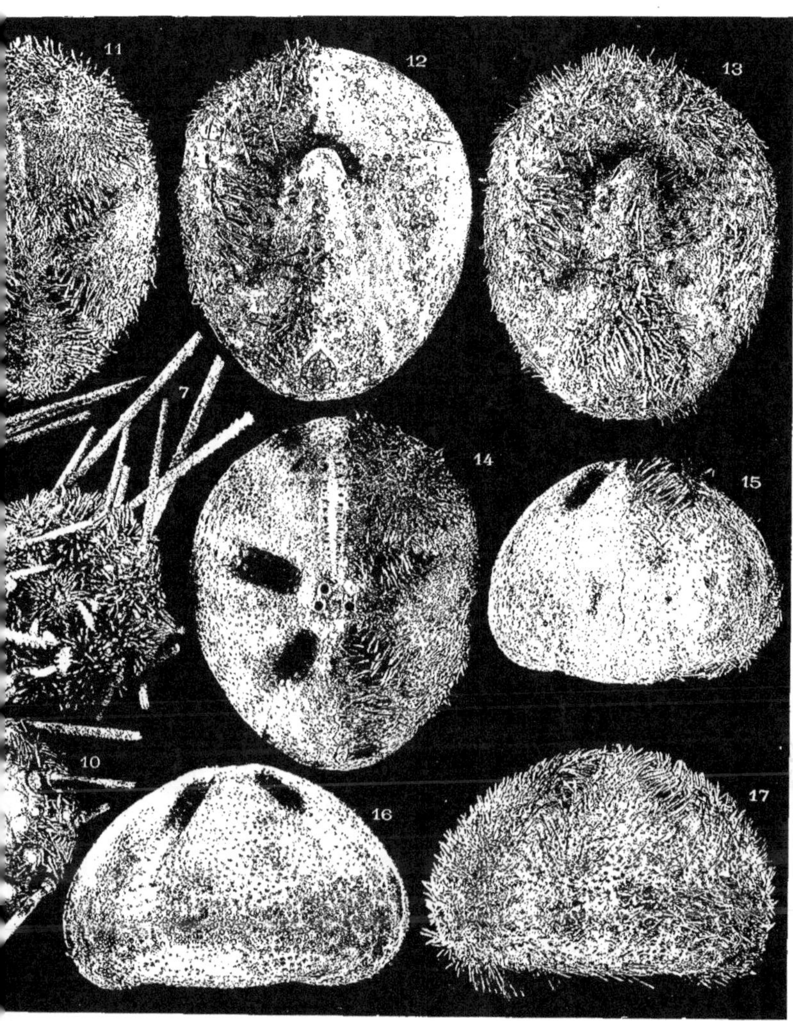

chinides

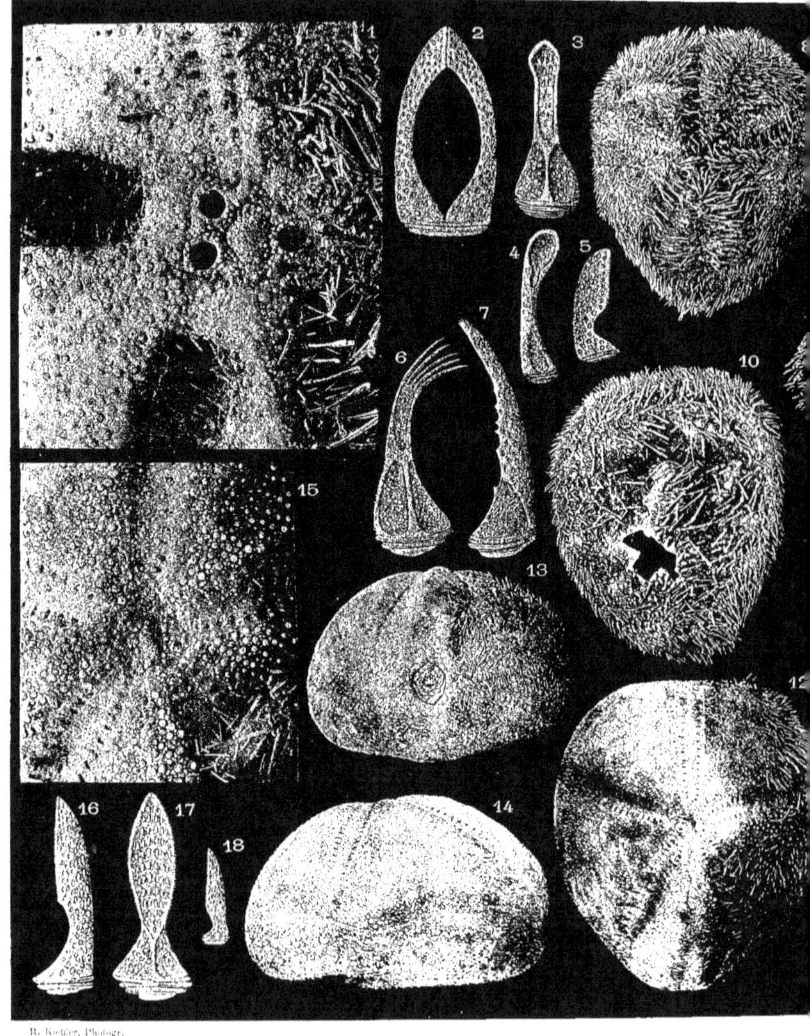

Astéries,

Photo-Chromo-Gravure
Lyon

...chinides

9 782014 450163